权威·前沿·原创

皮书系列为
"十二五""十三五"国家重点图书出版规划项目

测绘地理信息蓝皮书
BLUE BOOK OF
CHINA'S SURVEYING & MAPPING &
GEOINFORMATION

测绘地理信息科技创新
研究报告（2017）

REPORT ON SCIENCE AND TECHNOLOGY INNOVATION OF
SURVEYING, MAPPING AND GEOINFORMATION (2017)

主　　编／库热西·买合苏提
副 主 编／王春峰　陈常松
执行主编／徐永清

社会科学文献出版社
SOCIAL SCIENCES ACADEMIC PRESS（CHINA）

图书在版编目（CIP）数据

测绘地理信息科技创新研究报告. 2017 / 库热西·
买合苏提主编 . -- 北京：社会科学文献出版社，
2017. 12
　（测绘地理信息蓝皮书）
　ISBN 978 - 7 - 5201 - 2036 - 4

　Ⅰ. ①测…　Ⅱ. ①库…　Ⅲ. ①测绘 - 地理信息系统 -
研究报告 - 中国 - 2017　Ⅳ. ①P208. 2

　中国版本图书馆 CIP 数据核字（2017）第 307158 号

测绘地理信息蓝皮书
测绘地理信息科技创新研究报告（2017）

主　　编 / 库热西·买合苏提
副 主 编 / 王春峰　陈常松
执行主编 / 徐永清

出 版 人 / 谢寿光
项目统筹 / 王　绯　曹长香
责任编辑 / 曹长香

出　　版 / 社会科学文献出版社·社会政法分社（010）59367156
　　　　　　地址：北京市北三环中路甲 29 号院华龙大厦　邮编：100029
　　　　　　网址：www. ssap. com. cn
发　　行 / 市场营销中心（010）59367081　59367018
印　　装 / 三河市东方印刷有限公司

规　　格 / 开本：787mm × 1092mm　1/16
　　　　　　印 张：28. 25　字 数：426 千字
版　　次 / 2017 年 12 月第 1 版　2017 年 12 月第 1 次印刷
书　　号 / ISBN 978 - 7 - 5201 - 2036 - 4
定　　价 / 138. 00 元

皮书序列号 / PSN B - 2009 - 145 - 1/1

测绘地理信息蓝皮书编委会

主要编纂者简介

库热西·买合苏提　国土资源部副部长、党组成员，国家测绘地理信息局局长、党组书记。

王春峰　国家测绘地理信息局副局长、党组副书记，博士。

陈常松　国家测绘地理信息局测绘发展研究中心主任，博士，副研究员。

徐永清　国家测绘地理信息局测绘发展研究中心副主任，高级记者。

摘　要

科技创新是推动测绘地理信息事业发展的核心驱动力。为深入贯彻落实创新驱动发展战略，切实提高测绘地理信息科技创新能力和水平，国家测绘地理信息局测绘发展研究中心组织编辑出版第九部"测绘地理信息蓝皮书"——《测绘地理信息科技创新研究报告（2017）》。该蓝皮书邀请测绘地理信息行业的有关领导、专家和企业家撰文，分析测绘地理信息科技创新现状，探讨测绘地理信息科技创新未来发展方向。

本书包括主报告和 5 个篇章的专题报告。

前言总结了测绘地理信息科技创新近年来取得的成绩，分析了测绘地理信息科技创新面临的形势和机遇，提出了测绘地理信息科技创新的重点任务。

主报告回顾了测绘地理信息科技发展的历史，分析了全球测绘地理信息科技与新型信息技术融合发展的趋势，对我国测绘地理信息科技状况进行了评估，提出了我国测绘地理信息科技创新发展的主要方向和重点任务，最后提出了加快我国测绘地理信息科技创新发展的若干对策建议。

专题报告由科技前沿篇、综合篇、国际篇、企业篇和应用篇组成，从不同领域和角度分析了如何加快测绘地理信息科技创新，推动测绘地理信息事业改革创新发展。

关键词：测绘　地理信息　科技创新

Abstract

Science and technology innovation isthe core driving force to development of surveying, mapping and geoinformation (abbreviated as SM&G) industry. To implement the innovation driven development strategy, and improve the capability and standard of science and technology innovation of SM&G, the Development Research Centre of Surveying and Mapping of the National Administration of SM&G edited the blue book "Report on science and technology innovation of SM&G (2017)", which is the nineth of the *Blue Book of China's* SM&G. Officials, experts and entrepreneurs were invited to write articles about current status of science and technology innovation of SM&G, as well as future trend of science and technology innovation of SM&G.

The book includes keynote article and special reports.

The preface summatized the progress of science and technology innovation of SM&G in recent years. Then it analyzed the situation and opportunity faced by science and technology innovation of SM&G. finally, the main tasks of science and technology innovation of SM&G was put forward.

The keynote article reviewed the history of science and technology innovation of SM&G. It analyzed the trend of integration of SM&G science and technology and new information technologies. The statues of science and technology innovation of SM&G in China were evaluated. Finally, some policy advices on how to improve science and technology innovation of SM&G were given out.

Special reports consist of science and technology frontier section, general section, international level section, enterprises section, and applications section. These reports discussed how to improve science and technology innovation of SM&G from different aspects.

Keywords: Surveying and Mapping; Geoinformation; Science and Technology Innovation

目 录

Ⅲ　综合篇

Ⅳ　国际篇

V 企业篇

VI 应用篇

皮书数据库阅读**使用指南**

CONTENTS

I   Overview

II Science and Technology Frontier

III General Section

Ⅳ　International Level

Ⅴ　Enterprises Level

Ⅵ   Applications

加快实施创新驱动发展战略
全面提升测绘地理信息科技创新能力

库热西·买合苏提[*]

党的十九大报告指出："创新是引领发展的第一动力，是建设现代化经济体系的战略支撑。"科技创新是推动测绘地理信息事业发展的核心驱动力。十八大以来，我国测绘地理信息科技创新取得了显著成绩，有力引领和支撑了事业发展。"十三五"期间是全面建成小康社会的决胜阶段，也是测绘地理信息事业改革创新发展的关键期。我们要以习近平新时代中国特色社会主义思想为指引，全面贯彻落实十九大精神，推动创新驱动发展战略的实施，切实提高测绘地理信息科技创新能力和水平，开创测绘地理信息事业发展的新局面。

测绘地理信息科技创新成绩显著

党的十八大以来，测绘地理信息行业科技工作者攻坚克难、锐意进取、勇攀高峰，科技创新工作取得重要成就，测绘地理信息科技整体水平步入国际先进行列，对事业发展的支撑能力大幅提升，参与国际事务的贡献力和话语权显著增强。

企业已成为科技创新的真正主体。根据统计，在测绘资质单位中，企业

---

* 库热西·买合苏提，国土资源部副部长、党组成员，国家测绘地理信息局局长、党组书记。

数量占了 3/4。在以专利和计算机软件著作权为衡量标志的科技创新产出方面，企业产出处于绝对领先地位。企业在北斗导航与位置服务、位置云技术、地理信息平台、地图应用服务、多源遥感影像集成处理、测绘地理信息装备等方面的技术研究和产品研发不断取得新突破。一批龙头企业的自主技术和产品居世界领先水平并批量出口。许多企业设立了研发中心和创新创业服务中心等"双创"中心，推动了地理信息领域的大众创业和万众创新。

测绘地理信息公益性科研取得显著成绩。在自主高分辨率卫星遥感测绘、自主航空遥感测绘、全球测绘以及卫星导航定位装备和地面测绘装备制造等领域取得重要突破，在大地基准、GNSS 数据处理、地理信息数据获取技术理论、地理信息变化检测、SAR 系统、高精度全站仪等部分研究领域跻身世界先进行列。

科技创新基础支撑不断夯实。科研经费投入不断增长。企业研发投入持续加大，公益性科研经费大幅增长。据不完全统计，2012 年以来财政科研经费累计投入超过 14 亿元。公益性科技创新平台布局不断优化。国家级和区域性创新平台建设取得重要突破，成立一批各具特色的协同创新联盟和创新中心。

科技创新政策环境不断优化。国家测绘地理信息局坚持"放、管、服"相结合的方针，不断完善科技创新顶层设计，加快推进测绘地理信息科技体制改革，创新科技管理模式，持续推进政府部门和企业协同创新，营造良好的创新环境。

科技创新人才培养成效显著。高层次人才培养成绩斐然，全行业院士数量达到 20 人，10 人入选"万人计划"，20 余人入选"国家百千万人才工程""中青年科技创新领军人才"以及有突出贡献的中青年专家人才工程。科技人才队伍规模宏大，各类测绘地理信息科技人才约 17 万人，人才队伍专业结构、年龄结构、学历层次显著优化，为事业发展注入了生机和活力。

科技国际合作走向深远。我国主导编制的首部地理信息领域国际标准发布，标志着我国地理信息标准国际化的实质性突破。我国主导编制的第二项国际标准已获表决通过，即将发布出版。国际合作平台建设不断加强，与国外多家科研机构联合成立了首个国家级国际联合研究中心。越来越多的测绘地理信息自主创新技术、产品与服务进入国际市场。

测绘地理信息科技创新面临的形势和机遇

科技创新能力是国家力量的关键支撑和核心组成。创新强则国运昌，创新弱则国运殆。当前，世界各国在科技创新领域的竞争呈现白热化。我国经济发展进入新常态，传统发展动力不断减弱，粗放型增长方式难以为继，必须依靠创新驱动打造发展新引擎，培育新的经济增长点，开辟我国发展的新空间。同时，测绘地理信息事业正处在转型升级的关键期，科技创新在推动事业转型升级中发挥着至关重要的作用。

从国际看，以网络化、智能化为特征的信息化浪潮蓬勃兴起，新一代信息技术应用不断深化，"互联网＋"异军突起，推动物联网、云计算、大数据、人工智能、区块链等信息技术与各行业、各领域加速融合。颠覆性技术不断涌现，正在重塑世界竞争格局、改变国家力量对比。科技创新成为许多国家谋求竞争优势的核心战略。

从国内看，我国科技发展正在进入由量的增长向质的提升的跃升期，科研体系日益完备，人才队伍不断壮大，科技自主创新能力快速提升。经济转型升级、民生持续改善和国防现代化建设对科技创新提出了巨大需求。庞大的市场规模、完备的产业体系、多样化的消费需求与互联网时代创新效率的提升相结合，为科技创新提供了广阔空间。

从测绘地理信息事业自身发展看，推进形成新型基础测绘、地理国情监测、应急测绘、航空航天遥感测绘和全球地理信息资源开发五大公益性业务，需要利用"互联网＋"思维，将新一代信息技术与测绘地理信息技术深度融合，为各个业务打造新流程、新产品、新服务，大力提升地理信息数据资源的获取、处理和应用能力。提升我国地理信息产业国际竞争能力，需要企业不断提升自身科技创新能力，持续推出具有国际竞争优势的创新产品及服务。

当前，测绘地理信息科技正处在由信息化阶段向智能化阶段迈进的演进时期。与国际先进水平和事业发展需要相比，我国测绘地理信息科技发展水平尚有一定差距。一些关键核心技术受制于人，支撑事业转型升级、引领未来发展的科学技术储备亟待加强。科技创新体制机制亟待健全，事业创新动力不足，创新体系整体效能不高。以企业作为创新主体的理念还需进一步树立，企业创新政策环境还需进一步改善。科技人才队伍大而不强，领军人才和高技能人才缺乏，创新型企业家群体亟须发展壮大。上述问题的解决，需要测绘地理信息全行业上下的共同努力。

围绕重点工作大力加强科技自主创新

加强测绘地理信息科技创新，必须深入学习习近平新时代中国特色社会主义思想，贯彻落实十九大精神，按照统筹推进"五位一体"总体布局、协调推进"四个全面"战略布局的总要求和国家加快实施创新驱动发展战略的总部署，紧密围绕"加强基础测绘，监测地理国情，强化公共服务，壮大地信产业，维护国家安全，建设测绘强国"的发展战略，解放思想、改革创新，完善体制、营造环境，激发活力、凝聚力量，加强原始创新，加快掌握核心关键技术，全面提升科技创新能力，最大限度地激发科技创新的巨大潜能。

为此，要着力完成好以下六个方面的主要任务。

一是明确科技创新的重点。大力支持基础理论研究和原始创新。切实加大对基础性、战略性和公益性研究的稳定支持力度；加强物联网、移动互联网、云计算、大数据、人工智能等新一代信息技术在测绘地理信息领域的应用研究，支持对大地基准、位置智能感知、遥感机理、数据挖掘与地理信息网络安全等方面的原始创新。统筹优势科技力量，着力开展"五大业务"领域的重大关键技术攻关。加强国产自主高端测绘地理信息装备研发。采用政府购买服务以及测绘地理信息创新产品认定等方式，鼓励企事业单位瞄准国际领先水平，开展具有自主知识产权的高端仪器设备研发，抢占测绘地理信息装备国际制高点。开展军民协同创新。建立军民融合重大科研任务形成机制，从基础研究到关键技术研发、集成应用等创新链一体化设计，构建军民共用技术项目联合论证和实施模式，建立产学研相结合的军民科技创新体系。提升中国标准水平。强化基础通用标准研制，及时将先进技术转化为标准；支持我国企业、联盟和社团参与或主导国际标准研制，推动我国优势技术与标准成为国际标准。

二是发挥企业技术创新主体作用。培育一流创新型企业。鼓励行业领军企业构建高水平研发机构，形成完善的研发组织体系，集聚高端创新人才；引导领军企业联合中小企业和科研单位系统布局创新链，提供产业技术创新整体解决方案。鼓励企业投身"大众创业、万众创新"，依托移动互联网、大数据、云计算等现代信息技术，发展新型创业服务模式，建立低成本、便利化、开放式众创空间和虚拟创新社区，建设多种形式的孵化机构，构建"孵化＋创投"的创业模式。鼓励小微企业开展科技创新。适应小型化、智能化、专业化的产业组织新特征，推动分布式、网络化的创新，鼓励小微企业开展商业模式创新，引导带动社会资本参与小微企业科技创新，推动小微企业向"专精特新"发展。培育开放公平的市场环境。强化需求侧创新政策的引导作用，健全政府采购制度，激励企业开展科技创新。

三是优化科技创新平台建设。优化创新平台总体布局。推进国家实验室、国家重点实验室等国家级创新平台建设和部门重点实验室、工程中心的分类整合、布局优化，推进以国家级创新平台为核心、地方创新平台为节点的全国科技创新平台网络体系建设；支持科学观测台站、技术转移中心、科普教育基地等创新条件平台建设；引导组建地理信息产业技术创新联盟；发挥科技产业园区的聚集、孵化与辐射作用。强化产学研用协同创新。积极推进部局共建、省局共建、军民共建等方式的创新平台建设；建立科研院所、高校、生产单位和企业之间的科研深度合作与人才双向交流机制，倡导联合共建各类研发基地；打造区域创新联盟、协同中心。

四是全方位推进开放创新。支持搭建国内外高校、科研院所联合研究平台，参与或发起测绘地理信息领域国际大科学研究计划。支持企业面向全球布局创新网络，鼓励建立海外研发中心，按照国际规则并购、合资、参股国外创新型企业和研发机构，提高海外知识产权运营能力，推动我国先进技术和装备"走出去"。支持我国科研人员在国际学术组织中任职，提升我国的国际话语权。落实国家相关政策要求，支持跨国公司在中国设立研发中心，实现引资、引智、引技相结合。

五是完善科技管理运行体制机制。大力营造创新政策环境。贯彻落实中央关于深化科技体制机制改革、"大众创业、万众创新"、"互联网＋"行动、深化大数据应用等重大部署，按照国家局印发的《关于加快测绘地理信息科技创新的意见》要求，全面梳理阻碍科技创新的体制机制障碍，遵循科研工作规律，建立鼓励创新、宽容失败的容错纠错机制。优化人才成长环境，实施更加积极的创新创业人才激励和吸引政策，推行科技成果处置收益和股权期权激励制度，让各类主体、不同岗位的创新人才都能在科技成果产业化过程中得到合理回报。推进科研院所与生产事业单位改革，强化不同创新主体在整个创新链条中的职责定位，公益性科研院所要加强基础研究和前沿技术研究，突出国家目标和社会责任，做好科技创新的"领头羊"；生产事业单位重点要在技术革新、示范与应用等方面发挥好中试基地和应用前沿阵地作用；中介机构要发挥好服务和纽带作用。

六是加强科技工作者队伍建设。做好科技人才培养工作。围绕重要学科领域和创新方向造就一批世界水平的科学家、科技领军人才、工程师和高水平创新团队，注重培养一线创新人才和青年科技人才，对青年人才开辟特殊支持渠道，支持高校、科研院所、企业面向全球招聘人才。完善科技人才流动机制。健全测绘地理信息行业党政机关、事业单位和企业之间畅通的科技人才流动机制，促进科技人员的流动，鼓励科学家带着项目和成果到企业开展创新和成果转化工作。完善人才评价制度，进一步改革完善职称评审制度，增加用人单位评价自主权。营造宽松的科研氛围，保障科技人员的学术自由。加强测绘地理信息科学教育，丰富教育教学内容和形式，加强科学技术普及，激发青少年的科技兴趣。广大科技工作者要按照习近平总书记的要求，自觉以黄大年同志为榜样，秉持科学精神、测绘精神，胸怀爱国之情、报国之志，攻坚克难，勇于超越，淡泊名利，潜心钻研，为测绘地理信息事业发展贡献智慧和力量。

做好测绘地理信息科技创新工作任重而道远，必须要有久久为功的毅力和耐心，沿着既定目标矢志不渝。我们编辑并出版这部"测绘地理信息蓝皮书"——《测绘地理信息科技创新研究报告（2017）》，期望吸收借鉴业内有关专家的智慧，在习近平中国特色社会主义思想指引下，全面贯彻落实十九大精神，推进测绘地理信息科技创新不断取得新成绩、迈上新台阶。

2017 年 10 月

主 报 告

Overview

B.1
测绘地理信息科技创新研究报告

徐永清　熊　伟　乔朝飞　薛　超　贾宗仁*

摘　要：　本文在系统回顾传统和现代测绘地理信息科技发展历程的基础上，总结分析了测绘地理信息科技创新发展的一般规律，同时研究了全球测绘地理信息科技与新技术融合发展的基本情况及主要趋势，并从科技进步和产业经济两个视角全面系统地评估了当前我国测绘地理信息科技创新的整体状况。基于此，本文围绕测绘地理信息科技创新发展的一般规律，从应用需求驱动和技术融合创新的角度出发，提出了未来我国测绘地理信息科技创新发展的主要方向和重点任务，以及相应的政策措施。

关键词：　测绘地理信息　科技创新　人工智能　技术融合

* 徐永清，国家测绘地理信息局测绘发展研究中心副主任，高级记者；熊伟、乔朝飞，国家测绘地理信息局测绘发展研究中心，副研究员；贾宗仁，国家测绘地理信息局测绘发展研究中心，助理研究员；薛超，国家测绘地理信息局测绘发展研究中心，研究实习员。

科学技术是第一生产力。对于测绘地理信息这样一个技术密集型的行业来说，科技创新的重要性不言而喻。我国测绘地理信息科技创新的发展历程，始终都离不开相关高新技术的引领，始终都离不开经济社会发展需求的驱动。当前，我国经济社会发展水平和社会大众生产生活质量的不断提高，带来了更为强劲和旺盛的测绘地理信息需求，与此同时，全球测绘地理信息科技与新技术融合发展趋势越发显著。在此背景下，加快推动我国测绘地理信息事业转型升级，进一步提升测绘地理信息对经济社会发展的保障服务能力，需要走一条与过去不太一样的测绘地理信息科技创新发展道路，需要全面掌握我国测绘地理信息科技发展现状，明确新时期测绘地理信息科技创新的主要方向和重点任务，加快推进测绘地理信息科技体制改革，努力打造有利于促进测绘地理信息科技创新发展的政策制度环境。

一 测绘地理信息科技发展历史回顾

测绘是人类认识地球、了解地形地貌、开发地理信息的一门学问、一种技术、一个产业。测绘，可以简单理解为"测量"和"绘图"的通称，主要指对自然地理要素和地表人工设施的形状、大小、空间位置及其属性等进行测定、采集、表述，以及对获取的数据、信息、成果进行处理并提供应用服务的活动。测绘科技的进步反映了人类社会科技的进步。综观全世界，测绘科技经历了从传统模拟阶段到数字化阶段，再到信息化阶段的进步，正在朝着智能化方向发展。

（一）传统测绘地理信息科技发展历程

测绘的形成和发展在很大程度上依赖测绘方法和测绘仪器的创造和变革①。17 世纪前使用简单的工具，如中国的绳尺、步弓、矩尺等，以量距为主。17 世纪初发明了望远镜。1617 年，荷兰的威里布里德·斯涅耳

---

① 宁津生、李德仁等：《测绘学概论》（第二版），武汉大学出版社，2008，第 6 ~ 9 页。

（W. Snell）发明了"三角测量法"，以代替在地面上直接测量弧长，从此测绘工作不仅量距，而且开始了角度测量。大约 1640 年，英国的加斯科因（W. Gascoigne）在望远镜上加十字丝，用于精确瞄准，这是光学测绘仪器的开端。1730 年，英国的西森（Sisson）研制出测角用的第一台经纬仪，促进了三角测量的发展。随后陆续出现小平板仪、大平板仪以及水准仪，用于野外直接测绘地形图。16 世纪中叶起，为满足欧美两洲间的航海需要，许多国家相继研究海上测定经纬度以定位船只。直到 18 世纪发明了时钟，有关经纬的测定，尤其是经度测定方法才得到圆满解决，从此开始了大地天文学的系统研究。测量数据精度的提高，要求有精确的计算方法。1806 年和 1809 年，法国的勒让德（A. M. Legendre）和德国的高斯分别提出了最小二乘准则，为测量平差奠定了基础。19 世纪 50 年代，法国的洛斯达（A. Laussedat）首创摄影测量方法，到 20 世纪初形成地面立体摄影测量技术。由于航空技术的发展，1915 年制造出自动连续航空摄影机，形成了航空摄影测量方法。在这一时期，先后出现了测定重力值的摆仪和重力仪，推动陆地和海洋上的重力测量迅速发展。

总体上看，从 17 世纪末到 20 世纪中叶，主要是光学测绘仪器的发展，测绘的传统理论和方法逐渐发展成熟。20 世纪以后，随着飞机的发明，出现了航空摄影测绘地图的方法。从 20 世纪 50 年代起，测绘仪器朝着电子化和自动化的方向发展，光学的经纬仪、水准仪逐渐发展为电子的经纬仪、水准仪，测量的工作效率得到大幅提升。1948 年发展起来的电磁波测距仪，可精确测定远达几十千米的距离，相应在大地测量定位方法中发展了精密导线测量和三边测量。

（二）现代测绘地理信息科技发展评述

20 世纪 80 年代以后，随着计算机技术、网络技术、对地观测技术等的快速发展，测绘科技获得了革命性的发展，实现了由传统模拟测绘到数字化测绘的深刻转变，进入以"3S"技术［全球导航卫星系统（GNSS）、遥感技术（RS）和地理信息系统（GIS）］为核心的高科技测绘时代。进入 21

世纪以后的第二个十年，在计算机技术、光电技术、网络通信技术、空间科学、信息科学等科技的进一步发展和推动下，尤其是在以云计算、物联网、大数据、人工智能等为代表的新一代信息技术的影响下，测绘科技正在走向信息化，并逐渐迈入智能化时代。

1. 计算机等技术发展催生了地理信息系统技术

地理信息系统技术（Geographic Information System，GIS）是在计算机软件和硬件支持下，把各种地理信息按照空间分布及属性以一定的格式输入、存储、检索、更新、显示、制图和综合分析应用的技术系统。可以说，没有计算机技术的发展，就没有地理信息系统技术的出现，也不会有人工制图向计算机辅助制图的转变。

20 世纪 60 年代末，加拿大建立了世界上第一个地理信息系统——加拿大地理信息系统（CGIS），用于自然资源的管理和规划。20 世纪 80 年代，GIS 得到普及和推广应用，GIS 软件研制与开发取得很大成绩，涌现出一批可在工作站或计算机上运行的具有代表性的 GIS 软件，如 ARC/INFO、TIGRIS、MGE、SYSTEM9 等。20 世纪 90 年代以后，一些基于 Windows 的桌面 GIS 软件，如国外的 ARC/INFO、MAPINFO、GeoMedia 以及国产的 SuperMap、GeoStar、MapGIS 等，以其界面友好、功能实用等特点，推动 GIS 在各行各业得到广泛应用。GIS 的出现，实现了地图制图由传统手工编绘方式向全数字化制图转变。

进入 21 世纪以后，随着计算机计算能力的大幅提升、网络通信技术以及人工智能技术的快速发展，GIS 技术由基于单机版转为网络化运行，地理信息管理能力由原来的几百兆提高到 TB 级甚至 PB 级，使得图库一体化制图技术得以实现，地理信息数据分析和应用水平迅速提高。

2. 卫星等技术发展催生了卫星导航定位技术

自 20 世纪 50 年代中期全球第一颗人造地球卫星成功发射以后，人类开启了利用航天卫星技术研究地球发展变化的新征程。随着航天技术的快速发展，20 世纪 70 年代初期，美国政府开展了高精度全球卫星导航定位系统的研制，尝试利用卫星系统来解决地面目标高精度导航定位的问题。之后，经过数年的努力，在80年代后期和90年代前期，第二代真正意义上的全球定位系统（GPS）逐步投入运行。在此期间，苏联也建成了GLONASS全球卫星导航定位系统。步入21世纪以后，世界诸多国家开始建设卫星导航定位系统并不断加快建设步伐，卫星导航定位系统得到了迅猛发展。目前，国际上共有美国GPS、俄罗斯GLONASS、欧盟GALILEO、中国"北斗"，以及印度IRNSS、日本QZSS六大卫星导航定位系统，全球共有上百颗在轨运行导航卫星。

卫星导航定位引起了导航定位技术的重大变化，实现了全天候、全球、高精度导航定位，推动传统地面大地测量向空间大地测量转变。全球卫星导航定位系统克服了地基无线电导航的局限，能为世界上任何地方（包括空中、陆上、海上甚至外层空间）的用户全天候、连续提供精确的三维位置、三维速度和时间信息。全球卫星导航定位系统的出现是导航定位技术的巨大革命，完全实现了从局部测量定位到全球测量定位、从静态定位到实时高精度动态定位、从限于地表的二维定位到从地表到近地空间的三维定位、从受天气影响的间歇性定位到全天候连续定位的变革。

3. 航天等技术催生了卫星遥感测绘技术

20世纪60年代，随着航天技术的迅速发展，美国地理学家首先提出了"遥感"（remote sensing）这个名词，主要指通过非接触传感器遥测物体的几何与物理特性的技术。之后的50多年，卫星遥感测绘技术得到快速发展，世界各国陆续发射了数百颗不同种类的民用遥感测绘卫星，极大地丰富了人类获取地表空间信息的手段，推动了航空测绘向航空航天测绘转变。航空航天遥感测绘逐渐发展成为地理信息数据的主要获取渠道，依托可见光摄影机、红外摄影机、紫外摄影机、红外扫描仪、多光谱扫描仪、微波散射计、侧视雷达、专题成像仪、成像光谱仪等20多种传感器，接收数字和图像信息等。

在航天技术和传感器制造技术等的快速发展和推动下，全球卫星遥感正在往"三多"（多传感器、多平台、多角度）、"四高"（高空间分辨率、高光谱分辨率、高时间分辨率、高辐射分辨率）的方向发展，对地观测系统

日趋小型化、专业化、星座化，使得实时获取地表空间数据成为现实。

4. 光电子技术等发展催生了高精尖的测量装备

20 世纪 80 年代以后，在光电子技术等持续创新发展的推动下，集成化、自动化程度更高的全站仪得以出现，以测量机器人、三维激光扫描仪、移动测量车等为代表的智能化地面测量装备得到快速发展，低功耗、高稳定性以及兼容 GPS、GLONASS、北斗、伽利略信号并集成多媒体信号的导航定位芯片相继涌现，超过 40 亿像素的数码相机横空出世，集成多个航摄相机的倾斜摄影系统、空中全景相机、激光雷达系统等新型测绘装备不断涌现，大大提高了测绘工作的效率，大幅减轻了人工劳动量。

测量装备的快速发展与工业制造能力和水平密不可分，无论是卫星和机载三高成像传感器还是地面精密测量装备等现代化仪器都需要高精尖的新材料、新工艺作为支撑。为此，从某种意义上来说，测量装备水平的高低反映了一个国家工业现代化水平的高低。

（三）测绘地理信息科技创新发展的一般规律

从前文的研究分析可知，测绘地理信息科技创新发展并不是一个相对独立的内部行为，主要受外部的需求驱动和技术牵引。总的来看，测绘地理信息科技创新发展有其一般规律。首先，其所处的科学范畴本质上决定了科技创新发展的主要方向。其次，开展各种测绘地理信息科技创新活动不得不注重以应用需求为导向，不得不注重与同时代高新技术的融合发展。

1. 测绘地理信息科技属于技术科学与应用科学的交叉范畴

一般来说，现代自然科学是由基础科学、技术科学和应用科学三大部分组成的科学总体。这三大部分各有研究的对象和目的，既是自然科学体系中的不同组成部分，又是三个密切联系的不同层次，互相影响，相互促进。

基础科学是以自然界某种特定的物质形态及其运动形式为研究对象，目的在于探索和揭示自然界物质运动形式的基本规律，是其他科学研究的基础。它探索新领域，发现新原理，并为技术科学、应用科学和社会生产提供理论依据。没有基础科学的进步就没有技术科学和应用科学的发展。技术科学以基础科学的理论为指导，研究同类技术中共同性的理论问题，目的在于提示同类技术的一般规律。技术科学的研究都有明确的应用目的，是基础科学转化为直接生产力的桥梁，也是基础科学和应用科学的主要生长点。因此，技术科学在经济发展中有重要地位，是现代科学中最活跃、最富有生命力的研究领域。应用科学是综合运用技术科学的理论成果，创造性地解决具体工程、生产中的技术问题，创造新技术、新工艺和新生产模型的科学。

与上述三类自然科学的内涵与特点相对照，现代测绘地理信息科技逐渐发展成为技术科学与应用科学的交叉范畴。测绘地理信息主要是以地球为研究对象，对其进行测定和描绘的科学，利用测量仪器测定地球表面自然形态的地理要素和地表人工设施的形状、大小、空间位置及其属性等，然后根据这些观测数据，通过地图制图方法将地表的自然形态和人工设施等绘制成地图，基于地图并结合经济社会发展需要开展各种地理空间分析与应用服务。如前所述，测绘地理信息工作本身要持续进行技术手段的创新，依靠测绘方法和测绘仪器的创造和变革，利用技术科学的最新理论成果，来实现描绘地球和利用地理空间信息的目的。虽然测绘地理信息科技也有一些自身所特有的理论方法，如地球重力场理论、地球投影理论、摄影测量理论和方法、地图制图理论和方法、测量误差理论和方法等，但随着时代的发展，测绘地理信息科技的进步已转变为主要依赖各种技术科学理论方法和手段的进步。这其中不仅需要依靠测绘地理信息技术自身的创新发展，也需要综合运用各类技术创新成果，创造性地解决测绘地理信息生产和服务中的技术问题，创造新技术、新工艺和新生产模型。

2. 测绘地理信息科技创新发展遵循应用需求驱动的基本原理

从根本上来说，测绘地理信息的工作对象就是人类活动的空间，同时人类各项活动都与国民经济和社会发展密切相关，为此，自然形成了测绘地理信息主要为经济社会发展提供地理空间信息服务的基本特征和内在要求。测绘地理信息是一个技术密集型行业，事业的发展离不开科技创新的引领和支撑。因而，测绘地理信息科技创新发展主要通过经济社会发展对地理空间信

息的应用需求的传导来产生动力，进而依靠测绘地理信息科技创新来提高生产和服务效率，不断适应和满足人类生产生活对地理空间信息服务日益增长的现实需求。

纵观近年来我国测绘地理信息事业发展和科技创新发展的作用过程，测绘地理信息科技创新发展主要遵循应用需求驱动的基本原理。比如，为满足社会大众日常出行对导航定位的需求，研制的非线性保密技术和高精度导航电子地图，推动了导航定位产业的快速发展；为满足经济社会发展对地理信息日益增加的快速便捷获取需求，研制并推出了以网络化应用为根本目的的地理信息公共服务平台天地图；为满足智慧城市建设需要，研制了时空信息云平台，有力促进了城市的精细化和智能化管理，促进人民群众生产生活质量的不断提高；为更好地处理人地关系，大力发展地理国情监测技术，更多地将地理空间信息与自然环境、经济社会管理相结合，辅助和支持人类管理地球。

3. 测绘地理信息科技创新发展遵循技术融合发展的一般趋势

回顾历史，测绘地理信息科技创新发展始终都离不开同时代高新技术的牵引与融合，地理信息系统技术的发展主要依靠计算机科学、数据库技术、网络技术等，卫星导航定位技术的发展主要依靠卫星技术、通信技术等，遥感技术的发展主要依靠卫星技术、摄影技术、光电技术等。从根本上来说，测绘地理信息工作的本质是描绘地球、认识地球，进而更好地辅助管理地球，而测绘地理信息的一切科技创新活动最终都是围绕这一根本目的。因此，只要可以用来实现这一目标的科学技术逐渐都会被测绘地理信息科研工作者加以整合，进而推动测绘地理信息科技的创新发展。

进入 21 世纪以后，测绘地理信息科技与信息技术等新技术的跨界融合趋势越来越显著。测绘地理信息与大数据、人工智能等技术相结合，大大提高了地理信息开发、处理的能力和水平，同时也催生了自动驾驶、增强现实等一些新的融合集成技术；测绘地理信息与云计算等技术相结合，大幅提高了地理信息数据的计算能力、管理能力和应用服务能力；测绘地理信息科技与移动互联网技术的结合，大幅提高了地理信息数据的传输效率，催生了移动互联网地图等新应用。这种技术融合发展道路已成为测绘地理信息科技创新发展的必经之路和首选，可以说，离开技术融合，未来测绘地理信息科技将很难实现创新发展。

二 测绘地理信息科技与新技术融合发展趋势

当前，世界各国十分重视测绘地理信息科技与新兴技术的融合，广泛利用云计算、物联网、大数据、人工智能等新兴技术来推动测绘地理信息科技发展和产业发展，通过多技术融合来实现空天地一体化实时获取、海量多源数据智能处理、时空数据智慧应用的全球测绘地理信息科技发展趋势更加明显。

（一）云计算与测绘地理信息技术融合方面

在全球范围内测绘科技由传统模式转向数字化和信息化的过程中，政府和公众对地理信息的需求量、贡献量不断增加，地理信息应用领域更加广泛。用户对数据共享需求越来越高，需要对空间信息不断进行重构、更新，客观上要求测绘地理信息由提供单一底图数据转变为提供综合信息服务。互联网的普及为地理信息共享提供了基础设施支撑，互联网 WebGIS 的出现一定程度上打通了地理信息在线处理分析、共享互操作的"经脉"，但随着地理信息数据量迅猛增加、空间分析手段更加多元，单个计算机的处理能力、储存能力不足以满足庞大数据量的快速处理要求，云计算技术的出现解了测绘地理信息共享、处理方面的燃眉之急。在地理信息服务平台上采用云 GIS 架构能更灵活地对外提供高效服务，可以保证用户按需随时随地访问处理共享信息，保证用户使用大量云计算资源而无须自己配置设备。亚马逊早在2006 年就推出 AWS 专业云计算服务，截至 2017 年，亚马逊共在全球布设了 300 万个云计算服务器，在宁夏中卫等地建设了 44 个云计算中心。微软在 2010 年推出云计算操作系统 Azure，谷歌也推出 Cloud Platform 涉足 IaaS服务。云计算在数据访问、分发、管理等方面的优势正在深刻改变测绘地理信息领域生产服务的方方面面。在测绘地理信息领域，基于大型云计算平台的空间信息数据和服务在产品架构和商业模式上已经有了一定实践，越来越多的公有云、私有云地理信息平台得以建立。ESRI 是全球第一家真正支持云架构 GIS 平台产品的厂商，其 ArcGIS 10 系列产品依托亚马逊的 EC2 云平台，真正实现了 GIS 平台在云中的部署和服务模式，用户可以直接在 ArcGIS 云端实现空间数据的管理、分析和处理功能。谷歌（Google）公司推出了基于云计算的谷歌地球生成器（Google Earth Builder），允许应用程序开发人员和软件公司使用谷歌的云计算资源组织地理空间数据和其他相关信息。2008 年，谷歌每天处理的数据已经达到 20PB，一年是 7300PB。Mapbox 和 CartoDB 等几家初创地理信息公司也在利用云技术节省公司的成本。我国的中地数码、超图公司等也先后开发了具有云服务功能的基础地理信息平台。

（二）移动互联与测绘地理信息技术融合方面

测绘地理信息数据的精度和成果质量一定程度上取决于采集设备的先进程度和采集的方式。随着用户对地理信息数据的精细程度（从二维到三维全要素）、精确程度（从米级到亚米级、厘米级）、内容范围（从室外到室内、地下）和时效性（实时）要求不断提高，传统基础测绘的获取手段已逐渐不能满足用户的现实需求。移动互联作为一种新兴互联网形态，通过 4G 甚至 5G 技术依托移动终端进一步扩大了互联网的应用范围、广度和深度，而移动终端的全球导航定位接收仪、惯性导航系统、近场通信等多种集成传感器为用户提供了位置、移动速度、轨迹、时间等基础数据和信息，加速了现实世界和虚拟空间的趋同，将更好地满足未来测绘地理信息个性化、泛在化的需要。移动互联的出现让 LBS、移动导航定位等地理信息服务迈上了新台阶，推动了地理信息的作业范围从地表延伸到了地下、从室外扩展到室内；得益于未来 5G 通信技术的成熟和室内外定位无缝衔接技术的发展，地理信息数据采集将通过众包等方式产生粒度更小、精度更高的地理信息，使地理信息＋移动互联成为未来测绘地理信息服务的主要模式。据悉，英国军械测量局正在利用测绘技术联合开展部署 5G 信号的相关试验；日本银座安装了覆盖 50 万平方米的室内导航定位系统，通过电子标签（RFID）、磁场数据为手机用户提供室内导航；美国波士顿市利用民众手机上的陀螺仪和 GPS 装置将道路坑洼信息反馈给波士顿市政部门，实现了移动互联时代的智能测绘。

（三）物联网与测绘地理信息技术融合方面

物联网是通过射频识别、红外感应器、全球定位系统、激光扫描器等信息传感设备，按约定的协议，把任何物品与互联网连接起来，进行信息交换和通信，以实现智能化识别、定位、跟踪、监控和管理的一种网络。物联网的核心思想是通过感知设备对感知对象进行识别、定位、跟踪、监控和管理。随着物联网管理对象从计算机扩展到普通物品，对包括数据采集位置、采集时间、相互作用和流动趋势等信息流的要求就越来越严格。随着 RFID、传感器、嵌入式技术、智能计算等物联网相关技术的不断成熟，测绘地理信息技术与物联网融合发展的应用领域越来越多。据悉，ESRI 公司正在大力开展实时 GIS（Real-Time GIS）与物联网的研究，深度挖掘物联网对空间信息推理分析的大量需求，将海量物联网传感器的实施数据储存至大数据存储中心并对相关地理事件进行分析，使用户对实时的资产状况、人员、设备情况更加一目了然。沃尔沃智能车载交互系统可以实现车辆之间路况信息的分享，提醒哪些路段容易打滑，推动了测绘地理信息技术与物联网技术的融合应用。

（四）大数据与测绘地理信息技术融合方面

大数据时代的到来驱动了数据的深度挖掘与分析，而信息之间往往具有位置关联性。近年来，以地理信息为基底、多源异构数据的融合价值不断显现。用户逐渐意识到传统数据与地理信息的融合大大提高了数据的"地理智商"。而测绘地理信息数字化、IP 化、移动化、智能化、云化、泛在化的发展使得地理信息与大数据技术的发展路径越来越趋同。目前，遥感技术、通信技术的快速发展带来了对地观测数据 TB、PB 级的爆炸式增长和广泛应用，高分辨率测绘卫星和小卫星在轨运行数量不断增加，高分辨率摄影测量点云数据快速增长为大数据技术发展提供了大量数据资源。同时，由于各类对地观测系统和地理国情监测等对全球多时相、多平台、多种空间分辨率的大量需求，利用大数据手段解决目前数据高"吞吐量"和完成各类数据密集型运算非常迫切。在地理信息大数据时代，空间数据挖掘和地理知识服务不断深化，更直接地服务于经济社会发展的方方面面。优步（Uber）通过位置大数据预测车流量大小，为用户提供需等待出租车的准确时间，并为出租车司机规划接到用户的最短路线；伦敦大学 Spce Time Lab 将"时空大数据"的预测、模拟、分类、画像和可视化应用在实际问题中，为政府和企业提供洞察时空现象的理论基础和计算平台；高德公司开发大数据分析产品"高德位智"（原"高德指数"），通过其提供的商业大数据与热力图，帮助企业与个人进行商业参考及决策；滴滴公司利用大数据制作了北京全天出行量趋势图，归纳出了加班族出行轨迹和夜间去往医院的出行订单；武汉大学利用五年夜光遥感数据分析叙利亚内战的态势和战场变化，并把成果提交给联合国安理会使用；等等。

（五）人工智能与测绘地理信息技术融合方面

人工智能是计算机学科的一个分支，主要研究应用计算机来模拟人类的某些思维过程和智能行为（如学习、推理、规划、识别等）。近年来，得益于云计算、大数据的飞速发展，以深度学习[①]算法为代表的人工智能技术迎来新的突破，成为时下最受青睐的技术之一。从准、绳、规、矩等古代测量工具到现代 GPS 接收机、卫星等，从模拟测图到数字测图，测绘工具及生产作业方式一直在更新换代，测绘精度、效率也得到极大提高，但始终处于以人为核心进行测绘生产的状况。在此种模式下，测绘生产的能力和效率始

---

① 深度学习算法实际是指深度神经网络算法，因其算法使用高维模型，故需要大量数据和强大运算能力。

终有一定的局限性，而人工智能技术的出现和发展将以机器逐渐取代人类完成测绘生产任务，大幅提高生产的效率和质量。机器学习等人工智能技术在遥感影像分类、点云处理、定量遥感等方面已深耕多年，利用机器学习进行影像分类和特征提取的效率极高，且精度不输目视解译。目前国际主流的遥感影像处理软件，地理信息系统软件的遥感影像处理模块，以及大部分国产遥感影像软件均在数据分析处理时采用了机器学习算法，大大提高了数据处理的自动化和智能化程度。同时，在激光雷达、深度摄像头领域，基于深度学习的点云数据处理分类已经展现出了良好效果，而且明显优于低层次几何特征提取。未来，为更好地解决海量多源地理信息数据快速处理的问题，人工智能技术与测绘地理信息技术的融合发展将会进一步深化，智能机器也将成为测绘生产的主要方式。

（六）虚拟/增强现实与测绘地理信息技术融合方面

虚拟现实（Virtual Reality，VR）是指一种可以创建和体验虚拟世界的计算机仿真系统，而增强现实（Augmented Reality，AR）是指一种实时计算摄影机影像位置及角度并加上相应图像、视频、模型的技术。VR 和 AR 均属于视觉技术，两者差别在于前者是基于虚拟环境的视觉，后者是基于现实环境的视觉。地理信息是对地理现象近似性的描述，人们对地理信息需要一个感知和理解的过程。几千年来，人类用于理解地理信息的途径是通过查阅地图，自地图诞生以来，地图的表现形式和载体也在不断发展，特别是计算机的出现，电子地图极大地丰富了地图的内容且创造了与地图交互的可能。但不论是纸质地图还是电子地图，从视觉上容易使非专业人士造成理解错误。VR 和 AR 技术对地理信息可视化而言跳出了长久以来用地图对地理现象进行描述的形式，通过构建接近现实的场景，不仅能够加强对地理信息的理解，并极大地促进了地理信息可视化和丰富了交互体验。近年来，随着图形处理能力的提高，加上人们对娱乐生活中视觉体验要求的提高，VR 技术得以快速发展，来源于 VR 的 AR 技术也呈现蓬勃发展态势，特别是在游戏和娱乐领域，已有成熟的商业产品问世。当前，国内外 VR/AR 技术与测绘地理信息技术的融合应用逐渐增多。例如，2016 年火遍全球的游戏精灵宝可梦（pokemon go）就是一款简单但典型的增强现实在地理信息领域的应用，游戏将 AR 与 LBS（基于位置的服务）结合，在现实世界中增加 AR 元素，大大增强了玩家与现实世界的交互体验。2016 年 Esri 全球开发者大会上，技术人员利用微软公司 HoloLens 的 AR 设备实现对虚拟考古的呈现。国内武汉大学郭际明教授创立的珞珈俊德团队开发了 VR 智慧城市规划漫游系统，不仅还原了真实的城市建筑环境，并且能够以 1∶1 和 10∶1 两个视角获得与城市的交互体验①。此外该团队在 2016 年 7 月武汉特大暴雨期间，利用无人机空中全景技术，推出了武汉暴雨全景 VR 图，获得了广泛关注。

（七）自动驾驶与测绘地理信息技术融合方面

自动驾驶是一套集环境感知、规划决策、多等级辅助驾驶等功能于一体的综合系统。自动驾驶技术是一项融合集成技术，集中了计算机、传感器、信息融合、通信、人工智能、自动控制、高精度导航定位等诸多技术。为此，自动驾驶技术本身就集成了大量的测绘地理信息相关技术，如激光雷达、高精度导航电子地图、基于卫星导航定位基准站的高精度实时定位等技术，离开这些技术自动驾驶也无从谈起。当前，自动驾驶作为一个新兴技术领域，在缓解交通拥堵、促进节能减排、改善生态环境、提高公众生活质量等方面具有重要作用。世界上诸多国家和知名企业高度重视自动驾驶的发展，纷纷投身这一领域，欲加速抢占制高点。以谷歌、优步等为代表的互联网巨头和以宝马、通用、特斯拉等为代表的汽车制造商正在积极推动自动驾驶的产业化发展。我国的长安汽车、一汽等汽车制造商以及百度、高德、四维图新、武汉光庭等互联网公司和导航公司也正在积极推动自动驾驶技术研究和产业化发展。由此看来，随着未来自动驾驶产业化进程的不断加快，自动驾驶技术将对测绘地理信息相关技术提出更高更新的要求，进一步推动测绘地理信息技术的创新发展。

---

① http：//www.vrzy.com/vr/50454.html.

三　测绘地理信息科技创新发展评价

近年来，我国测绘地理信息科技创新不断取得新进展，但是对我国测绘地理信息科技创新的整体现状缺乏深入系统的调查研究。为此，有关部门组织了两次大范围面向全行业的测绘地理信息科技创新专题调研工作，力求从科技进步和产业经济两个视角来综合反映当前我国测绘地理信息科技创新发展的基本情况。

（一）从科技进步视角看我国测绘地理信息科技发展水平

1.总体评价

近年来，在计算机科学、空间科学、信息科学、互联网技术和现代工业制造技术等快速发展的推动下，在广大测绘地理信息科研工作者的努力钻研下，我国测绘地理信息科技创新在测绘基准、地理信息数据获取、处理、管理、分发服务以及装备制造等领域取得了重要进展，特别是在自主高分辨率卫星遥感测绘、自主航空遥感测绘、全球测绘以及卫星导航定位装备和地面测绘装备制造等领域取得重大突破，尤其在大地基准、GNSS 数据处理、地理信息数据获取技术理论、地理信息变化检测、SAR 系统、高精度全站仪等部分研究领域跻身世界先进行列。总体上看，我国测绘地理信息科技水平与国际各相关领域的最高水平还存在一定差距，主要短板和瓶颈集中体现在高精尖的装备水平方面以及由此衍生而来的数据获取技术、处理技术、应用技术等方面。比如，重力对地观测设备和手持式三维激光扫描仪处于空白，水下地下测绘装备基本依赖进口，雷达卫星数据源自主获取能力明显不足，全球化测绘理论研究和技术创新刚刚起步，重大基础设施高精度变形监测难以满足实际需求等。产生这些差距的原因，既有测绘地理信息科技创新能力相对不足的问题，也受各类数据资源共享开放应用不够、现代工业制造水平不高等多方面因素的影响。

不过，国内和国际测绘地理信息科技最高水平差距正呈不断缩小之势。

我国在"十二五"期间已经填补了多项测绘地理信息科技空白,自主雷达卫星、重力卫星等测绘卫星研制已经提上日程,高分辨率卫星遥感测绘相关科研项目研究正在有序开展。

2. 国际定位

(1) 大地测量与卫星导航定位方面。我国 CGCS2000 大地基准在国际上处于科技领先水平,"863"计划"全球动态坐标参考框架维持关键技术"已通过课题验收,有望在"十三五"时期实现我国大地基准的动态维护。地球重力场模型算法水平与国际最高水平相当,主要受限于全球重力数据源获取不足,我国建立的 360 阶全球重力场模型(WDM94)相较美国的 2190 阶地球重力场模型(EGM2008)在精度上还有不小差距。我国大地测量数据处理与地球物理反演技术与国际保持同步,都研制了具有各自代表性的处理软件。差分定位技术精度略低于国际最高水平,但在推广应用方面优于国外。我国建立的目前亚洲唯一的 IGS 数据分析中心精度和稳定性位居世界前三。以羲和系统为代表的室内外无缝定位技术,初步实现了室外亚米级、城市室内优于 3 米的无缝定位导航,产业化方面与国外成熟系统还有一定差距。

(2) 地理信息数据获取方面。地理信息数据获取技术水平的高低集中体现在自主装备水平方面,我国自主的地上、地下、航空、航天、水下等地理信息数据获取装备水平均低于国际最高水平,但在理论研究及技术应用方面处于世界领先水平。我国成功推出了框幅式航空摄影 SWDC 系列、TOPDC 系列以及相应的倾斜摄影方案,在国际上处于领先水平,但在推扫式航空摄影方面属于空白。研制了 SSW 车载测图系统和 MMS 移动测量系统,在测图精度方面与国际最高水平基本保持同步。自主研发高精度定位定姿系统 PPOI,提供支持陆地、航空及航海所有动态应用环境,打破了国外技术封锁,突破了国内技术瓶颈。机载激光雷达设备主要依赖进口。构建了 0.3 米 X 波段、P 波段极化干涉 SAR 系统和 0.2 米 Ku 波段微小型全极化 SAR 系统,在国际上处于领先水平。成功发射最高分辨率优于 1 米的国产光学遥感卫星和分辨率达 0.5 米的遥感 29 号 SAR 成像卫星,步入国际测绘遥感卫星先进行列。国产单波束测深仪技术达到世界先进水平，多波束测深仪只能测到浅水的几十米，相较国外有较大差距。

（3）地理信息数据处理方面。以 DPGrid、PixelGrid 等为代表的国产遥感数据处理系统，实现了海量遥感数据的高效自动化处理，但与以地理成像加速器（PCI GXL）和像素工厂等为代表的国际遥感数据处理系统相比，仍有不小差距，尤其表现在复杂数据自动化水平偏弱以及软件性能和稳定性等方面。构建了能处理国内外航空航天 SAR 数据、功能齐全、具有 PB 级影像数据管理和并行处理解译能力的 SAR 影像处理解译系统（SARplore），与国外最高技术水平差距不大。地物信息自动提取程度、人机交互解译能力以及变化信息检测与提取能力处于国际领先水平。以超图（SuperMap）等为代表的国产地理信息系统，能管理 PB 级空间数据等，实现了空间数据并行云计算，与国外最高技术水平差距不大。

（4）地理信息数据服务方面。以天地图、百度地图等为代表的我国自主的网络地理信息服务平台，无论是在数据资源的更新频率，还是在数据资源的精细度以及网络化运行能力和客户端体验效果方面，在国际上都处于领先水平，但与国际上以谷歌为代表的最高技术水平还有不小差距，主要受网络环境以及保密规定、开放共享等因素影响。

（5）地理信息综合集成应用方面。以工程测量和变形监测、地理国情监测、不动产测绘、智慧城市建设、应急测绘、全球地理信息资源建设等为代表的地理信息综合集成应用，与国际上相比差距主要体现在数据获取、处理和服务等方面。比如，我国推出了全球 30 米地表覆盖产品，而美国已经获取覆盖全球地表 80% 的陆地范围的干涉雷达数据，生产了空间分辨率 30 米、高程精度 16 米的全球地形数据，美国与日本共同推出 1 秒间隔的全球数字高程数据。同时由于体制机制差异，在地理国情监测、不动产测绘、智慧城市建设等方面，很难从技术层面进行直接比较。此外，以滴滴打车等为代表的新一代出租车基于位置服务成熟发展起来，在技术创新应用和产业化成熟度方面处于国际领先水平；综合集成高精度地图、定位、感知、智能决策与控制等功能形成的百度无人驾驶车，已在多种复杂道路环境下成功实现

试运行，但与国际先进水平相比仍有不小差距。

（6）测绘地理信息装备方面。我国自主研发的和芯星通蜂鸟（HumbirdTM UC220）导航定位芯片在稳定性、功耗、集成度等方面处于国际先进水平，但与国际最高技术水平相比还有一定差距。以南方测绘为代表的 nts391r 高精度全站仪，在测角、测距精度和响应速度方面已经达到世界领先水平。三维激光扫描装备全面落后，手持式处于空白状态，地面式的测距、测速、精度等指标跟国际同类最高技术水平相比差距较大，手持三维激光扫描、移动三维激光扫描设备在技术性能上处于国际领先水平，但扫描头、全景相机等组装设备基本依赖国外。

3. 差距剖析

我国测绘地理信息科技水平整体上与国际测绘地理信息科技最高水平相比还存在一定差距，其原因主要有以下几个方面。

第一，测绘地理信息数据获取、处理等所依附的相关技术装备能力处于绝对落后状况。装备制造水平更多地由国家现代工业水平决定，无论是卫星和机载三高成像传感器还是地面精密测量装备等的现代化都需要高精尖的新材料、新工艺作为支撑，而这些方面我国与欧美日等发达国家的差距明显，这使得我国测绘地理信息科技水平在源头上就落后。

第二，现有的测绘地理信息科技体制致使技术创新主体还没有完全转换至企业。从国际上看，测绘地理信息领域的科技创新都是由高新技术企业主导，其在技术创新上能够与经济发展实现完美衔接，依靠市场机制催生科技创新的模式十分成熟，已经形成科技主导发展、经济反哺科技的良性循环。而在我国，测绘地理信息技术创新的主体至少在实践层面还十分模糊，更多地还是依靠测绘地理信息科研院所主导基础理论研究和关键技术研发，这种模式下的科技创新与经济发展之间的互动转化效率很难保证。

第三，测绘地理信息领域的科技创新氛围整体上还不浓厚。在市场经济利益和短期个人利益的驱动下，无论是测绘地理信息企业，还是测绘地理信息高等院校和科研院所，将工程项目建设和应用作为主要工作任务的倾向和趋势越来越明显，大多数测绘地理信息科研工作者的价值导向有向短期经济利益靠拢的趋势。这种氛围下测绘地理信息科技创新的效率和质量难以得到保证，既有科技投入相对不足的原因，也受整个社会生存生活大环境的影响。

（二）从产业经济视角看我国测绘地理信息科技创新水平

科技创新的目的是提高现实生产力，进而促进经济社会发展。为此，本部分主要从产业经济的角度分析评价我国测绘地理信息科技创新情况。在具体研究工作中，主要以市场主体作为科技创新监测评价对象，包括截至2015 年 12 月 31 日的 15931 家测绘资质单位。以测绘地理信息类专利、计算机软件著作权、科技成果奖励、标准等创新产出情况，测绘地理信息类创新平台、科研机构、高技术企业、高等院校等创新支撑情况，创新经费投入情况等作为评价指标。通过对调查搜集到的各类数据进行统计、计算、分析得出以下结论。

1. 测绘地理信息科技创新水平和能力呈加速提升之势

一是测绘地理信息类科技创新产出总量显著提高。"十二五"期间测绘地理信息类专利申请数量是"十二五"以前总量的 3.4 倍，获得测绘地理信息类专利授权的数量是"十二五"以前总量的 13 倍（见图 1），测绘地理信息类计算机软件著作权登记数量是"十二五"以前总量的 2.8 倍（见图 2），2015 年评选出的中国测绘科技进步奖数量是 2006 年的 2.3 倍，且 2001～2015 年国家科技进步奖中测绘地理信息类奖项所占比例呈平稳上升趋势（见图 3）。所有这些数据均表明，"十二五"时期尤其是 2014～2015 年，我国测绘地理信息科技创新水平得到了迅猛提升。

二是拥有测绘地理信息类科技创新产出的单位数量大幅增加。从专利上看，申请了测绘地理信息类专利和获得测绘地理信息类专利授权的单位数量均是 2013 年底的约 1.6 倍（见图 4）；2014～2015 年两年时间共有 197 家测绘资质单位实现了测绘地理信息类专利申请数量至少翻倍，占同期所有申请了测绘地理信息类专利单位数量的约 57.6%。从计算机软件著作权上看，

图1 近年来测绘地理信息类专利申请和授权数量变化情况

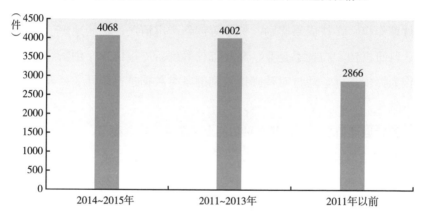

图2 近年来测绘地理信息类计算机软件著作权登记数量变化情况

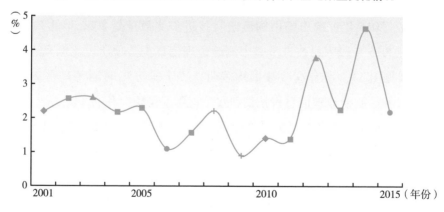

图3 2001～2015年国家科技进步奖中测绘地理信息类奖项占比情况

登记了测绘地理信息类计算机软件著作权的单位数量是2013年底的约1.44倍（见图5）；2014～2015年两年时间共有419家测绘资质单位实现了测绘地理信息类计算机软件著作权登记数量至少翻倍，占同期所有登记了测绘地理信息类计算机软件著作权单位数量的约48.7%。这些数据足以表明，越来越多的测绘资质单位认识到科技创新产出的重要性，也折射出近年来我国测绘地理信息科技创新整体实力取得长足进步。

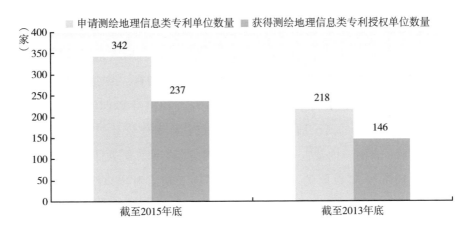

图4 近年来测绘地理信息类专利申请和获得授权的单位数量变化情况

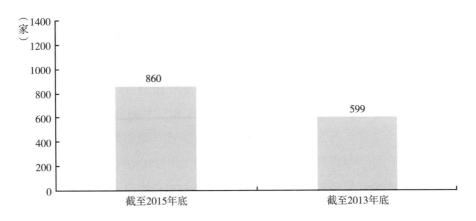

图5 近年来登记了测绘地理信息类计算机软件著作权的单位数量变化情况

三是测绘地理信息类科技创新产出强度明显增大。测绘地理信息类专利申请量占我国专利申请总量的比例由 2013 年底的 0.018% 提升至 0.02%，测绘地理信息类专利授权量占我国专利授权总量比例由 2013 年底的 0.012% 提升至 0.014%。同时，测绘地理信息领域每万人口专利受理量由约 65 件增加至 92 件，每万人口专利授权量由约 24 件增加至 37 件。这些数据表明，我国测绘地理信息科技创新水平正呈现快速提升之势。此外，从时空上看，2014~2015 年两年时间，内蒙古、江西、海南三地的测绘地理信息类专利申请数量实现从无到有，黑龙江、吉林、湖南三地的测绘地理信息类专利申请数量分别达到 2014 年以前的 11 倍、8 倍、3.75 倍；内蒙古、黑龙江两地的测绘地理信息类专利授权数量实现从无到有，山西、重庆、湖南三地的测绘地理信息类专利授权数量分别达到 2014 年以前的 6 倍、3 倍、2.17 倍；宁夏地区的测绘地理信息类计算机软件著作权登记数量实现从无到有，江西、青海、内蒙古三地的测绘地理信息类计算机软件著作权登记数量分别达到 2014 年以前的 4.4 倍、2.25 倍、2 倍。对比 2006~2010 年和 2011~2015 年各省、自治区、直辖市获得中国测绘科技进步奖的情况，没有获奖记录的地区数量已从 6 个减少为 3 个。这些数据充分反映了近年来我国测绘地理信息科技创新正在不断取得进步与发展。

2. 企业正逐渐发展成为测绘地理信息科技创新的主体

根据国家测绘地理信息局管理信息中心提供的统计数据，在 15931 家测绘资质单位中，共有 3992 家事业单位和 11939 家企业单位，分别占总数的 1/4 和 3/4。综合统计分析测绘地理信息企事业单位的科技创新产出和创新支撑情况发现，企业在科技创新产出方面（主要以专利和计算机软件著作权为主，因为其都由独立的第三方来严格认定，在体现创新产出水平方面更具说服力）已处于绝对领先地位，具体表现在以下几个方面。

一是测绘地理信息企业的科技创新产出数量显著多于测绘地理信息事业单位。从专利上看，测绘资质单位中 11939 家企业单位共申请测绘地理信息类专利 2559 件，3992 家事业单位共申请测绘地理信息类专利 1044 件，分别占总数的 71%、29%；在测绘地理信息类专利授权方面，企业单位共授权 1072 件，事业单位共授权 365 件，分别占总数的 75%、25%（见图 6）。
从计算机软件著作权看，企业单位共登记测绘地理信息类计算机软件著作权
8041 件，事业单位共登记测绘地理信息类计算机软件著作权 2389 件，分别
占总数的 77%、23%（见图 7）。

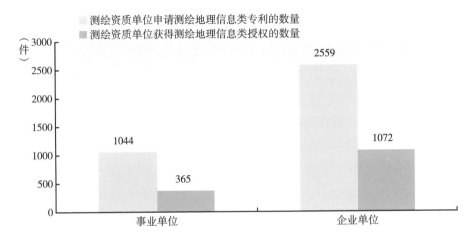

**图 6　截至 2015 年 12 月 31 日测绘资质单位中企事业单位的
测绘地理信息类专利申请和授权情况**

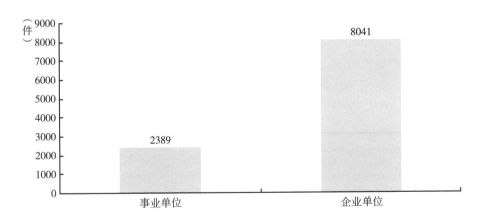

**图 7　截至 2015 年 12 月 31 日测绘资质单位中企事业单位的
测绘地理信息类计算机软件著作权登记数量情况**

二是拥有测绘地理信息科技创新产出的企业数量显著多于事业单位。从专利上看，15931 家测绘资质单位中共有 342 家单位申请了测绘地理信息类专利，其中，企业单位 257 家、事业单位 85 家，占比分别为 75%、25%；同时共有 237 家单位获得测绘地理信息类专利授权，其中，企业单位 179 家、事业单位 58 家，占比分别为 76%、24%（见图 8）。从计算机软件著作权上看，共有 860 家单位登记了测绘地理信息类专利，其中，企业单位 682 家、事业单位 178 家，占比分别为 79%、21%（见图 9）。

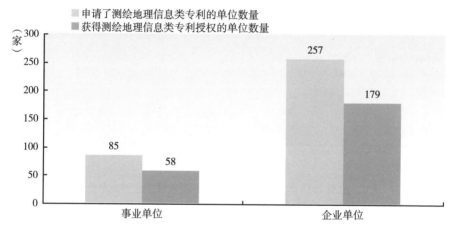

图 8　截至 2015 年 12 月 31 日测绘资质单位中测绘地理信息类专利申请和授权企事业单位数量情况

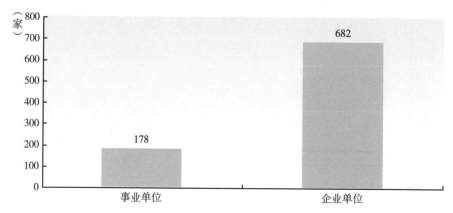

图 9　截至 2015 年 12 月 31 日测绘资质单位中登记了测绘地理信息类计算机软件著作权的企事业单位数量情况

三是拥有测绘地理信息科技创新产出的企业增加数量明显多于事业单位。从专利上看，2014~2015年两年时间，申请了测绘地理信息类专利的企业单位数量增加89家、事业单位数量增加35家；获得测绘地理信息类专利授权的企业单位数量增加64家、事业单位数量增加27家。从计算机软件著作权上看，2014~2015年两年时间，登记了测绘地理信息类计算机软件著作权的企业单位数量增加169家、事业单位数量增加79家（见表1）。

表1　近年来拥有测绘地理信息类科技创新产出的企事业单位的数量变化情况

单位：家

名称	截至2013年所有测绘地理信息类专利申请单位数量		截至2015年所有测绘地理信息类专利申请单位数量		截至2013年所有测绘地理信息类专利授权单位数量		截至2015年所有测绘地理信息类专利授权单位数量		截至2013年登记了测绘地理信息类计算机软件著作权的单位数量		截至2015年登记了测绘地理信息类计算机软件著作权的单位数量	
	事业单位	企业	事业单位	企业	事业单位	企业	事业单位	企业	事业单位	企业	事业单位	企业
合计	50	168	85	257	31	115	58	179	99	513	178	682

3. 测绘地理信息科技创新仍有巨大发展空间

无论是科技创新产出的成果数量、拥有创新产出的单位数量、科技创新产出强度，还是科技创新平台建设、科研实体和高技术企业建设、科研经费投入等情况，都反映了当前我国测绘地理信息科技创新水平不高，均有很大的发展空间。

一是测绘地理信息类科技创新产出数量偏低。从测绘地理信息类专利上看，15931家测绘资质单位累计共申请测绘地理信息类专利3603件、授权1437件（见表2），分别占同期我国专利申请量的0.02%和授权量的0.014%[1]。

---

[1]　《在改革开放伟大进程中诞生发展的中国专利事业》，国家知识产权局，2013-11-11，http://www.sipo.gov.cn/tjxx/tjyb/2015/201601/P020160114531916715830.pdf。《国家知识产权局2015年12月份专利业务工作及综合管理统计月报》，国家知识产权局，2016年1月。

表2 截至2015年底测绘资质单位的测绘地理信息类专利和计算机软件著作权情况

单位：家，件

名称	测绘资质单位总数	申请测绘地理信息类专利的单位数量	获得测绘地理信息类授权的单位数量	测绘地理信息类专利申请数	测绘地理信息类专利授权数	登记了测绘地理信息类计算机软件著作权的单位数量	测绘地理信息类计算机软件著作权登记数量
北 京	357	75	55	1775	642	146	4363
天 津	135	18	17	83	46	18	198
河 北	802	7	4	21	14	25	132
山 西	579	4	4	9	5	12	29
内蒙古	605	1	1	1	1	3	4
辽 宁	609	8	5	67	14	22	229
吉 林	481	3	2	9	3	6	28
黑龙江	603	7	4	12	5	16	93
上 海	188	17	11	89	24	27	259
江 苏	840	30	15	102	31	69	562
浙 江	615	19	11	72	44	45	526
安 徽	538	3	2	4	3	19	134
福 建	496	10	8	149	61	32	372
江 西	535	2	1	2	1	9	27
山 东	873	11	8	44	24	22	237
河 南	932	7	6	19	19	37	139
湖 北	740	38	24	294	134	71	840
湖 南	570	7	6	21	7	24	102
广 东	686	32	25	589	232	86	1155
广 西	589	5	3	19	9	8	56
海 南	182	1	0	2	0	4	18
重 庆	195	5	5	57	28	10	128
四 川	1021	13	8	52	25	64	312
贵 州	442	3	2	7	3	8	15
云 南	762	1	1	1	0	29	175
西 藏	39	0	0	0	0	0	0
陕 西	508	14	9	101	62	28	207
甘 肃	379	0	0	0	0	5	18
青 海	117	0	0	0	0	3	13
宁 夏	109	0	0	0	0	2	9
新 疆	404	1	0	2	0	10	50
总 计	15931	342	237	3603	1437	860	10430

注：测绘地理信息类专利申请数量和授权数量的总数综合了区域间单位合作情况。

二是拥有测绘地理信息类科技创新产出的单位数量相对较少。首先，从专利上看，15931 家测绘资质单位中测绘地理信息类专利的申请率和授权率仅为 2.15% 和 1.49%。同时即使是申请测绘地理信息类专利单位数量最多的北京地区，只有 75 家测绘资质单位申请过测绘地理信息类专利，而且仍有 4 个省（区）未申请过测绘地理信息类专利；获得测绘地理信息类专利授权的单位数量更少，且有 6 个省（区）未获得过测绘地理信息类专利（见表 2）。其次，从计算机软件著作权登记单位数量看，15931 家测绘资质单位的测绘地理信息类计算机软件著作权登记率也仅为 5.4%。

三是测绘地理信息类科技创新产出强度相对较低。截至 2015 年 12 月 31 日，我国每万人口专利受理量约为 133.2 件[①]，每万人口专利授权量约为 76 件[②]。同期，测绘地理信息领域每万人口专利受理量约为 92 件，每万人口专利授权量为 37 件[③]，测绘地理信息领域每万人口专利受理量和每万人口专利授权量显著低于全国平均水平。

四是国家级测绘地理信息科技创新平台数量偏少。从科技部主管的创新平台看，建立了 6 个国家级重点实验室、3 个国家级工程技术研究中心等 9 个科技部主管的测绘地理信息科技创新平台，分别占该类创新平台总数的 1.9%[④] 和不到 0.8%[⑤]；同时，总共才建立了 21 个省级科技部门主管的测绘地理信息科技创新平台，平均每省不到一个。从国家发展改革委主管的创新平台看，建立了 1 个国家工程实验室、1 个国家工程研究中心、5 个国家地方联合工程研究中心（工程实验室）等 7 个国家发展改革委主管的测绘地

---

① 《2015 年末中国大陆总人口达 13.7 亿　男比女多 3366 万》，http：//news. xinhuanet. com/overseas/2016 – 01/20/c_ 128646431. htm。

② 《在改革开放伟大进程中诞生发展的中国专利事业》，国家知识产权局，2013 – 11 – 11，http：//www. sipo. gov. cn/tjxx/tjyb/2015/201601/P020160114531916715830. pdf。《国家知识产权局 2015 年 12 月份专利业务工作及综合管理统计月报》，国家知识产权局，2016 年 1 月。

③ 根据测绘统计年报，截至 2015 年 12 月 31 日，我国测绘资质单位从业人员大约 39 万人。

④ 《我国建设了哪些重点实验室》，360doc. com/content/16/0529/23/276037_ 563389643. shtml。

⑤ 国家工程技术研究中心信息网，http：//www. cnerc. gov. cn/index/ndbg/list_ ndbg. aspx。

理信息科技创新平台，分别占该类创新平台总数的 0.6%①、0.8%、1.8%；由此可见，测绘地理信息科技创新平台建设还有巨大发展空间，特别是地理空间大数据应用、地理信息安全监管、高精度位置定位等方面涉及产业化应用的创新平台建设等。

五是测绘地理信息科技创新经费投入明显不足。根据问卷调查数据，403 家反馈单位中仅有 47 家单位表示有测绘地理信息类 R&D 经费投入和科研人员投入，一定程度上反映了当前大部分测绘地理信息企业的科研经费投入积极性不够。从专利、计算机软件著作权和科技奖励等测绘地理信息类科技创新产出情况来看，仅有 930 家测绘地理信息企事业单位拥有其中至少一项科技创新产出，间接表明约 94.2% 的测绘资质单位没有测绘地理信息类科技创新产出，折射出这些单位没有测绘地理信息类科技创新经费投入或者投入产出能力很差。

六是测绘地理信息科技创新政策制度有待完善。深化测绘地理信息科技体制改革的约束性指标及相应的评价考核要求相对缺乏。基础测绘经费所支撑的科技项目相关管理制度不健全，国家和省两级基础测绘经费支持的科研项目基本按照下达式的模式来组织管理，缺乏对科研经费使用效益的有力评估，其运作模式亟待创新。测绘地理信息科技成果及科技资源共享政策不健全，尚未建立全国统一的测绘地理信息科技项目信息化管理和成果信息服务平台，尚不能全面掌握全国测绘地理信息科技资源、项目成果等情况，难以做好测绘地理信息科技创新资源的统筹配置、高效利用和开放共享等工作。

七是测绘地理信息企业的科技创新主体作用尚未充分发挥。首先，从科技创新产出看，2006～2015 年中国测绘地理信息学会评选出的 837 项测绘科技进步奖中，企业参与项目获奖的数量仅占总数的 32.5%，企业作为第一完成单位的项目获奖数量仅占总数的 15.9%。企业作为牵头单位或参与单位制定的测绘地理信息国标和行标数量，仅占总数的 25%。其次，从科技创新支撑看，在 28 个国家测绘地理信息局主管的重点实验室或工程技术

---

① 国家工程实验室名单，http：//www.ndrc.gov.cn/gzdt/201609/t20160921_819196.html。

研究中心中，仅 6 个（约占 21%）由地理信息企业参与组建，2 个（约占 7%）由地理信息企业牵头组建，企业参与建设程度明显不够。在科技部主管的 9 个测绘地理信息相关国家级重点实验室和工程技术研究中心中，没有企业参与建设；在省级科技部门主管的 21 个测绘地理信息相关省级重点实验室和工程技术研究中心中，仅 3 家地理信息企业牵头组建了 3 个省部级重点实验室，企业参与创新平台建设的程度很低。

四　测绘地理信息科技创新发展的主要方向和重点任务

根据测绘地理信息科技创新发展的一般规律，未来我国测绘地理信息科技创新发展道路应坚持以应用需求为驱动力，加强与新兴技术领域的融合集成创新，不断运用新思维、新思路、新理念来推动测绘地理信息科技创新。

（一）主要方向

我国测绘地理信息科技创新发展，经历了从模拟测绘到数字化测绘再到信息化测绘的历程。概括来说，主要体现在测绘基准建设与服务的现代化，以及地理信息数据获取、处理、管理、应用能力的不断提升。未来 5 年、10 年甚至 20 年内，我国测绘地理信息科技创新发展的主要方向，仍将定位于测绘基准的现代化水平，以及地理信息数据获取能力、处理能力、管理能力、应用能力等的快速提升，主要表现是逐步由信息化测绘迈向智能化测绘时代。可以预知，在云计算、物联网、大数据、人工智能等新一代信息技术的快速发展和推动下，地理信息数据获取、处理、管理、应用的能力相较信息化测绘下的能力将得到大幅提升，将逐步实现智能化。地理信息数据获取将不仅仅是立体化实时化，而且是基于物联网（包括对地观测网络在内），以智能化的方式无时无刻不在获取海量多源异构地理空间数据，地理信息数据源得到极大丰富。地理信息数据处理将由初级的自动化、智能化，迈向全自动化、全智能化，在云计算强大计算能力、大数据强大分析能力、人工智能深度学习和演绎分析能力等支撑下，实现海量多源异构地理空间数据的智

能化处理。地理信息数据从获取到最终应用的环节将大幅压缩。也就是说，获取的地理信息数据直接就能满足某项应用。

（二）遵循的基本原则

未来，在实践工作中，应坚持将解决好人地关系问题作为测绘地理信息科技创新工作的出发点和落脚点，更加注重运用多种学科思维来推动测绘地理信息科技创新，紧密结合测绘地理信息事业转型升级来推动测绘地理信息科技创新。

1. 坚持围绕解决社会系统与地理信息系统辩证统一的问题来推动测绘地理信息科技创新

从人类使用地理科学思维和方法解决实际问题的能力看，大体可以划分为地理实体的再现、地理环境的监测、处理人地关系这三个层次。当前，我国测绘地理信息部门刚开始从第一层次向第二层次跨越转变，即将获取的海量地理信息数据转换为有用的地理空间知识，为提高政府的管理决策水平，科学制定战略政策提供支撑。更长远的任务是将地理空间知识与人类生存环境对接，形成实用的地理决策方法，并能很好地解决人类社会可持续发展中存在的具体问题。换句话说，就是在实现航空航天遥感信息与地面信息辩证统一的基础上，进而解决社会系统与地理信息系统辩证统一的问题，这是未来测绘地理信息科技创新发展必须遵循的首要原则。

2. 坚持运用地理科学和信息科学思维来推动测绘地理信息科技创新

从学科发展来看，地理科学的根本任务在于认识地球，并且利用这种认识来维持和促进人类生活和生产活动的可持续发展。测绘科学与地理科学、信息科学的融合是必然趋势。测绘地理信息的工作对象是地表的自然和人文地理要素，使用的技术手段以测绘技术为主。为此，必须增强地理科学认知能力和信息科学的应用能力，充分运用地理科学的思维、方法和工具，加速测绘科技与地理信息的融合，把重点放在应用上，放在解决国民经济和社会发展中所面临的各种问题、促进人地关系和谐上，加快推动测绘地理信息科技从工具型到应用型的深刻转变。

3. 坚持按照测绘地理信息事业转型升级需要来推动测绘地理信息科技创新

《全国基础测绘中长期规划纲要（2015～2030 年）》明确提出，构建以海陆兼顾、联动更新、按需服务、开放共享等为主要特征的新型基础测绘。《测绘地理信息事业"十三五"规划》提出，构建新型基础测绘、地理国情监测、应急测绘、航空航天遥感测绘和全球地理信息资源开发等"五大业务"协同发展的公益性保障服务体系，这是测绘地理信息事业转型升级的重要内容和努力方向。未来一个时期，测绘地理信息科技创新的方向要紧密围绕五大业务的构建及其协同发展，这样才能充分体现科技创新的导向性，形成应用需求驱动的科技创新机制，促进科技创新与事业发展的有机结合，将科技创新成果切实转化为现实生产力，用科技创新来引领、推动和支撑五大业务的发展，更好地促进事业转型升级。

（三）重点任务

围绕智能测绘的发展方向，遵循测绘地理信息科技发展的一般规律，系统研究各类高新技术的进展、原理及其与测绘地理信息科技创新之间的关系，从测绘地理信息生产链、创新链、产业链等角度，加速推动现代测绘地理信息技术与新一代信息技术的融合创新。

1. 大力发展满足智能测绘需要的自主高精尖测绘地理信息装备

国产高精尖技术装备对测绘地理信息领域的发展至关重要，直接关系到测绘地理信息数据源获取的自主性、安全性和灵活性。从装备适用的空间范围来看，应大力加强室内、水下、地下、陆上、航空、航天六大类新一代测绘地理信息装备研制。同时，应充分利用现代工业制造中的新材料和新工艺以及人工智能等新技术，不断提升测绘地理信息装备的智能化水平。第一，着力研制支持高精度室内定位的新型传感器、定位芯片等装备。第二，大力发展遥控自主水下航行器（Autonomous Underwater Vehicle，AUV）等新型水下测绘装备，智能化获取水深、地貌、浅地层探测及摄像、取样等数据信息。第三，积极研制适应地下空间测绘需要的超导磁力仪、智能探地雷达等装备，提升获取地下管线空间分布信息的智能化水平。第四，加快研制适应地面作业需要的智能三维激光扫描系统，重点研制激光雷达、毫米波雷达、超声波雷达、单目或多目高清摄像头、组合导航系统终端（GNSS/INS）等新型影像获取装备，大幅提升三维地理信息数据智能化获取能力。研制集高精度自主导航、定位、绘图等功能于一体的地面测量机器人。第五，大力发展智能化无人机航飞系统，通过远程控制，实现空中实时传输数据。加快发展机载绝对重力仪、微小型SAR、阵列天线三维SAR、机载LiDAR、新一代航空数码相机等航空测绘装备。第六，加快研制重力卫星、星载三高传感器、雷达卫星、激光测高卫星等新一代航天测绘装备，实现亚米级光学与雷达卫星遥感成像。积极发展各种微小型遥感卫星和视频卫星，实现地理信息数据获取能力的现象级增长。适时发展新一代全球卫星导航系统，提升导航定位的精度和稳定性。

2. 着力推进大地测量和导航定位技术的现代化

第一，持续加强我国自主的全球地心坐标参考框架构建与动态维持技术创新，不断提升2000国家大地坐标系的动态更新与维护水平。第二，着力研制高阶地球重力场模型，加快建立覆盖全国的陆海统一的厘米级大地水准面精化模型。第三，利用低轨卫星搭载星载GNSS接收机连续观测记录，结合激光测距等手段和现有地基增强系统，提高北斗卫星导航系统的实时定位精度[①]。第四，大力发展国家级、省级和城市级卫星导航定位基准服务系统的无缝接入和切换技术，着力解决联网运行、一次注册、动态调用、跨层级网、跨区域漫游等技术问题，提供集海量数据汇集、数据管理、数据处理分析、产品服务播发等多项任务为一体的北斗高精度定位服务，满足社会公众、专业用户、特殊（定）用户等不同用户对不同精度等级的定位信息服务需求。第五，大力发展室内外无缝定位技术，研制室内外导航定位信号无缝切换技术，着力解决室内多路径效应抑制技术、室内定位接收机IP软核技术、地面基站高精度时间同步技术以及GIS地图数据、指纹数据和图像特征数据的实时更新技术等技术难题，并利用激光雷达等技术制作室内外一体

---

① 李德仁：《展望大数据时代的地球空间信息学》，《测绘学报》2016年第4期。

的高精度导航电子地图，提供室内外的高精度无缝导航定位服务。

3. 不断提升海量多源地理信息数据的实时化智能化获取能力

面向智慧中国和大数据时代的发展需要，着力解决好海量时空数据的获取问题，尽快形成地海空天众源一体化的地理信息数据获取体系。第一，加快建成全天候全天时的国家测绘卫星体系，实现从米级到亚米级高分辨率的全球地理信息数据获取能力，解决无地面控制卫星测绘几何精度达到亚米级的难题。第二，加快建成全数字化多视立体的航摄数据获取体系，大力推动地理信息数据获取技术的全数字化和升级创新，形成直接获取高质量、高几何分辨率和高辐射分辨率及高影像重叠度的真彩色数字航空影像能力；着力发展倾斜摄影测量技术，获取地物多视角真彩色影像数据，形成大范围快速航空多视立体数据获取能力；加快发展无人机低空遥感数据获取技术和机载LIDAR、多光谱相机、SAR 等成像技术，提高远海岛礁、高寒高海拔、山区林地等困难区域的数据快速获取能力。第三，大力发展能够满足 1∶500 精度测图需要的移动三维激光扫描系统，实现地面高精度点云数据和高分辨率全景影像数据的快速获取。加强智能全站仪、卫星导航定位终端等地面数据获取装备的应用，发展能够将装有通信天线的地面 LiDAR、GNSS 接收机、全站或超站系统等现代测量设备联系起来的手持控制系统，实现地面数据的多模式获取，提高地理信息数据的智能化获取能力。第四，加快攻克地下空间海量点云数据快速净化与存储等技术，依托高精度地下空间三维移动测量装备，形成地下空间高密度三维激光点云数据获取能力。第五，大力发展以无人和有人船舶为载体，集成多波束/单波束声呐、IMU/GNSS 以及激光扫描仪等设备的一体化移动测量系统，满足不同深度、不同区域的测绘需求，形成海岛礁、海岸带区域、内陆水系、内河航道、湖泊、海洋等区域高精度地形和地貌数据获取能力。第六，大力发展网络众源地理信息获取技术，综合运用 API 获取和网络爬虫①等技术，采集广泛存在于互联网、物联网和泛

---

① 网络爬虫（Web crawler），是一种按照一定的规则，自动抓取万维网信息的程序或者脚本，被广泛用于互联网搜索引擎或其他类似网站，可以自动采集所有其能够访问到的页面内容，以获取或更新这些网站的内容和检索方式。

在传感网中与位置直接或间接相关的文本、电子地图、图表等结构化和非结构化、用来表述空间特征信息组成的网络众源地理信息，极大地丰富地理信息数据来源。

4. 大幅提升海量多源地理信息数据的实时化智能化处理能力

面对日益增加的海量多源地理空间数据，需要充分借助云计算、人工智能等方式提升数据的计算能力、处理效率。第一，大力发展多源成像数据在轨处理技术，重点突破影像（视频）实时校正与几何定位、影像典型目标在轨智能检测、视频数据典型（运动）目标提取、影像（视频）在轨数据智能压缩、星上通用数据处理平台、架构与软件等关键技术，通过星地资源协同调度与优化，实现海量卫星影像与视频数据实时化智能化处理①。第二，大力发展新一代内存与 GPU 并行处理等技术支持的地理信息数据实时处理技术。充分利用新一代内存技术数百 GB 甚至 TB 级容量的闪存能力，以及 DRAM 长时间存储信息的能力，直接采用内存存储和管理大规模在线数据，解决海量地理信息数据密集型输入输出的处理难题。建立 CPU‒GPU 协同处理机制，充分利用 GPU 的强大计算能力以及在解决图像渲染中复杂计算问题的能力。第三，大力发展网络众源地理信息的互联与融合技术，基于统一的数据提取方式、冲突处理、编辑解决等数据处理规则，对多源、碎片化的网络众源数据进行抽取转换加载和互操作等关联处理，构建满足异构数据库和分布计算要求的统一空间数据模型、属性数据模型、时空参照系等。第四，大力发展智能化的地理信息变化发现与信息提取技术，将机器学习等人工智能技术充分融入地理信息变化发现与信息提取工作，为人工智能机器提供结构化与非结构化、新媒体与传统媒介支持、平面与立体、时空变化的各种学习样本，让其自动对海量众源地理信息数据进行深度学习，使其具备记忆能力（classification with memory），进而建立自己的知识系统（classification with knowledge），最后逐步形成强大的自我判断与推理演绎能力，实时对各种复杂的地理信息变化情况进行快速发现与提取。

---

① 李德仁:《展望大数据时代的地球空间信息学》,《测绘学报》2016 年第 4 期。

5. 大力提升海量多源地理信息数据的智能化管理水平

第一，充分利用云计算技术强大的计算和存储能力，改造升级地理信息数据管理和维护的软硬件及网络，基于存储虚拟化技术和分布式存储技术等，建立低成本、高并发、高可靠性和高扩展性的海量数据云存储中心，形成 PB 级海量地理信息数据智能化管理能力。利用云存储中心将网络中各种不同类型的存储设备通过应用软件集合起来协同工作，共同对外提供数据存储和业务访问功能，满足海量用户同时跨省域、跨层级并发访问需要。第二，基于分布式计算、网络协作等技术，利用同步处理、冲突处理等算法，构建具备实时存储、联动更新的大地控制数据库、地理实体数据库、地理要素数据库、地名地址数据库、电子地图数据库、地理国情数据库、遥感影像数据库和政务地理框架数据库等基础数据库，以及满足各部门业务需求的专题地理信息数据库，建成具备数据存储、处理更新、可视化、制图综合、查询统计、数据分析和输入输出功能的测绘地理信息数据管理系统[1]。其中，构建的地理实体数据库分项管理系统，应保证同一地理实体的多比例尺系列数据为一个整体，不同尺度的地理实体数据之间具有逻辑关联，同一尺度的同类数据间建立逻辑无缝关联，以及具有相互关系的地理实体数据在数据更新等方面的一致性和完整性。第三，针对多部门、多行业交换和聚集的多源异构数据在空间位置关系、空间参考、拓扑关系和语义表达上不一致等情况，运用分布式计算、网络协作、数据库、地理编码、共享交换等技术，建成具备数据目录服务、交换管理、前置交换、服务交换、数据资源整合集成等功能的测绘地理信息数据交换系统。

6. 着力提升海量多源地理信息数据的智慧应用水平

面向未来以云计算、大数据、人工智能等新一代信息技术为主要特征和关键支撑的知识社会，进一步提升测绘地理信息应用服务水平，必须加强测绘地理信息大数据应用、智慧应用。实现测绘地理信息大数据应用，除了首先必须拥有海量多源地理信息数据、强大云计算能力作为支撑以外，

---

① 《信息化测绘体系建设技术大纲》，国家测绘地理信息局，2016。

还必须有通过用户不断访问网络地理信息而形成的数据群,以及具备从多源海量地理信息相关数据中按照应用需求快速作出分析判断并形成决策知识的能力。第一,构建覆盖全行业的统一地理信息资源目录数据库,建成基于互联网的地理信息资源目录服务系统,面向社会发布地理信息产品目录与元数据,通过权限可浏览和使用非涉密地理信息数据实体,实现纵向与全行业、横向与专业部门的目录信息互联互通。第二,基于互联网环境,采用云架构技术、面向大众的范例式地理空间大数据在线交互式分析服务技术,建立统一、权威的一体化地理信息公共服务平台,提供应用开发接口服务,支持接入天地图服务。第三,基于电子政务网络环境,构建政务地理信息综合服务平台,支持多层次、多粒度集成的 GIS 权限管理,提供多样化、多方位灵活的政务专题应用定制,实现个性化地理信息服务,支持基于专家知识的专题地图设计、编制快速可视化,支持面向政府治理能力现代化的地理空间大数据决策分析,为政府提供全面、准确、及时的信息保障服务。第四,在地理信息公共服务平台的基础上搭建网络众源地理信息共享交换平台,大力推进众源地理信息数据在网络上的深度共享和应用,在此基础上依托人工智能技术建立面向不同对象的地理信息数据需求模型,深入挖掘用户需求,精准开展测绘地理信息大数据应用。第五,利用网络和人工智能技术,动态建立海量多源时空地理信息数据与经济、社会、人文、国防、外交等数据的关联模型,深度挖掘基于测绘地理信息的决策知识,形成在交通、国土、房产、水利、农业、养老等领域的一批测绘地理信息大数据应用典型案例。第六,大力推动现代测绘地理信息技术与增强现实技术的集成应用,在燃气巡检、市政建设规划、军事演习、生活体验等多个领域形成典型测绘地理信息智慧应用。第七,大力推动高精度卫星导航定位、激光雷达、高精度导航电子地图制作等测绘地理信息相关技术在自动驾驶领域的深度应用,为推动汽车产业的智能化发展提供有力支持和重要支撑。第八,大力发展以四维地图形式表达的新型地图——全息位置地图,将各种位置空间信息、传感网信息、社交网信息、自发地理信息、实时公众服务信息等进行有效汇集与融合,满足公众位置服务、政府部门决策和态势感知等对全方位、多层次、多粒度的位置感知与泛在服务信息的需求。

五 我国测绘地理信息科技创新发展的政策建议

立足于当前我国测绘地理信息科技发展现状，为进一步缩小与国际测绘地理信息科技最高水平的差距，更好地发挥科技创新成果对事业发展的引领和促进作用，建成测绘地理信息科技强国，应深入贯彻落实推进测绘地理信息供给侧结构性改革与转型升级的现实要求，紧密围绕测绘地理信息科技创新发展的一般规律以及我国测绘地理信息科技创新发展的主要方向和重点任务，充分考虑构建测绘地理信息事业"5＋1"发展格局的现实需要，着力推进测绘地理信息科技体制改革，不断完善测绘地理信息科技体制机制、政策制度等，营造有利于我国测绘地理信息科技创新发展的良好环境。

（一）贯彻落实党中央国务院关于加强科技创新的要求

十八大以来，以习近平同志为核心的新一届党中央，在谋划和部署全面深化改革、加快经济转型发展等工作中，高度重视创新工作，尤其是科技创新。其中，中共中央文献研究室专门从习近平同志2012年12月7日至2015年12月18日的讲话、文章、贺信、批示等50多篇重要文献中摘选出189段论述，形成《习近平关于科技创新论述摘编》。在习近平同志关于科技创新的众多论述中，笔者认为最为重要的有两段："科技创新是提高社会生产力和综合国力的战略支撑，必须摆在发展全局的核心位置"；"我国经济发展要突破瓶颈、解决深层次矛盾和问题，根本出路在于创新，关键是要靠科技力量"。这些论述或者说是发展要求普遍适用于经济社会发展的各个领域，测绘地理信息领域尤其需要通过加强科技创新来驱动和支撑事业转型发展，关键是要深入推进测绘地理信息科技体制改革，充分发挥市场在科技资源配置中的决定性作用和政府引导作用，不断激发广大测绘地理信息从业人员的创新活力和创造动力。

（二）定期开展测绘地理信息科技创新发展状况调查

第一，应充分认识到我国测绘地理信息科技创新工作依然存在巨大发展空间这一客观现实，并通过持续深入的调查研究，全面动态掌握我国测绘地理信息科技发展现状，为准确把握宏观政策和实践工作层面的缺失及不足，制定实施更加有效的测绘地理信息科技创新措施和办法提供有力支撑。

第二，应加快组建测绘地理信息科技创新评价机构，建立健全科技创新评价指标体系和调查制度，为定期开展全国范围的测绘地理信息领域科技创新活动统计调查工作，监测、评价我国测绘地理信息科技创新状况提供有力的组织保障。

（三）强化企业作为测绘地理信息技术创新主体的地位和作用

第一，充分发挥企业在科技资源配置中的决定性作用，创新各级基础测绘科技经费支持项目运作模式，在各类项目立项申请等方面引入市场竞争机制，逐步推行政府购买服务，让企业充分参与测绘地理信息重大科技项目、重大工程项目、基础测绘科技项目，充分发挥其主动性、积极性。

第二，支持企业牵头或参与建立测绘地理信息科技创新平台，引导测绘地理信息高新技术企业加快组建以无人驾驶高精度导航电子地图、时空大数据、网络地理信息安全监管、北斗导航等为代表的重点实验室、工程实验室、工程（技术）研究中心、企业技术中心、博士后科研工作站等创新平台，使企业逐渐成为测绘地理信息科技创新平台建设的主体。

第三，面向"一带一路"、京津冀一体化、长江经济带等重大战略实施需要，加快建立政府部门引导、企业为主体、科研机构和高等院校等广泛参与的地理信息产业技术创新联盟或测绘地理信息区域协同发展创新联盟。

第四，积极引导测绘地理信息企业参与国标和行标的制（修）定（订）工作，增进测绘地理信息部门主导制定的标准的普惠性，鼓励测绘地理信息企业制定能够体现市场竞争力的标准成果。

第五，深入贯彻落实《关于加强测绘地理信息科技创新的意见》及其任务分工方案，进一步加大测绘地理信息领域政府采购对国产测绘地理信息高技术产品服务的支持力度，鼓励企业开展新技术研发活动。

（四）加强测绘地理信息科技信息服务

第一，根据我国测绘地理信息科技创新发展状况调查结果，委托专业机构定期发布我国测绘地理信息科技创新评价报告及变化监测报告。

第二，构建全国测绘地理信息科技项目和科技成果信息服务平台，重点建设科技项目完成情况评价数据库和科技成果转移转化统计报告数据库，定期发布测绘地理信息科技成果目录，包括测绘地理信息类专利、计算机软件著作权、获奖项目、技术标准等信息，面向全行业提供实时、高效的科技信息服务。

第三，鼓励测绘地理信息领域大型地理信息企业建立技术转移和服务平台，向创业者提供技术支撑服务。

（五）切实加大测绘地理信息科技创新投入

第一，各级测绘地理信息主管部门应按照中央要求，把科技创新放在全面创新的核心位置，积极争取本级财政预算加大对科技创新的支持力度，积极争取各类科技计划、重点研发专项、国际合作项目、产业化示范项目等加强对科技创新的支持，尤其是要加强测绘地理信息关键核心技术攻关和装备制造的经费支持。

第二，不断加大各级基础测绘科技项目经费支持力度，将重大测绘地理信息专项和工程中用于支持关键技术攻关和生产性试验的科研经费比例不低于2.5%①的要求制度化和责任化，支持以科研生产为主的事业单位建立研发经费稳步增长机制。

第三，发挥好国家测绘地理信息的战略规划政策导向作用，积极引导测绘地理信息企业加大科技创新投入，鼓励各类创新型测绘地理信息企业不断

---

① 《国家中长期科技发展规划（2010～2020年）》确定"十三五"期间要实现2.5%的目标。

提高研发经费比例。支持测绘地理信息企事业单位按照规定程序设立科技创新或科技成果转化基金。依托财政投资的测绘地理信息项目，通过资金配套、项目示范等方式引导测绘地理信息企事业单位加大技术创新投入。

（六）加快推进测绘地理信息科技成果转化

第一，完善科技成果转化及相关激励奖励制度①，制定适应测绘地理信息领域基础研究、技术研究等不同类型科研工作特点的激励、考核评价政策，着力提高科研人员成果转化收益分享比例，积极推出国家政策允许的各种科技创新奖励办法并制度化、常态化，最大程度上激发测绘地理信息科研人员的创新热情和动力，为推进测绘地理信息科技成果转化提供重要制度保障。

第二，根据我国测绘地理信息科技创新发展状况调查数据，总结并梳理具有较高推广价值的知识产权技术成果，并充分利用各种发布会、展览会、报纸杂志、微博微信等途径，加强宣传和报道。

第三，注重发挥好测绘地理信息相关学会、协会在推进科技创新成果交流、高新技术产业化发展等方面的桥梁纽带作用，通过科技成果奖励、洽谈会、示范应用等途径，帮助测绘地理信息企业的创新技术成果加速推向经济社会发展所需领域。

第四，大力发展测绘地理信息科技中介机构，为测绘地理信息科技成果转化提供专业化的信息知识服务，推动和促进测绘地理信息科技成果转化。

---

① 国家"十三五"规划指出，实行以增加知识价值为导向的分配政策，加强对创新人才的股权、期权、分红激励。

科技前沿篇

Science and Technology Frontier

B.2
关于测绘地理信息科技创新的思考

李德仁*

摘　要： 本文回顾了测绘地理信息学的发展历程，总结了当今测绘地理信息学的时代特征，提出了测绘地理信息科技创新的三方面主要内容：一是从人工作业走向自动化智能化作业，各式各样的测量机器人将应运而生；二是空间大数据与人工智能的集成，对地观测脑、智慧城市运营脑和智能手机脑是人工智能、脑认知和对地观测技术在大数据时代的必然趋势；三是无所不在的传感器与通信、导航、遥感一体化的空间信息实时智能处理服务，地球空间信息服务正在从区域制图走向全球制图、从室外走向室内三维自动建模、从专业应用走向大众服务。

* 李德仁，博士，教授，博士生导师，中国科学院院士、中国工程院院士，武汉大学学术委员会主任，测绘遥感信息工程国家重点实验室学术委员会主任。

关键词： 测绘地理信息创新　对地观测脑　智慧城市运营脑　智能手机脑　地球空间信息服务

一　当今测绘地理信息科技创新的时代特征

人类社会在不断进步和发展。在从农业为主到工业为主的社会中，伴随着人类的各种生产实践需求，产生了测绘学。最初的测绘在物理空间（现实空间）中进行，根据几何学的方法和原理，通过光学、机械、电子仪器，测量物体的形状、大小、相关位置。利用距离测量、角度测量和高程测量来完成有利于农业和工业发展的各种比例尺的地形图和专题图。这种方法称为模拟法测绘。

第二次世界大战以后，信息革命主要经历了两次大的浪潮，第一次信息革命浪潮是随着信息论、控制论和电子计算机问世，形成了信息科学和信息产业；第二次信息革命浪潮作为一次深远的产业革命，以微电子技术、空间技术、信息技术和现代通信技术相结合为特征。在第二次浪潮中，随着信息高速公路的建设和互联网的出现，测绘地理信息科学走向了网络化、信息化和数字化的新阶段，产生了电子地图和地理信息系统。在这个发展过程中，传统的大地测量方法上升到全球定位导航系统和重力卫星测量系统，实现了从地面测量到航空测量、卫星测量的提升。这个阶段的典型标志是 Google 地图和天地图，采用的是卫星导航技术、空天地遥感技术、地理信息技术以及它们的集成（"3S"集成）的方法。此时的测绘科技处在导航、遥感和地理信息系统集成的"3S"集成时代，人们所处的空间从现实空间扩展到了网络化空间（cyber space）。

21 世纪初以来，随着物联网和云计算的出现，人类进入了大数据时代。在大数据时代，无所不在的传感网与互联网的实时连接，实现了工业化与信息化的综合集成。地理空间信息的来源是成千上万个空天地专业和非专业的传感器数据，信息系统逐步实现由静态到多时相，再过渡到实时动态。此时人们生活的社会空间进步到了虚拟世界和现实世界关联的空间（cyber physical space），即智慧地球和智慧城市新时代。测绘科技也发展到一个虚拟现实集成的空间。在这个空间中，以大数据为基础，通过数据处理，信息提取，进而挖掘规律，寻找知识，以此为人们提供各种智能化服务。这是当今测绘地理信息学科技创新所处的时代特征。展望当今测绘地理科技创新时，要充分认识这样的时代特征。

二　测绘地理信息科技创新的主要内容

在基于物联网、云计算的大数据时代，测绘地理信息学面临着许多科技创新的机遇。在科技创新中，应当重点关注以下几个方面：从人工作业走向自动化、智能化作业，空间大数据与人工智能集成的空间认知，无所不在的传感器与通、导、遥一体化的空间信息实时处理服务。

（一）从人工作业走向自动化、智能化作业

在人工智能逐渐发展的背景下，错综复杂的传感网、庞大的数据量使得传统人工作业的方式逐步被自动化、智能化的作业方式取代。

测量定位由过去人工在作业图板上手工定位逐渐发展为自动化、智能化的定位和导航方法，节省了大量时间和人力，大大提高了作业效率。以室内外一体化高精度实时导航与位置服务技术为例，目前已有科研团队面向大型复杂公共场所的安全监控与应急救援等重大应用需求，致力于解决基于大众智能手机的优于 1 米和智能驾驶优于 0.1 米，高可用、自适应和广域覆盖的室内外一体化定位技术。在这一研究中，如何感知和认知室内几何环境和信号环境的时空变化，提高对定位环境的自学习、自适应能力，实现定位指纹库（包括 Wi-Fi 指纹库、磁场指纹库等）、图像特征库、地表信息库的自动更新，是室内外一体化定位要重点解决的科学问题。

空间大数据的出现，为影像目标自动相关、目标自动发现、变化自动检测的研究创造了条件，也为人机交互的方法走向智能化、全自动的方法奠定

了基础。在这样的基础和背景下，各式各样的测量机器人将会应运而生。例如，2015 年初，由立得空间自主研制出的集全景相机（CCD）、GPS、GIS、激光惯性导航系统（INS）和 920 米超远距离激光扫描仪（LIDAR）为一体的移动式测绘系统（Mobile Mapping System），该系统将 GPS/INS、CCD 实时立体摄像系统和 GIS 同时安装在汽车、火车、飞机、轮船等任何移动载体上。随着载体的行驶，所有系统均在同一时间脉冲控制下实时工作，可以实现在快速行驶过程中采集地理信息、公共信息和城市实景影像，并同步拼接成 360 度全景影像，可将整个城市的实景影像以实景三维地图的真实形态在互联网上呈现出来。目前武汉大学测绘遥感信息工程国家重点实验室与立得公司研制的一款有绘图和导航功能的机器人，可以自行躲过各种障碍物，绘制室内三维地图并自如到达指定位置。同时另一组团队研制出了背包式和手推式的移动测量系统，前者采集地图数据及周边全景影像迅速，后者在商场、地下室等卫星导航信号很弱的地方，也能完成测量任务。国外在这方面的研究也很多。

根据目前人工智能的发展趋势以及新时期对测绘科技的新要求，未来测绘地理信息还会进一步向自动化、智能化的方向发展，其应用范围也会更加广泛。

（二）空间大数据与人工智能集成的空间认知

长期以来，测绘地理信息具有较强的测量、定位、目标感知能力，而往往缺乏认知能力。在大数据时代，通过对时空大数据的数据处理、分析、融合和挖掘，可以大大提高空间认知能力。把空间大数据和人工智能的各种方法集成在一起，提高空间认知能力是测绘地理信息科技创新的努力方向。以数据导引的大脑的认知过程，可以简化为感知、认知和行动三个步骤。在大数据背景下，测绘地理信息至少可以从以下三个方面实现空间认知。

第一，基于遥感大数据和人工智能的方法实现对地观测卫星到对地观测脑的提升。将卫星导航、通信、遥感三者组成的有机的网与地面互联网关联起来，为实时用户包括国防用户以及大众用户提供快速的信息服务。未来的服务将会通过建设"一星多用、多星组网、多网融合、智能服务"的卫星遥感、导航与通信集成的天基信息网络，实现与地面互联网互联互通，达到"天网"与"地网"的深度耦合，从而将广大用户所需的有效数据和信息推送到他们的手机和移动终端上，服务于国民经济与国防建设。发展通导遥感一体的天基信息实时服务，将为地理信息产业的发展注入新的活力。除增强遥感、通信、导航功能外，通过卫星遥感、通信与导航技术的集成创新，带动以实时位置服务为代表的天基信息增值服务产业的发展，如新型天基信息服务移动终端与软件（如手机 App）、卫星多媒体通信服务、实时精密导航定位服务等。

第二，空间大数据与人工智能的集成推进了从数字城市、智慧城市到智慧城市运营脑的发展。在数字城市建立的网络空间（cyber space）上，通过物联网各种传感器自动和实时采集现实城市中人和物的各种状态和变化的大数据，利用人工智能和数据挖掘等智能手段，由云计算中心处理其中海量和复杂的计算，实现对城市的感知、认知与控制反馈，为城市应急、城市管理、智能制造、经济发展和大众百姓提供各种智能化的服务。例如，武汉大学与吉奥公司研制的 GeoSmarter 是一个基于数据融合平台、数据管理平台和数据运营平台，收集、挖掘、分析、可视化互联网、物联网的智慧服务中心，为城市管理者提供城市的关键指标状态监测及趋势分析、预警预报，更好地支撑智慧城市建设。其本质上是一个实时的 GIS 系统，通过接入空、天、地、车载、移动终端等多种传感器获取的实时位置数据进行推理以及对动态数据的管理和更新，将城市所有的人和物的活动状态通过云计算进行分析判断，把管理城市各个部位的运行系统串联在一起，实现动态信息的服务，智能地运营城市、管理城市，智慧化生产和对城市进行各种智能化的管理，为广大市民提供智能化的服务。

第三，基于移动互联网和移动终端实现从智能手机到智慧手机脑的飞跃。手机上的大数据时时刻刻记录着人们的活动信息。当手机在室内外的导航定位精度达到 1 米后，就可以精确地确定人活动的范围，判断手机持有者的当前具体位置是在办公室、卧室或者商场等。大数据不仅记录人的位置数据还可以记录人的姿态数据。比如，当人滑倒时姿态会有一个较大幅度的变动，通过自动检测姿态变化可以判断人是否滑倒。利用这样的感知过程，可以感知手机主人的行为学和心理学。按照这种思路继续开发，将来可以研发出一种智慧手机脑来服务于人的学习、生活，实现对人体健康状态的监管。

对地观测脑、智慧城市脑和智能手机脑是人工智能、脑认知和对地观测技术在大数据时代集成与融合的必然发展，它们从全球、城市和个人三个测度实现空间认知，将推动地理空间信息的智能化发展和应用。我们要不失时机地开发对地观测脑、智慧城市脑和智慧手机脑，引领地理空间信息科学的创新发展，实现"互联网＋空天信息"实时智能服务。

（三）无所不在的传感器与通、导、遥一体化的空间信息实时处理服务

测绘地理信息学目前面临着从区域制图走向全球制图、从室外走向室内三维自动建模、从专业应用到大众服务的趋势。

全球制图正取代区域制图，成为测绘地理信息科技研究的热点内容。例如，我国资源 3 号卫星获取超大规模的卫星数据时，能够在不使用任何地面控制点的情况下，利用影像相关、选权迭代验后方差估计的自动粗差探测等技术，计算 8810 景，从 20TB 原始数据、20 亿个匹配点中自动选择 300 万个坚强连接点，实现超大区域的空中三角测量，将遥感影像自主定位精度从 15 米提高到 5 米之内，全自动完成 1∶50000 精度的全球数字 DOM 和 DSM 的制作。利用资源三号卫星全国数据进行全国数字表面模型和数字正射影像自动化生产，处理数据量 40TB、60 个计算节点，仅耗时 15 天即可完成。又如，在我国发射高分卫星和环境灾害卫星的基础上，未来 5 年内将具备以 16 米的分辨率每天将地球表面覆盖一次的能力。将这些数据集成处理后，可为全球提供每月一张的土地覆盖产品，从而为研究全球土地利用、全球生态环境的变化提供多时态的服务产品。

测绘地理信息学从原来研究室外地理信息为主走向室内三维建模地理信

息服务。目前已有团队正在进行大型公共场所室内定位系统和室内外一体化三维建模的优化设计和仿真，开展以高效云计算技术为支撑，海量众源数据为基础，机器学习理论为依托，研究室内外一体化建模和定位环境的感知和认知的新机理和新算法，提高其自学习和自适应能力的研究。充分利用无人机、测绘机器人等传感器数据进行室内外的数据采集、数据分析，这样的服务技术可以支持机场的管理、仓库的管理、超市的自动管理，甚至无人超市或无人仓库，为新型的室内外管理提供基本的信息保障。

基于无所不在的传感器和通、导、遥一体化的空间信息实时处理服务，测绘地理信息科技逐渐从专业应用走向大众服务。无所不在的专业或非专业的空、天、地、海传感器使得我们可以不断获得地球资源变化信息和人类活动的海量空间大数据，这些大数据不仅限于用来做以测绘地图为主要目标的产品，还能向普通大众实时提供 PNTRC 的空间信息服务，即位置、导航、授时、遥感和通信。以 Google 地图和我国的天地图为代表，地理信息服务开始走进普通大众生活。普通用户可以通过移动终端实时进行空间信息浏览/空间信息查询和交通网络分析等。按照这个发展趋势，智慧地理信息服务的范围会越来越宽广，仅智能手机就能够获得遥感卫星影像的实时服务。

三　结论与展望

通过本文的分析，当今的测绘地理信息科学已经从原始的几何科学发展到地球地理空间信息服务科学，未来测绘地理信息创新可从以下两个方面着力。第一，无所不在的传感器产生的地理信息大数据所蕴含的价值巨大，但也具有数据体量大、产生速度快、模态多样、真伪难辨的特点，面对"数据海量、信息缺失、知识难觅"的局面，未来测绘地理信息科技创新工作需要充分利用人工智能、脑认知等相关领域的新成果新技术，开展协同创新，充分挖掘海量、多源时空大数据中自动发现和提取隐含的、非显见的模式、规则和知识的过程，满足国民经济、国防建设和大众民生对地理信息的深层次需求。第二，面向测绘地理信息的大众服务实时化、全球化、个性化的要求，实现地理信息全天时、全天候、全地域服务于每个人的目标，亟须开展通、导、遥一体的空间信息实时服务技术创新，将各类用户所需的定制化产品、服务推送到他们的手机和移动终端上，提升测绘地理信息的大众化服务能力。

笔者认为，地理空间信息服务可以达到实时的要求，实现自动化、智能化，服务更多的行业，深入各行各业，推进国家的经济建设、国防建设，惠及大众民生，创造万亿产值。

测绘地理信息科技创新正面临着一个前所未有的大好时代，激励我们去自主创新、协同创新和跨界创新。

参考文献

［1］李德仁：《多学科交叉中的大测绘科学》，《测绘学报》2007 年第 4 期。

［2］李德仁：《展望大数据时代的地球空间信息学》，《测绘学报》2016 年第 4 期。

［3］王密、杨博、李德仁、龚健雅、皮英东：《资源三号全国无控制整体区域网平差关键技术及应用》，《武汉大学学报》（信息科学版）2017 年第 4 期。

［4］李德仁：《论"互联网＋"天基信息服务》，《遥感学报》2016 年第 5 期。

［5］李德仁、王密、沈欣、董志鹏等：《从对地观测卫星到对地观测脑》，《武汉大学学报》（信息科学版）2017 年第 2 期。

［6］Deren Li, Mi Wang, Zhipeng Dong, Xin Shen, Lite Shi. "Earth Observation Brain (EOB)：An Intelligent Earth Observation System". *Geo-spatial Information Science*, 2017，（2）.

［7］李德仁、沈欣、龚健雅、张军、陆建华：《论我国空间信息网络的构建》，《武汉大学学报》（信息科学版）2015 年第 6 期。

［8］李德仁：《论空天地一体化对地观测网络》，《地球信息科学学报》2012 年第 4 期。

［9］李德仁：《从测绘学到地球空间信息智能服务科学》，《测绘学报》2017 年第 10 期。

［10］《国务院关于印发新一代人工智能发展规划的通知》（国发〔2017〕35 号）。

当代测绘装备的技术进展

刘先林*

摘　要：　测绘装备的先进程度直接反映测绘地理信息行业的生产力水平。在国家倡导和支持装备国产化的环境下，测绘装备生产根本的问题还是"创新"二字。本文对当代测绘装备研制提出了提升建议，对6类装备领域的技术进展作了说明，并从共享经济、AR和自动驾驶等方面探讨了如何用新装备提供服务，满足新需求。当前测绘新装备的研制国内外同行基本处于同一起跑线上，我们要抓住机遇，不断增强自主创新能力，推动测绘科技发展进步，为智慧城市建设和国家的繁荣富强提供有力的测绘装备保障。

关键词：　测绘装备　智慧城市　大数据

我们正处在科学技术快速发展的时代，人类未来40年的科技进步成果将超过去4000年的总和，我们似乎处于知识爆炸的时代。快速变化的社会呼唤新型测绘装备。测绘装备研发根本的问题还是"创新"二字。新装备的研制国内外同行都处于同一起跑线上，国家倡导和支持装备的国产化，从长远看国产装备研制企业将大有可为。同时，测绘装备研发生产处于GIS产业链的上游，研发的过程最艰苦、产值最低、难度最大，同时存在产品生存周期短、受进口产品和盗版软件冲击最大等不利因素影响，进入

---

* 刘先林，中国测绘科学研究院名誉院长，研究员，博士生导师，中国工程院院士。

市场并不容易。选择测绘装备研制的企业要有足够的思想准备，迎接和战胜各种困难。

一　当代测绘装备研制的总原则

（一）采集装备提升建议

数据采集装备技术可以从 8 个方面提升：①移动传感从单一传感器到集成传感器；②移动感知要走向传感网；③数据源要从有限数据源（主要是可见光）到多源［可见光、多光谱、激光、微波、红外、无线电波（毫米波等）］发展；④从几何参数感知到物理参数感知（温度、湿度、PM2.5……）；⑤感知要由二维被动感知转向三维主动感知（三维激光、三维 SAR）（反转：最近出现了多视点多视角的照片建模）；⑥分辨率要实现"三高"，即高空间分辨率、高时间分辨率、高谱段分辨率；⑦移动感知，要实现从视频、卫星影像"感知移动物体"中感知移动；⑧"传输"方式，从回收传输方式要走向实时传输（机、星、地，中继、专线、5G），实现数据不落地。

（二）新时代的 GIS 采集装备应该是一"机"多用

互联网时代的采集装备非常昂贵，GIS 数据采集装备做成多用途多功能则可以节省大量时间和经费。例如，以"互联网＋"时代的卫星应该是一星多用，如北斗的定位和通信等功能；集成化的移动测量机头，可以放在十多种载体上进行数据采集；航空照相机应该既可以拍斜片，也可以只拍大幅下视片，既可以拍大比例尺的，也可以拍小比例尺的。

（三）智能手机是最有前途的新型测绘装备

当前智能手机不仅有很大的存储空间、高速的通信（4G/5G）功能，还有定位、照相、微机械陀螺 IMU 定姿、里程计（计步器）甚至激光扫描，以及丰富的应用软件，是一机多用的典型。智能手机将部分测绘任务模式变成从"众投"到"众创"到"众测",大大提高了工作效率,同时降低了作业成本。

(四)新的采集装备要能生产结构化数据

当前各类"工厂"软件(像素工厂、街景工厂等)虽然数据生产速度快,但生产的数据是无结构的,应用范围有限。结构化是指三维模型数据要有丰富的分层分类,涵盖社会生活的各行业所需。实体类中的每一种实体是对象化的,即每个对象都有唯一的辨认码。每个对象有对应自己的属性项,包括几何属性和人文属性,几何属性还涵盖该对象建模所必需的三维矢量等各种几何数据。结构化三维是指数据有丰富的分类,每一层是管理到对象的,每个对象都有自己的属性表,即每个对象有丰富的属性(如红绿灯的变化)。测区中的多要素三维模型每一个类都对应一个文件,该文件记录了该类所有对象(实体)的属性项,这是三维模型最重要的、尚未普及认识的、未来将会发挥巨大作用的数据结构。

(五)要预见到虚实空间融合的发展趋势

如火如荼的线上线下互相收购,表明虚拟空间与现实空间正快速融合,地理信息领域也不例外。虚实空间的进一步融合,将会实现两个空间统一编址,任何网络空间的 IP 地址对应一个空间位置,任何一个 GIS 空间的实体都对应一个 IP 地址,互相映射,并且互为属性项。

(六)新型测绘装备要引进人工智能

智慧城市的建设有起点,暂时看不到终点,但是测绘装备首先智慧起来是毋庸置疑的。人工智能现在是全球工业生产的大潮,新型测绘装备必然也要引入人工智能技术。下一步测绘装备中大数据处理的核心问题是加入人工智能。不仅要对无序的大数据进行自动提取、分层分类、对象化,而且可靠性逼近100%。当代测绘装备中人工智能的应用主要集中在三个方面:多源遥感数据的分类提取,扫描车激光点云、机载激光点云的自动目标提取与建

模，多视角影像目标自动提取等全自动高可靠性的结构化数据生产。几十年来，结构化测绘数据生产主要靠大量人力，随着人工智能技术的引入，有望实现生产自动化。深度学习、强度学习将是测绘装备走向全自动的重要技术。

二 各个装备领域的技术进展

目前测绘装备从空间位置角度大概可以分为室内、近海与滩涂、地下、陆地移动测量与自驾、航空、航天 6 类。

（一）室内定位装备

人们 80% 的时间都在室内。室内定位装备主要是"全定位"（全源、全空间）装备，用户对全定位（室内/隐蔽地区）的要求：①绝对坐标定位时，测量型接收机不作任何改变；②室内外都要支持手机定位。室内定位分离线和在线定位，即正定位与反定位。正定位（离线定位）是指：在室内或隐蔽地区对布设的定位增强网点进行定位，进而对室内或隐蔽地区进行三维实体模型建构。反定位（在线定位）是指室内或隐蔽地区布设的定位增强网建立之后，对移动测量终端进行实时定位。移动测量终端可能是移动测量的 POS 测量中心。反定位基本是对手机进行定位。

1. "全定位"装备

（1）室内协同定位。室内定位需要高精度定位传感器，目前各种传感器、卫星接收机和射频信号都已集成在手机上。目前以手机内置传感器和无处不在的磁场为纽带，全源紧耦合融合 12 种定位源的任意组合，可实现优于 1 米的定位精度。

（2）Wi-Fi 定位。Wi-Fi 定位技术是利用无线信号在不同位置的空间差异性，将空间特定位置的无线信号特征作为该位置的指纹，建立位置指纹数据库，从而通过指纹匹配方式实现对用户位置的估计。

（3）蓝牙定位。一般蓝牙定位系统采用蓝牙和惯导双传感器，基于惯性传感器的行人航位推算算法和行人运动模式识别算法，定位精度平均误差小于 2

米，实时定位相应时间小于 1 秒。蓝牙网关优点是功耗低，手机即可实现定位。

（4）超宽带脉冲——UWB 超宽带室内定位。超宽带技术不需要使用传统通信体制中的载波，通过发送和接收具有纳秒或纳秒级以下的极窄脉冲来传输数据，从而具有 GHz 量级的带宽。

（5）超宽带雷达。超宽带雷达，基站与移动站通用，针对遮挡等情况连续性略好。因为设备昂贵，比较适合临时使用的场景。

（6）可见光无线通信 LiFi（Light Fidelity），又称光保真技术，是一种运用已铺设好的设备（如灯泡），只要在设备上植入一个微小的芯片，就能变成类似于 AP（Wi-Fi 热点）的设备。与 Wi-Fi 对比，LiFi 的技术优势主要在于建设便利；高带宽，高速率；绿色，低能耗；安全性好（数据只往设定的方向传播）。

（7）RFID 在管廊定位建设。在管廊的所有实体上贴附有源 RFID 电子标签，必将实现大面积推广，这种基础设施建设是非常值得推广的。如果 RFID 标签网能同时代替定位网功能，又能实现接收器对标签的无线充电，将是管廊应用中极完美的解决方案。

（8）伪卫星。伪卫星定位技术是使用一种时钟同步伪卫星收发器，发射类 GPS 卫星信号利用载波相位测量可以达到厘米级精度。它的一个显著特点就是定位系统使用的是地面设备，其高度角很低，而且信号不经过电离层传播。据称在室内外均表现优异。

（9）基站定位。室内外无缝定位中建筑空间定位成为制约位置服务发展的国际难题。基站定位系统一般依托我国的北斗系统，利用地面的广域差分增强网络，实现室外定位能力和位置服务能力。

2. 室内定位技术对比

室内定位技术有普通 GNSS 接收机＋伪卫星＋组合导航、基站定位和室内协同导航。要解决既能用于室内建模，又能用于移动终端（手机、汽车）进入室内的定位，最有希望的还是手机基站定位。现在的室内定位需求大部分为客流统计分析、实时导航、基于地理围栏的广告推送、安全监控等。武汉大学相关专家对当前室内定位各种应用方案作了比较和评价（见表1）。

表1　当前室内定位各种应用方案的评价

应用方案	优势	劣势	适用场景
室内协同定位	融合 GNSS/MEMS/WLAN/BLE/气压计/磁强计/SLAM/移动通信等多种室内外定位数据,定位精度高(1~3米)	需要建立覆盖全国的分级服务精度的大规模信标位置数据库,多源异构定位数据融合算法和误差建模还不成熟	广泛适用于各类室内定位场景
Wi-Fi	覆盖广,信源多,系统可复用,部署灵活,定位精度3~5米	安装维护成本高、能耗高、抗干扰性差,有延迟	机场、商场等
蓝牙	功耗低,成本低,定位精度高,部署简单,定位精度小于2米	部署和运维成本高,覆盖距离短,信号在复杂环境下易受干扰	广泛:停车场、工厂、医院等
超宽带脉冲	功耗低,系统复杂度低,抗干扰性强,定位精度高,可达厘米级,定位精度10厘米	基站之间需要同步,故难以实现大范围室内覆盖,且手机不支持,部署成本非常高	较高精度测量,需要较高精度定位
超宽带雷达	定位精度高,基站不需要同步,定位精度2厘米	全靠进口,成本较高,手机不支持	高精度测量
LiFi	部署成本低,定位精度高,功耗低	覆盖范围有限,抗干扰性差	商场、厂矿等
RFID	标签成本低,功耗低,可以对标签内容进行读写,定位精度可达米级/亚米级	作用距离短,安全性低,定位精度易受环境影响	物流、管廊
伪卫星	抗干扰性强,定位精度高,可达亚米级,定位精度小于10厘米	设备、部署和运维成本高	机场、露天矿、城市监控、精准测量
基站定位	信号覆盖成本低,范围广,与GNSS定位结合,定位速度快,定位精度20厘米	需要基础设施改建,与移动运营商合作,定位精度低(目前有基于 TC-OFDM 信号进行测距定位,可高精度定位)	适用于城市各类室内定位场景

（二）近海与滩涂

1. 水下无人潜艇在海洋测绘中的应用

在各种海洋技术中，作为经济、合理、有效的海洋测绘方式，水下机器人使海洋开发进入了新时代。当前常见的水下航行器包括遥控无人航行器（Remote Operating Vehicle，ROV）和自主水下航行器（Autonomous Underwater Vehicle，AUV）。AUV是新一代的水下机器人，供电及控制系统为自容式设计，不需要使用外部电缆供电和数据传输，通过预先设定的程序全自动在水下进行智能化航行。可获取水深、地貌、浅地层探测及摄像、取样等功能，用于海岸和远海结构物检查和修理、铺设电缆及基础测绘等。易用性决定了 AUV 将取代深拖系统，成为经济有效的海洋测绘方式。

2. 滩涂与海岸线调查

船载近海水下传感器——单波束蓝绿激光（上海光机所）蓝绿波段测距原理：采用蓝绿波段激光，利用该波段激光能够穿透水体的特性，同时测量地表、水表和水底的反射，获得距离和水深信息。可定制技术指标，目前技术已比较成熟，只要有订单，即刻实现。

（三）地下

1. 超导磁力仪及其应用

超导磁力仪探测的是磁场的变化量，而不是磁场绝对值。目前超导磁力仪已实现通过已知的测量点和磁场参数坐标得到测量位置、空间配置、测量平面的投影以及三维物体的深度特征。空洞和非磁性管线虽然没有磁性，但可以导致地球磁场磁异常，从而引发磁场变化。只要探测到磁场变化量，就可以反演目标特征和特性。

2. 地下空洞与地下管线综合探测方法

地下空洞"普查＋精细化探查"的综合探测技术采用高密度电法、地质雷达法进行大范围普查，圈定空洞发育的重点区域。在重点区域采用电阻率 CT 方法进行精细化探查。山东大学李术才等提出了任意组合观测模式的思路，综合多种常规观测模式的探测优势，采用高密度电法、地质雷达法对非金属管线进行探测，采用管线探测仪、瞬变电磁对电力、通信等金属管线进行探测，实现地下空洞精细化成像和定位。

（四）陆地移动测量与自驾

1. 移动测量系统

车载激光建模测量系统采用多种运载平台（一箭多星、一星多用、一机多用）配合私有云后处理架构。大众网民进入虚拟城市平台，将自己掌

握的信息（照片、属性）添加进去，性能增长将是爆炸性的。车载激光建模测量系统半年后将实现扫描第二天自动产出车道实体模型。一年后将把自动驾驶技术引入扫描车。

2.面阵激光雷达在无人驾驶障碍物探测中的应用

导航避障型激光雷达通过 16 束激光 360°扫描实现三维探测成像，具备测程远、测量精度高、回波强度准确等技术特点，同时兼顾了俯仰方向的角度覆盖和角分辨率。激光点云数据直接输出，接口开放，通信协议通过用户手册提供。

3.相控阵雷达在无人驾驶避障探测中的应用

传感器是无人驾驶汽车的感知器官。目前主流的传感器包括摄像头、毫米波雷达、相控阵雷达、激光雷达、红外线传感器等。雷达最大的特性是穿透力强，尤其是可在雨雪、大雾等恶劣条件下使用，是未来自动驾驶不可或缺的配置。相控阵雷达可直接得到距离、速度和角度信息。无人驾驶汽车一般前向 3 颗、后向 1 颗装载了 4 个标准自动高分辨率和敏感度的雷达，用来作为前向感知避障和后向碰撞预警，帮助驾驶者定位与其他事物的距离。

无人驾驶从完整的交通安全大局着想，需要配置可以分辨人、车等高分辨率的相控阵雷达，其安全性和社会效益将远远大于其成本的增加。有人驾驶依靠人的判断能力，有劣势也有优势。一个驾驶员则可能宁愿牺牲自己的车来保护他人。无人驾驶技术永远是将保护车辆和车内人员作为第一要务。例如，您驾驶时前方有辆车突然打滑而已经来不及停车，此时，在您的左边有一辆大卡车，右边则是一群等着过马路的孩子；大多数司机会选择撞向大卡车，以避免撞到行人；而无人驾驶车辆若无法识别孩子们，它只会感觉到这条道路阻力较少，而将车转向这边。

（五）航空

1.无人机航飞

无人机主要分为固定翼和旋翼机。电池技术一旦突破，旋翼机将会给行业带来巨大的变化：①沿着街道飞行的 POS 小五头数据生产高密度点云可能会代替车载点云和影像；②大量应用于小城镇 mesh 模型的建立；③农村地籍；④近海滩涂测绘。无人机应急测绘的 1 + N、N + N 方式。目前一个基站已经可以控制若干无人机进行组合编队飞行，N + N 方式是指在灾害多发地区已经均匀分布的 CORS 站旁边建无人机机库，一旦灾害发生，可实现远程控制就地起飞，采集灾情数据，通过网络传输到中央控制室，未来发展的趋势是实现空中实时传输数据。

2. 微小型 SAR

小型化合成孔径雷达，包括 SAR 主机、IMU、GPS 天线、射频天线、极化转接开关、供电电池、电缆等相关设备。航高 1500 米，分辨率 0.3 米，测绘带宽 1300 米。目前测图精度可以满足 1∶2000 ～ 1∶5000 丘陵地区国家测量规范要求。

3. 阵列天线三维 SAR

阵列天线三维 SAR 的关键技术是短基线阵列天线 SAR 总体设计和阵列 SAR 信号稀疏压缩和复原成像方法研究。例如，集成于城市精细建模全息三维装备的 360°快扫描激光雷达、集成于室内/地下空间建模全息三维装备的 360°阵列扫描激光雷达、集成于大范围快速建模全息三维装备的机载双通道扫描激光雷达和相干阵列探测激光成像雷达。

4. 机载 LiDAR

机载 LiDAR 设备主要包括机载激光扫描仪、航空数码相机、定向定位系统 POS（包括全球定位系统 GPS 和惯性导航仪 IMU）三大部件。可选装陀螺稳定座架。目前主流的机载 LiDAR 一次飞行可拍摄 3000 张以上影像，畸变差小于 2 微米。实验数据显示航高 300 米，中误差约 3.2 厘米。航高在 1000 米内，中误差在 10 厘米内。

5. 数码相机

以 SWDC 系列航摄仪为例。

（1）SWDC - 5 数字航空倾斜摄影仪（"大五头"）。SWDC 系列相机集成多星模式 GNSS 与飞控系统的自动曝光一体化的 OEM 板，IMU 使用三十三所国产 IMU 以及 610、510、AGI 其他国产 IMU；120 单机全画幅容量可以

任选 2000、3900、5000、8000 像元。"大五头"测图相机的最大幅面可以达到 3 亿像元。

（2）SWDC–5S–36（"小五头"）。此款相机是目前同类全画幅产品中体积最小、重量最轻的产品。"小五头"所有相机均可以作真实的相机畸变纠正，对后期成图精度有极大的帮助。它适用于各类无人飞行器搭载，单条航带可以覆盖被拍摄物体所有外表面，一次航飞同时获得倾斜与正摄两套完整数据。此款相机可内置后差分系统，对减少后期布设像控点有极大帮助。

（六）航天

1. 微小型卫星

近年各种微小型卫星纷纷上天，北京号、吉林号、清华号、武大号、首师大号……造价大幅降低，卫星"众发"的时代已经到来，天空中的各类卫星将很快达到 4000 颗，众多的数据源使得自动分类提取的成功率逼近 100%。首都师范大学的首都实验一号是慢速动目标检测实验小卫星，对车辆跟踪等动目标信息提取是主要特色。

2. 单光子面阵激光雷达

此项技术暂无资料介绍。

三　新需求必须用新装备提供服务

（一）新型测绘装备与新型地理信息数据助力智慧城市提升

（1）智慧城市定义的逆向思维。什么样的系统不是智慧城市？存在"信息孤岛"，信息不共享的不是智慧城市；没有用到大数据技术的不是智慧城市；没有用到时空地理信息的不是智慧城市；没有用手机推送面向大众提供服务的不是智慧城市；仅有认识世界（信息流）没有改造世界（能量流），不能将城市的某个方面建成像个自适应的生物体的不是智慧城市。

（2）网上虚拟城市的建立有赖于测绘新技术。与网络公司合作建立公众网站，把城市时空数据加密后对大众放开，构建城市时空大数据云平台（后期将包含室内）。在平台上开发泛在测绘软件，允许网民上网用手机拍摄的资料对底商的纹理进行更新。经确认后发布。与导航公司合作挂接它们的兴趣点。

（3）网上虚拟城市的功能。网民用计算机或者手机登录城市时空数据云平台后可以分类在线浏览、放大缩小、推拉摇移……有更强的沉浸感，并且可以在函数检索的基础上产生用户所需要的统计分析结果（知识产出）。

（4）从三维走向四维，从静态走向动态，建立可重现历史的虚拟现实。把大量的探头影像资料与时空数据相融合，建设可历史重现的虚拟现实平台，即 4DVR。

以智慧医院为例谈谈智慧城市建设用到的测绘高新技术。在所在区域布设各种定位增强网（Wi-Fi、蓝牙、二维码、RFID），实现手机全定位；用移动测量技术采集结构化数据（分层分类、对象化、有属性项，这种基础数据与智慧医院平台相结合），建立医院室内外三维模型；开发平台软件，在平台上叠加医院时空大数据与各种传感网的实时大数据，及患者手机实时大数据，开发 API 接口，手机上建立 App 软件，引导患者有序地在医院进行就诊、化验、缴费、取药。这个过程看起来很复杂，第一阶段只是引导患者，第二阶段实现手机上的电子化验单和电子支付，第三阶段实现全智能。所有智慧城市的纠结都是没有用足新型地理信息技术与数据（全定位技术和全息三维底图数据）带来的便捷。

（二）共享经济中的新型测绘装备

共享经济兴起得虽晚，但是发展速度惊人，是一种必然的趋势。除了共享单车、共享汽车外，共享经济的其他项目正在出现。共享经济只有用到地理信息技术，才能健康、科学、有序地发展。所有共享经济的乱象都是没有采用地理信息技术带来的。当前如果把全息三维数据提供给共享单车平台并使共享单车本身具有控制功能，如可以限制共享单车的运动范围，只能停放在指定区域，共享单车的乱象有可能会改善。

（三）AR 增强现实中的新型测绘装备

增强现实（AR）就是把计算机中的场景三维数据与实地观察到的景观数据（未必是三维）融合（套合）在一个屏幕上，来实现各种各样的应用。当增强现实普及时，对三维地理信息将会有更大的需求。这离不开现实世界实体三维的离线建模。可能会出现的增强现实与地理信息相融合的应用有基于 AR 的自动驾驶、基于 AR 的智慧旅游、基于 AR 的野外数据补测（有针对性）、泛在测绘、视频数据与实地模型的叠加分析。

（四）GIS 人的自动驾驶解决方案

作为 GIS 专家，自动驾驶技术的外行，设想自动驾驶算法可能会从 4 个方面取得进展。

（1）利用实体匹配的自动驾驶。自动驾驶与巡航导弹、月球车自动行走是同一个性质的问题，巡航导弹在中途是用 DSM 或影像匹配"自驾"，到达目的地使用模型/高密度 DSM 寻地，月球车更是采用实体模型/地形匹配行走。新型的 GIS 提供了道路两侧每一种实体的每一个对象的模型数据，可用来提高自动驾驶决策的冗余度。当然，在线定位时能把模型/对象实时提取出来是个挑战。

（2）汽车机顶盒＋交通云平台指挥下的自动驾驶（事故率降低，但是暴露隐私，可自愿选择）。"汽车机顶盒"安装有 GNSS 差分定位模块、地理信息数据脱密模块与云计算的通信模块，并与汽车总线相连。在全定位解决方案实施之后，高精度道路基础数据逐步完善，交通云平台计算速度足够高时，就可以由云平台向机顶盒发送指令，实现自动驾驶。为安全起见，仍需安装避障传感器。

（3）多视角视觉的离线定位（正）和在线定位（反）。有人认为自动驾驶解决方案的终极目标是在汽车上只安装足够多的视频探头传感器，并配以高速图像处理计算机（CPU 并行、GPU 并行、云计算）与汽车总线相连接，只要有强大的处理软件，就可以实现自动驾驶，性价比最高。测量界的

SGM 匹配、SIFT 特征提取、特征匹配、离线定位制图时的 POS 技术……都是自动驾驶业界要用到的核心技术。

（4）自动驾驶数据与导航公司数据相互融合。固定线路的自动驾驶不需要使用导航公司的相关数据。导航公司的车道级数据、兴趣点数据等都是自动驾驶发展不可缺少的，导航数据虽然是道路级（而非车道级）的，但是数据有结构有拓扑，特别是有大量的属性项（兴趣点）。只有结构化的自动驾驶车道数据才能更有效地与导航数据相融合。

四　结语

生产工具是生产力发展水平的标志，测绘装备的创新发展进程直接反映测绘地理信息产业的现状。恩格斯说过，社会一旦有技术上的需求，则这种需要就会比十所大学更能把科学推向前进。所以测绘装备的创新发展需要测绘地理信息行业的企事业单位提出需求，积极参与。希望我们测绘行业的科研院所、企业还有生产单位加强沟通，明确需求，在万众创新的大好环境下共同推动测绘装备的创新发展，为智慧城市建设提供有力的国产测绘装备保障！

B.4
从地理信息服务到地理知识服务

龚健雅*

摘　要：　地理信息技术已经从地理信息系统发展到地理信息服务，即
采用"互联网＋"技术，向用户提供地理信息在线服务。而
服务的范畴大大拓展，不仅提供网上数据服务，还可以提供
处理软件服务、知识服务和传感网服务等内容。本文首先介
绍地理空间服务网的概念，然后介绍基于网络的空间数据服
务、地理信息软件服务和地理空间知识服务的相关技术、标
准与应用实例。

关键词：　地理空间服务网　网络地理信息服务　网络地理知识服务

一　引言

　　地理信息共享技术经历了三个发展阶段，从早期的数据格式转换，到后
来的直接访问，发展到现在的基于网络的地理信息服务，其中基于网络的服
务方式是当前地理信息共享和互操作的最主要方式。下面简单介绍地理信息
共享服务发展的三个阶段。

（一）数据格式转换

　　数据格式转换是实现地理信息共享最基本的形式。其主要工作是实现简

---

　　* 龚健雅，中国科学院院士，教授，博士生导师，武汉大学测绘遥感信息工程国家重点实验室
主任。

单的数据共享。它分为两种方式：第一种方式是将一个 GIS 系统的数据直接转化成另外一个 GIS 系统的数据；第二种方式是选取或者制定一个标准的数据格式，在数据转换时，每个 GIS 系统都能统一转换成这一标准的数据格式。前一种方式需要每个 GIS 系统之间开发格式转换软件，且不容易实现，后一种方式容易实现，但是要国家或者部门制定空间数据转换格式标准，并强力推动实施。

（二）空间数据库的直接访问

直接访问是指一个 GIS 系统可以直接访问不同的 GIS 系统或者数据库的数据，用户可以通过一个 GIS 系统的接口函数直接读写不同 GIS 系统的数据。直接访问可以使用户避免烦琐的数据转换，同时也不需要通过转换软件的应用，所以直接访问给用户提供了一种经济实用的地理信息共享和互操作的模式。但是这种模式要求开发用户在使用前了解不同系统的数据结构和模型以及调用函数。如果在系统中数据源或者 API 函数设为私有，那么直接访问就存在限制。

（三）基于网络服务的地理信息共享与互操作

网络服务（Web service）的出现是地理信息共享与互操作实现的一个重要里程碑，现在已经广泛应用在地理信息系统中。Web service 为用户带来一个友好的用户体现形式，用户不需要再了解数据或者服务的内部结构，可以通过统一的网络服务接口协议直接在系统中应用，用户可以通过这些协议获取不同系统的空间数据。

（四）地理空间服务网

基于 Web 的服务不仅可以提供空间数据的服务，还可以提供地理信息处理与分析的软件服务、地理空间知识服务、传感器服务等。计算机的处理器、存储空间以及网络资源都可以作为服务方式，近年来发展的云计算、云服务等技术已经开始提供各种各样的服务。地理空间服务网

（GeoSpatial Service Web）是将各种地理空间信息资源在 Web 上进行注册，形成服务网络，并通过 Web service 技术对用户提供服务。图 1 是地理空间智能资源服务网逻辑结构，未来的发展方向应该是沿着这个逻辑结构图进行。

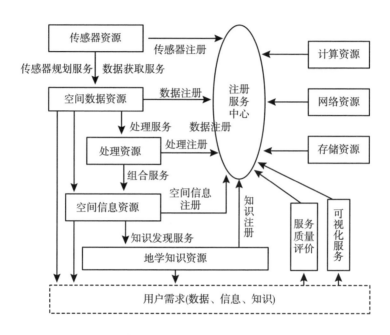

图 1 地理空间智能资源服务网逻辑结构

下文将较详细地介绍几种主要服务。

二 空间数据服务

空间数据服务是目前最成熟的技术，包括元数据的服务和数据文件的传输服务较成熟，最需要解决的是在线共享服务的问题。

（一）空间数据在线服务的技术与标准

空间数据集成与在线服务技术包括：多源、多时相空间数据无缝组织方法，广域网分布式多服务器技术，多类型空间数据渐进传输技术，客户端空间数据实时可视化技术，空间数据共享与在线服务技术等。目前国内外主流GIS 基础软件都具有以上几种关键技术。支持空间数据共享与在线服务的主要是一整套技术标准，包括网络地图服务（WMS）、网络要素服务（WFS）、网络地理覆盖服务（WCS）等。有了这些接口标准就可以把服务端和应用端分开，服务端可以采用不同的软件，应用端可以采用另外一种软件。下面介绍几个主要的地理信息服务标准。

1. 基于 Web 的地图服务规范（WMS)

国家颁布了网络地图服务标准，而且这个标准非常简单。以前做互操作一直很难，主要是函数太多。现在这个网络地图服务标准才 3 句话：

Web Map Services（WMS）Interfaces

Get Capabilities

Request = capabilities

GetMap

Request = map

GetFeatureInfo

Request = featureinfo

Get Capalilities 把投影等基本信息填上就行。接下来是获取需要的电子地图，包括区域大小、图形范围、数据格式等信息，如 GIF、GPEG、TIFF文件等，然后就可得到地图图像。把这个写成命令或者编入软件中，它就可以直接调用地图。目前大部分软件都支持这一标准，如 GeoStar、GeoSurf、SuperMap、MapGIS、Arc/Info、MapInfo 软件。

2. 基于 Web 的地理覆盖的服务规范（WCS）

它目前还是 OGC 的标准，它为影像和 DEM 无缝覆盖数据提供网络服务接口。这个服务接口定义为：

Web Coverage Services（WCS）Interfaces

Get Capabilities

Get Coverage

Describe Coverage Type

Get Capabilities、Getcoverage 等定义的数据包括 DEM 数据和影像数据，格式是不被压缩的通用的影像与格网数据格式。与前面 WMS 的 Getmap 不同，这个数据拿到后台是可以作分析的。网络服务软件需要分析的数据应该是 WCS 的数据。目前大部分 GIS 软件实现了这一标准，但它还不是国际标准和我国的标准，只是 OGC 的标准。按照该标准提供的接口从服务端把数据发布出去，另外一个用户可以通过这个接口调用数据，与 GIS 软件没关系，只是与协议相关。

3. 基于 Web 的地理要素服务规范（WFS）

这是针对矢量数据的服务接口规范，传输格式是 GML。在网络环境下查找地理要素（矢量数据库）服务网站，发出请求，服务器将矢量数据转换成 GML 格式的数据，传送到客户端。需要时可进行在线编辑。服务规范如下：

A WFS must implement the following operations：

Get Capabilities

Describe Feature Type

Get Feature

Get Capabilities 主要是描述 feature 数据集，即包含哪些内容的数据。这避免了过去读另外一个系统的数据时，通过提供的 API 接口，解析格式的问题。通过使用这个标准，不用管数据原来的存储格式如何，只是通过一个请求命令，就把需要的数据以 GML 形式传输给你。WFS 还提供远程的编辑，包括创造一个新的 feature，以及删除一个 feature 等操作。WFS 是国际标准，现在也是我国的国家标准。GeoGlobe、GeoSurf、SuperMap、MapGIS、Arc/Info、MapInfo 等软件已经使用了该标准。采用这些软件可以实现地理要素的网络共享与互操作。

（二）地理信息公共服务平台

有了地理信息共享服务标准和支持这些标准的 GIS 基础软件平台，就可以构建地理信息公共服务平台。国家测绘地理信息局就是采用这些技术标准和软件平台，建立了国家地理信息公共服务平台（天地图）。

一般有两套地理信息公共服务平台（见图2），一个是为电子政务服务的平台，提供给各个政府部门使用，实现地理信息共享；另外一个是为公众服务的平台，包括交通、旅游等公众服务平台，为普通公众服务。一个城市在地理信息公共服务平台基础上可以有几十个应用系统，因为不需要购买基础地理数据，重新建库，所以建设速度就会加快。提供服务的部门，如基础地理信息部门，建一个服务中心，或者服务平台，在原来数据库基础上，把地区或部门需要提供服务的数据切出来，进一步加工处理，构建成能够提供地理信息高效服务的空间数据库，如将影像数据、DEM等切割成瓦片数据建成金字塔，以及将矢量数据建库，按照公众用户和专业用户提供服务，这就是公共服务平台的主要工作（见图3）。关键的问题是需要解决国家、省、市的服务聚合，包括服务目录与元数据的聚合和空间信息（内容）的服务

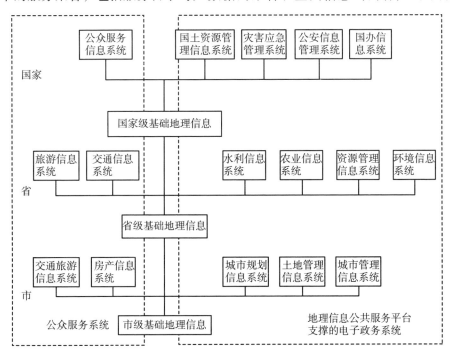

图2　公共服务与电子政务系统

聚合，同时应满足空间数据服务的接口规范要求，如 WMS、WCS、WFS，提供标准化接口调用。

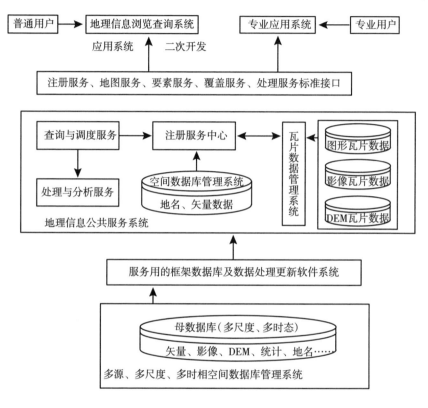

图3 公共服务平台的系统结构

现在各个省、各个市都建立了自己的公共服务平台和应用系统，如果省和市的数据质量、服务能力能满足要求，就能够建立起分布式、多级的服务，实现从国家到省、市的无缝漫游。数据可以是国家测绘地理信息局网站提供的，也可以是省级地理信息数据中心提供的，还可以由市级提供。对数据质量可以控制，从技术上已经实现了从国家到省级、到市级的分布式服务集合。例如，抚顺市已经实现到 0.1 米、0.2 米的影像数据的网络服务，用户可以从国家地理信息公共服务平台——天地图（见图4）直接漫游到抚顺市提供的高分辨率遥感影像的网络服务。

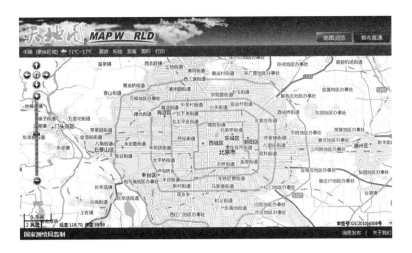

图4　国家测绘地理信息局提供的地理信息公共服务平台（天地图）

三　地理信息软件服务

（一）服务描述、注册与发现

网络服务包括数据和软件。目前地理信息公共服务平台就是提供各行业、各部门的空间数据共享服务。GIS 软件网络服务主要是处理服务功能的分类体系问题。国际标准组织（ISO/TC211）推出了 ISO 19119，是空间信息处理软件的服务标准框架。该框架总体划分为：地理信息人机交互服务、地理模型信息管理服务、工作流任务管理服务、地理信息处理服务、地理信息通信服务和地理信息管理服务等一级服务。把地理信息处理划分成各种各样的服务，还有大量的工作要做。首先，要把软件划分成各种类型的服务，ISO 19119 只是一个很粗的划分。其次，服务可能不是一个模块能够解决问题的，所以一般情况下是多个软件模块的组合才能实现一个服务，这需要一系列标准、协议。图5 列出了空间信息互操作涉及的系列标准和层次。

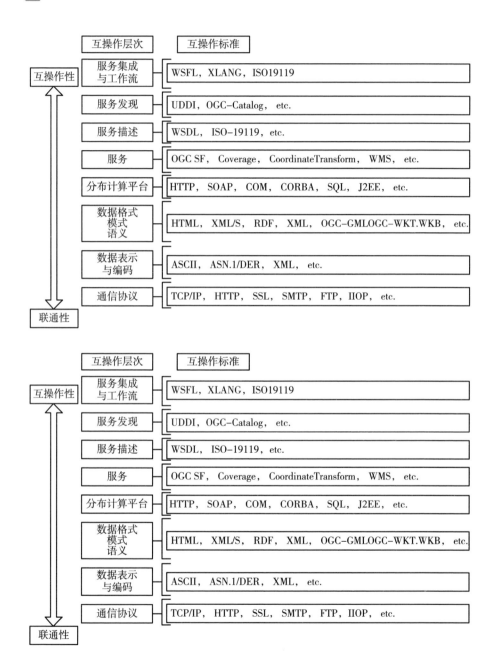

图5 空间信息服务互操作层次结构

资料来源：摘自 OGC。

（二）服务链构建

服务的链接分为几种情况。首先是透明链接。如果要获取某个服务，知道它所在位置，通过输入一些参数调用，计算以后得到的结果送到客户端，这种是用户直接调用（见图6）。

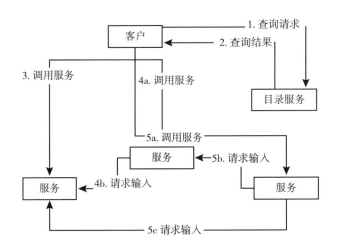

图6 透明链接流程

其次是半透明链接。对于已有的服务链中的模型、过程等，在调用时进行一些修改，修改以后再把它送到整个服务过程中，再调用相应的数据和软件，最后把结果给用户（见图7）。

最高级的就是聚集服务，不透明的。对用户来说它可能就是一个命令，然后通过自动组合服务链，调用相应的软件得到一个结果（见图8）。

（三）空间信息 Web 服务的体系结构

现在一些部门和研究单位开始提供地理信息处理服务。图9显示的是整个空间信息网络服务的框架。专业应用模型经过注册中心进入空间信息网络服务平台，通过建模，形成一个更加复杂、更加实用的应用模型。在此之前还需要做大量的工作，如把数据的服务和处理的服务分成两个体

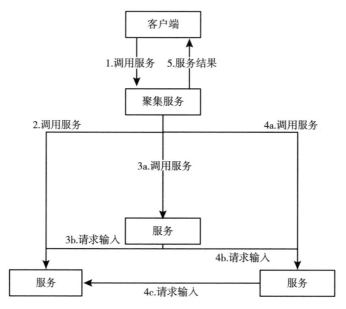

图7 半透明链接流程

图8 聚合服务（不透明链接）流程

系，处理的服务中将原模型分解成最原始、最细的处理模块，然后再把它构成更复杂的组合、更大的模块，逐渐组成一些应用模型，进一步对模型进行优化或评价。各种模型进行划分后，通过中间件管理和装配这些服务。

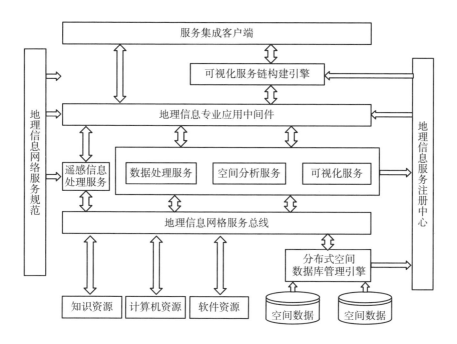

图9 空间信息网络服务集成平台

GeoSquare 是武汉大学测绘遥感信息工程国家重点实验室开发的服务平台（见图10），它可以注册数据和软（组）件，最主要的是它可以提供基本的软件服务，同时是开放式的，成为地理信息与软件共享服务中心。它可以实现软件注册，使用平台提供的工具还可以进行专业模型构建，以提供空间信息及模型的共享服务。基础平台建成后，其他的合作单位在上面不断发展它们的应用模型，平台将不断发展壮大。目前，平台提供了一些基本的软件，包括武汉大学测绘遥感信息工程国家重点实验室自己开发的遥感图像处理系统，已包装成服务，还有空间分析的软件、网络分析等软件以及一些地理分析模型等。

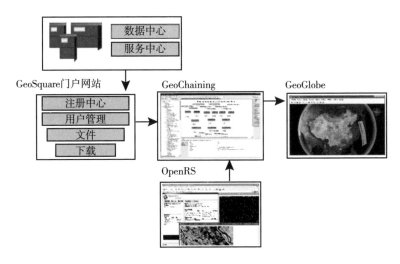

图 10　GeoSquare 五个组成部分

四　地理空间知识服务

（一）知识服务

目前对知识服务的概念尚未完全统一。总的来说，知识服务应该具有共享化、专业化、个性化、集成化以及用户驱动等特征。知识服务是一种面向知识内容和解决方案的服务，是一种用户目标驱动的服务，它所提供的知识资源应该是面向实际需要的、有效的和有针对性的；并且，知识服务的对象已经从原来的人类用户逐步扩展到计算机软件系统。针对软件系统的知识服务有效提高了基于知识的智能化信息处理水平。在知识服务的应用过程中，可以通过采用语义 Web 等相关技术促进知识服务的应用。

（二）地理空间知识服务

地理空间知识服务的对象主要是 GIS 软件系统及应用地理信息和知识的

用户。在地理空间知识服务中，主要的服务类型可以分为元数据服务、知识内容服务和知识处理功能服务三个层次。这三个层次的服务不断促进和相互结合，实现面向 GIS 系统的地理空间知识服务，才能在地理空间知识服务基础上提高地理信息自动化处理水平和空间决策支持水平。

对于目前的 GIS 系统来说，仅仅理解地理空间知识服务的类型并不能实现地理空间服务平台与知识应用客户端之间的交互，必须提出相应的服务模式才能实现这种交互。现有的服务模式主要有：集中服务模式、分布式服务模式和基于移动代理的服务模式。这些模式中，分布式的服务模式可以更好地适应用户的需求。在分布式的服务模式中，用户不需要了解地理空间知识服务的知识元、知识内容以及提供的地理空间知识服务的具体位置，而只要通过相应的 URL 吸纳链接，就可以充分体现地理空间知识服务方便用户、以人为本的要求。

（三）地理空间知识服务的技术基础与共享平台

对于地理空间知识服务，要完全实现机器语言的形式化表达、自动识别、自动组合，需要相关技术来支撑。知识的严格形式化表达是面向计算机软件的地理空间知识服务的前提，这需要约定语义 Web 中有关知识的相关标准和规范。地理空间知识的存储、共享和推理需要以知识库系统相关理论作为基础。地理空间知识服务的交互需要使用 Web service 技术等网络服务技术。在此基础上，还需要提供架构模型，根据用户需求，通过网络对松耦合粗粒度的应用组件进行分布式部署、组合和使用。此外，地理空间知识服务也需要通过给定的注册机制，依据相应规范注册到架构模型中，使其可以被模型使用，并被其他用户调用。

地理空间服务网（Geospatial Service Web, GSW）以 Web service 技术为基础，借助中间件整合多样化的地理信息资源，实现异构信息资源的整合与互操作。GSW 可以定义为通过网络来整合多样的地理相关资源的地理中间件，为地理信息资源的实时发现、检索、处理和整合提供了一个系统框架。为实现地理空间知识的共享服务，需要 GSW 作为其共享平台，典型的 GSW

原型有 GeoSquare。GeoSquare 集成了包括开放式遥感图像处理平台（OpenRS）提供的诸多 Web services，包括注册中心、地理信息服务链组合工具（GeoChaining）等模块，借用地理信息公共服务软件平台（GeoGlobe）实现可视化。

（四）地理空间知识服务的实现

地理空间知识服务的实现应完成地理空间知识获取、组织、表示、建模、推理及自主组合等功能，利用地理空间知识库系统以及相关技术用户可以在不同情况下方便地使用地理空间知识服务系统。

目前，对于地理空间知识服务实现的研究，主要集中在理论层面，依靠语义 Web 技术，基于本体概念实现地理信息服务的组合。提出的多为模型理论框架，真正完整地实现地理空间知识服务的系统尚不多见。刘瑜等研究了地理空间地名库的建立，属于地理空间知识服务中知识库建立的范畴，其地名库的理论和实现可以在空间关系表示、推理和地理事物定位等方面起作用，为更好地实现地理空间知识服务提供基础条件。陈崇成等提出了地理知识云的概念，实现了地理知识云服务平台 GeoKS Cloud，并将这一平台应用在厦门地震影响场分析中。该研究侧重于以云服务技术为用户提供地理知识服务，且局限于自己界定的知识云范围内，未能较好地体现地理空间知识服务良好的移植性以及平台无关性。在平台工作流中，用户注册自主性还有较大的提升空间，在标准和规范的云化定义中还需要依据地理空间知识的标准规范。这些都是地理空间知识服务研究亟须突破的问题。

目前对知识服务较为系统的研究主要集中在图书馆学科和计算机学科两个领域，研究内容覆盖了知识服务的完整流程，从基础理论到框架模型都已经有了一定的研究基础。在图书馆学科中，大量学者详细研究了基于语义 Web 中知识服务系统的理论基础。在计算机学科中，很多学者已经实现了自定义的知识服务系统。刘豫徽等提出了基于 Agent 主动式知识服务系统，利用 Agent 代替用户去查找知识，并提出了这个构想的系统框架和技术平台。张德海等研究的知识服务平台 WFBK – Service，已经实现了工作流和知识管理的结合，提出了相对完整的知识服务流程。

　　本文认为，实现地理空间知识服务，应利用这些已经成形的理论基础，同时参考已经实现的知识服务系统。地理空间知识服务的组织可以按照地理空间知识发现→地理空间知识获取→地理空间知识建模→地理空间知识推理的步骤实现。利用数据库系统、人工智能等技术完成地理空间知识发现；利用地理空间知识自身的特点，使用地理空间地图标示技术，完成地理空间知识获取；参考机器学习等基于本体的建模方式实现地理空间知识建模（见图 11 和图 12）；使用本体描述机制和推理机制进行相关推理，实现地理空间知识推理（见图 13）。同时，在地理空间知识服务共享平台（如 GeoSquare）上实现相应的地理空间知识注册、查找，在其提供的 GeoChaining 中实现地理空间知识服务的建模，形成地理空间知识服务的树状结构，实现地理空间知识的标示、查找和存储，进而真正实现对地理空间知识的共享服务与有效利用。

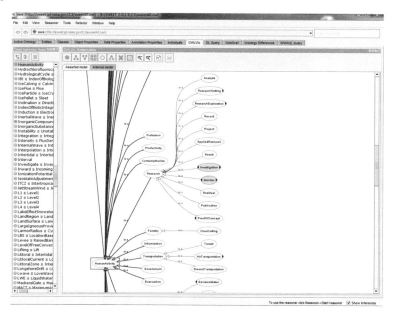

图 11　地理空间知识建模与组织表达

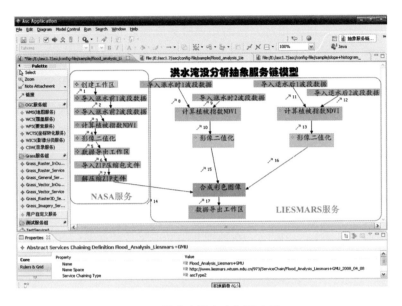

图12 洪水淹没专家知识建模

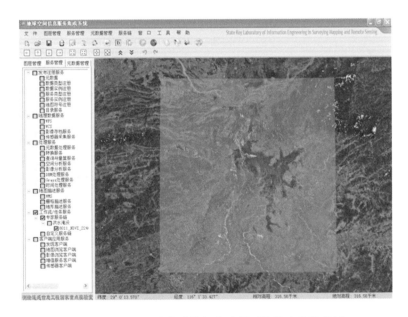

图13 根据知识建模计算机自动得到的洪水淹没范围

五 结语

随着计算机及网络技术的发展，地理信息服务技术已经越来越成熟，空间数据的网络服务技术已经在大规模应用，国家地理信息公共服务平台及应用系统已经将"互联网＋"升级为"互联网＋地理信息＋"服务的模式，大大提高了地理信息服务的水平和应用能力，大力推进了地理信息的广泛应用。从理论、方法与技术的成熟度来说，地理信息软件服务、地理知识服务和传感网服务都已经达到实用水平，技术标准也基本成熟，但是目前在工程上还没有得到广泛应用，需要进一步普及相关知识，创新应用模式，推动从地理信息服务到地理知识服务的发展。

参考文献

［1］ 黄鸿：《地理空间知识网络服务关键技术研究》，武汉大学博士学位论文，2008。

［2］ Christian Kiehle，Klaus Greve，Christian Heier. "Requirements for Next Generation Spatial Data Infrastructures-Standardized Web Based Geoprocessing and Web Service Orchestration". *Transactions in GIS*，2007. 11（6）.

［3］ Paul Longley. *Geographic Information Systems and Science.* 2005：John Wiley & Sons.

［4］ Rob Van der Spek，Andre Spijkervet. "Knowledge Management：Dealing Intelligently with Knowledge". *Knowledge Management and its Integrative Elements*，1997.

［5］ Chun Wei Choo. "Information Management for the Intelligent Organization：The Art of Scanning the Environment". 2002：*Information Today*，Inc.

［6］ 梁战平、张新民：《区分数据、信息和知识的质疑理论》，《图书情报工作》2003年第11期。

［7］ Neki Frasheri. *Knowledge Management for E-Governance.* 2003.

［8］ 黄如花：《国内外信息组织研究述评》，《中国图书馆学报》2002年第1期。

［9］ 任彦：《网络中心战条件下C2组织的知识服务建模方法研究》，2006。

［10］ 董颖：《知识服务机制研究》，中国科学院研究生院软件研究所，2003。

［11］ 李家清：《知识组织方法及策略研究》，《图书情报工作》2005年第5期。

［12］韦于莉：《知识获取研究》，《情报杂志》2004年第4期。

［13］唐文献、陶善新、李莉敏：《基于知识驱动的产品开发系统研究与实现》，《计算机工程与应用》2003年第22期。

［14］骆剑承、周成虎、梁怡等：《时空数据智能化处理与分析的理论和方法探讨》，《中国图像图形学报》2001年第6（9）期。

［15］李家清：《知识服务的特征及模式研究》，《情报资料工作》2004年第2期。

［16］毕强、牟冬梅：《语义网格环境下数字图书馆知识组织理论、方法及其过程研究》，《图书情报工作》2007年第8（6）期。

［17］石纯一、黄昌宁、王家廞：《人工智能原理/人工智能及其应用丛书》，清华大学出版社，1993。

［18］术洪磊、毛赞猷：《GIS辅助下的基于知识的遥感影像分类方法研究——以土地覆盖/土地利用类型为例》，《测绘学报》1997年第26（4）期。

［19］钱海忠、武芳、郭健等：《基于制图综合知识的空间数据检查》，《测绘学报》2006年第35（2）期。

［20］Keith M Reynolds, Mark Jensen, James Andreasen, et al. "Knowledge-Based Assessment of Watershed Condition". *Computers and Electronics in Agriculture*, 2000. 27（1）.

［21］付炜：《地理专家知识表示的框架网络模型研究》，《地理研究》2002年第21（3）期。

［22］沙宗尧、边馥苓：《基于面向对象知识表达的空间推理决策及应用》，《遥感学报》2004年第2期。

［23］Manfred M Fischer. "From Conventional to Knowledge-Based Geographic Information Systems". *Computers, Environment and Urban Systems*, 1994. 18（4）.

［24］Ubbo Visser, Heiner Stuckenschmidt, Gerhard Schuster, et al. "Ontologies for Geographic Information Processing". *Computers & Geosciences*, 2002. 28（1）.

［25］马蔼乃：《地理知识的形式化》，《测绘科学》2001年第26（4）期。

［26］Paolo Mancarella, Alessandra Raffaetà, Chiara Renso, et al. "Integrating Knowledge Representation and Reasoning in Geographical Information Systems". *International Journal of Geographical Information Science*, 2004. 18（4）.

［27］孔繁胜：《知识库系统原理》，浙江大学出版社，2000。

［28］黄遵楠、廖代伟、林银钟等：《催化剂分子设计专家系统推理机的设计》，《厦门大学学报》（自然科学版）1996年第3期。

［29］詹子鹏、李龙澍：《用XML建造专家系统知识库》，《计算机技术与发展》2007年第17（7）期。

［30］袁良、危辉：《辅助决策系统在城市快速公交专用道设置中的应用》，《计算机应用研究》2008年第25（2）期。

［31］ 陈亚兵、孙济庆:《基于知识库的专家咨询系统设计与实现》,《计算机工程》2007 年第 33 (16) 期。

［32］ 张晓林:《走向知识服务》,《中国图书馆学报》2000 年第 5 期。

［33］ 朱晔:《我国知识服务现状分析和体系架构研究》,南京理工大学学位论文,2007。

［34］ 郭海明、邓灵斌:《数字图书馆信息服务模式研究》,《中国图书馆学报》2005 年第 2 (11) 期。

［35］ 陈彦萍、武亚强、李增智等:《基于移动代理的 Web 服务组合》,《东南大学学报》(自然科学版) 2008 年第 38 期。

［36］ 张玉峰、晏创业:《基于 Agent 的个性化信息服务模型研究》,《情报学报》2001 年第 20 (5) 期。

［37］ 李碧蓉、肖德宝:《基于智能移动 Agent 的网络管理思想模型的研究》,《小型微型计算机系统》2001 年第 22 (7) 期。

［38］ Jianya Gong, Huayi Wu, Wenxiu Gao, et al. "Geospatial Service Web", *in Geospatial Technology for Earth Observation*. 2009, Springer.

［39］ 龚健雅:《携手共进,推动地理空间信息网络服务技术的发展》,《测绘科学技术学报》2013 年第 1 期。

［40］ Jianya GONG, Huayi WU, Tong ZHANG, et al. "Geospatial Service Web: Towards Integrated Cyberinfrastructure for GIScience". *Geo-spatial Information Science*, 2012. 15 (2).

［41］ Wei Guo, JianYa Gong, WanShou Jiang, et al. "OpenRS – Cloud: A Remote Sensing Image Processing Platform Based on Cloud Computing Environment". *Science China Technological Sciences*, 2010. 53 (1).

［42］ Zhipeng Gui, Huayi Wu, Zun Wang. "A Data Dependency Relationship Directed Graph and Block Structures Based Abstract Geospatial Information Service Chain Model". in *Networked Computing and Advanced Information Management*, 2008. NCM'08. Fourth International Conference on. 2008. IEEE.

［43］ J Gong, L Xiang, J Chen, et al., *GeoGlobe: A Virtual Globe for Multi-source Geospatial Information Integration and Service*. 2011, CRC Press: London.

［44］ 龚咏喜、刘瑜、张晶、高勇:《地理空间中的空间关系表达和推理》,《地理与地理信息科学》2007 年第 23 (5) 期。

［45］ 邬阳、张毅、高勇、刘:《基于空间陈述的定位及不确定性研究》,《地球信息科学学报》2013 年第 1 期。

［46］ 张毅、刘瑜、田原、薛露露:《广义地名及其本体研究》,《地理与地理信息科学》2007 年第 23 (6) 期。

［47］ 王星光、张毅、陈敏、刘瑜:《基于语义的文本地理范围提取方法》,《高技

术通讯》2012 年第 22（2）期。

［48］ Jiaxiang Lin，Chongcheng Chen，Xiaozhu Wu，et al. "GeoKSGrid：A Geographical knowledge grid with functions of spatial data mining and spatial decision. in Spatial Data Mining and Geographical Knowledge Services（ICSDM）", 2011 IEEE International Conference on. 2011. *IEEE*.

［49］ 巫建伟、陈崇成、吴小竹等：《基于 GeoKSCloud 的地震影响场分析云服务研究——以福建省为例》，《地球信息科学学报 ISTIC》2013 年第 5 期。

［50］ 刘昆、毛秀梅、刁云梅：《语义网环境下的知识服务系统模型研究》，《现代情报》2008 年第 28（2）期。

［51］ 陈谷川、陈豫：《语义网知识组织系统的研究与构架》，《现代图书情报技术》2006 年第 4 期。

［52］ 温有奎、徐端颐、潘龙法：《基于 XML 平台的知识元本体推理》，《情报学报》2004 年第 23（6）期。

［53］ 刘豫徽、周良：《基于 Agent 的主动式知识服务系统》，《中国制造业信息化》2008 年第 37（10）期。

［54］ 张德海、沙月林：《基于本体与工作流的知识服务系统》，《计算机工程》2009 年第 35（19）期。

三维地籍建设与实践

郭仁忠　赵志刚*

摘　要：　基于二维多边形表达土地权属的现行地籍技术已经流行世界
200余年。但是，随着城市化的快速推进，土地资源日趋紧
缺，立体化利用成为趋势。在立体化利用的条件下，秉承
二维思维的现行地籍技术的基本土地权属一致性前提和假设
被打破，二维地籍已经不能满足土地管理的需要。在我国，
《物权法》进一步明确了垂直方向上土地权属主体多元化的
合法性，从法律层面向二维地籍提出挑战。三维地籍技术成
为土地资源管理中一个不可回避的问题。本文首先理清了三
维地籍建设的基本框架以及法规政策、管理规程和技术体系
三大部分需要建设的内容，它们之间的关系和实施策略，侧
重详述了实现三维地籍需要的相关关键技术，最后给出了深
圳在三维地籍管理和系统平台建设方面的应用实践以及总结
和展望。

关键词：　二维地籍　三维地籍　不动产　三维产权体　3DGIS

一　概述

随着我国城市化和工业化的发展，城市土地资源的紧缺性越来越显著，

---

* 郭仁忠，深圳大学智慧城市研究院院长，中国工程院院士，教授，博士生导师；赵志刚，深
圳大学智慧城市研究院副教授，博士。

立体化利用已成为当前城市土地利用的重要趋势。这种立体化利用的重要特征是垂直方向上产权主体的多元化，即地表、地上、地下空间可以分层开发利用。土地空间上的分层开发和利用必然产生分层的三维立体的产权体，即当前的同一宗地在分层开发和利用中可能形成地上、地表、地下多个相互独立的权利空间。

2005 年，深圳首次公开出让福田区车公庙深南大道地段两宗地下空间开发项目用地的使用权，标志着土地使用权分层出让已进入政府实际土地管理范畴。截至目前，深圳市已出现罗湖火车站、会展中心、中兴通信、丰盛町、卓越世纪等二十几个城市土地空间资源立体化利用的实例，并且以较快的速度呈现增加的趋势。

另外，随着社会经济和城市建设的发展，不动产价值越来越高，公众的财产权益保护意识也日益增强。在这些趋势下，不仅政府对土地资源的利用从粗放式向集约节约式转变，土地及不动产空间的权属管理趋于精细化，而且社会公众对不动产空间的权属界定要求也更为精准。

对于这种精细化空间权益界定的需求，在传统二维地籍基于平面地籍图和地籍卡（册）的管理模式（见图 1）下是很难满足的。一方面，无法精

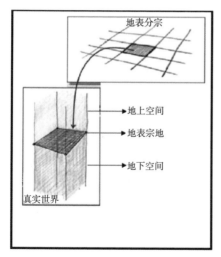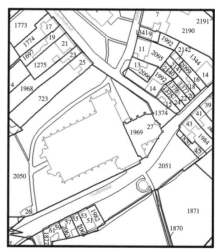

图 1　二维宗地表达示例

确描述单一不动产的空间权利范围；另一方面，无法精确描述各不动产或三维空间权利范围的空间位置关系，由于信息负载不足，不能满足土地空间资源分层利用的权属登记管理要求（见图2）。

图2　二维地籍图难以精确表达三维空间的利用状况

二维地籍在准确描述土地空间利用状况和精确界定产权单元权属等方面的不足，必将促使二维地籍向三维地籍发展。三维地籍管理以三维产权体为载体，以空间使用权为管理对象，在三维空间中对不动产产权的范围及位置关系进行精确描述，不仅可以满足土地立体化利用的权属登记管理要求，而且可以在一个统一的技术框架下处理土地和房产的登记问题，满足不动产统一登记的应用需求。

从技术上看，以三维空间土地权利登记为核心、涵盖不动产产权单元权属登记乃至地下采矿权管理等的国土资源利用空间权属统一登记与管理，对于国土资源行业管理具有重要战略意义。

二　三维地籍基本框架

图3简略给出了三维地籍建设需要的大致基础内容。从三个不同的侧面

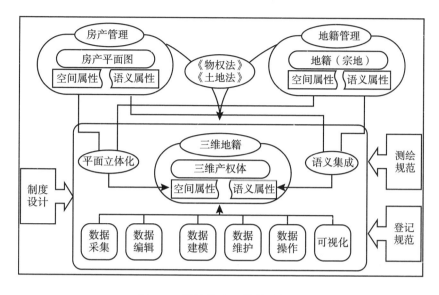

图 3　三维地籍建设的基本框架

诠释了它的内涵和外延。

三维地籍的管理对象范围是面向"房地合一"的全面不动产管理，"房"代表房产等各种人工建/构筑物，"地"代表土地（地上、地表、地下）立体空间的各种权益空间，如建设用地、农用地、林地、草地、矿地等。

三维地籍的管理属性包含空间属性与语义属性。空间属性指不动产的权益空间在地理实体空间的几何空间，语义属性是指不动产权益相关的法规合同、行政审批等的语义内容。

三维地籍的建设内容包含政策规范、管理机制和技术体系（见图4）。解决土地管理的立体化问题，需要从政策规范、管理机制和技术体系三个方面着手，这三方面可说是"互为犄角"。政策规范主要探索当前的法规政策体系能否完全支撑土地立体化管理的法规需要；管理机制主要探索土地立体化管理对常规土地管理流程会提出哪些挑战和升级要求，以及二维和三维如何做到兼容并蓄的混合管理；技术体系需要探索立体化土地空间的底层模型表达、空间关系界定与表达以及可视分析等底层技术支撑三维地籍管理的一整套技术体系，以及同样做到二维、三维技术兼容的混合框架技术体系。此

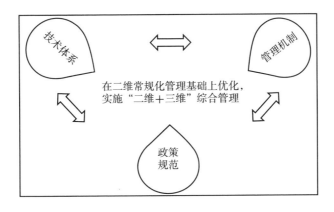

图 4　三维地籍的建设内容

外，三维地籍面临的是整体解决方案的统一、有序框架，其建设内容的展开需要一定的策略。因此，采取技术先行反馈管理，管理有效落地成规是一个更务实的建设路径。

三　三维地籍建设内容

（一）政策规范

《物权法》第136条规定，建设用地使用权可以在土地的地表、地上或者地下分别设立，但并未明确具体的分层原则和方法以及由此带来的相关问题。例如，现行的土地使用权登记中以宗地的界地点定义宗地的位置和范围，这种方法由相关法规规定，具有法律上的合法性，进入三维空间，以多面体定义产权空间范围并未得到法律法规的认可，技术上的可行性并不代表法律上的合法性。又如，地上空间必须取得其下方相邻空间的通行权才能到达地面，地下空间亦如此，因此无论地上或地下空间设立的使用权均无法孤立存在，必须给予附加权益。再如，三维空间权利强化了相邻权利的关联度，一方对权利的处置必然影响相关方，如地下空间的改扩建必然影响地上空间。诸如此类的问题还有很多，部分涉及相关技术领域，如目前的城市规划总体上是二维的平面布局规划，并不足够支撑立体化项目选址。因此，三维地籍需要政策法律层面的系统创新和突破。在德国，在《民法典》有关空间权的规定无法满足实践需求时，曾出台专门的法令用于解决法律的适用不足问题。因此，在遵守现有立法框架的前提下对空间权的相关问题进行立法创新，如根据空间权的特点对空间权的设立、转让、登记等问题进一步细化，以适应空间权实践发展的需求，是三维地籍面临的关键问题之一。

（二）管理机制

我国现有土地规划和管理的行政审批（顶层）流程基本框架见图5。各个层次规划中，最上层是城市发展战略，在城市发展战略指引下建立城市发展的总体规划（包含城市总体规划和土地利用总体规划），再下一层级是片区规划（组团规划），片区规划之下是控制性详细规划，基于控制性详细规划建立修建性详细规划，以上几个层次的规划是指引城市发展的空间要求。在时间尺度上以土地利用总体规划和城市总体规划为原则，建立近期建设规划，在近期建设规划指引下建立年度供应计划和年度实施计划；土地利用程序起于建设项目选址以及预审，项目选址和预审完成后依次进行野外测绘放桩定界，制作宗地图和土地使用权出让文本；出让后的土地管理包括合同监管、土地登记、土地利用过程监管、土地因公共利益需要的收回（收购）或者到期收回、土地整备/储备等。以上程序均是基于二维地籍约定俗成的土地管理流程。

为适应三维地籍管理需要，相应的立体化升级包括三个环节：选址和预审、空间使用权出让/转让、空间使用权登记。

一是现行的规划选址都是基于二维平面的，已经不能全面反映土地利用在空间上的分布状况，而且不能反映土地利用空间与周围空间之间的相互关系。另外，传统选址意见书无法表达三维土地利用空间范围，要规范空间使用权选址工作必须建立相应的技术规范作为支撑，这样才能从技术上解决目前空间使用权选址存在的不足，从而适应空间使用权推广应用的实际需要。另外，传统的预审工作同样是基于二维平面的，且其核查主要是以地表要素

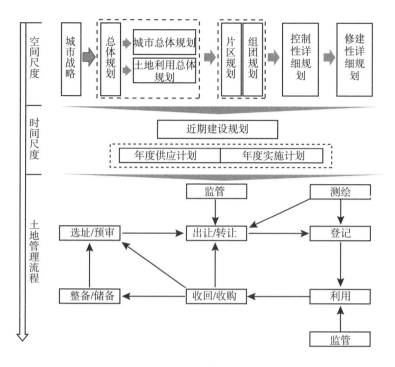

图5　土地管理流程

核查为基础的，然而空间使用权的核查不仅局限于地表核查，其核查的重心延伸到地上、地表以及地下要素范畴，要规范空间使用权选址和预审工作必须建立相应的技术规范作为支撑，这样才能从技术上解决目前选址和预审存在的不足，从而适应空间使用权应用的需要。

二是 2008 年 4 月 29 日，国土资源部和国家工商行政管理总局联合发布《国有建设用地使用权出让合同》（GF - 2008 - 2601）示范文本，合同主要包括四个部分：合同正文、出让宗地平面界址图、出让宗地竖向界限和市县政府规划管理部门确定的出让宗地规划条件。通过对合同示范文本进行初步解读发现，国家在解决出让立体空间使用权上已经作出一些初步规范，但是这些规范和实际应用需要还存在一定距离，究其本质仍然属于二维地籍管理层面，不能满足复杂立体空间使用权出让应用的实际需要。

因此，需要对合同示范文本的条款进行更进一步的深刻解读，并通过对相关条件进行修订和完善，从而适应空间使用权出让实际应用的需要。同时，对合同所附宗地图也需要进行立体升级，采用三维宗地图的方式进行合同附图（见图6、图7）。

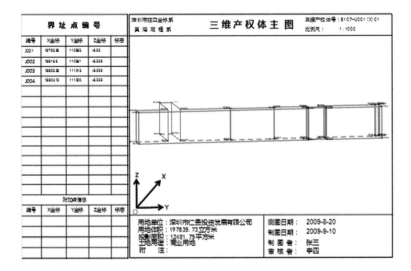

图6 三维宗地出让合同的宗地附图

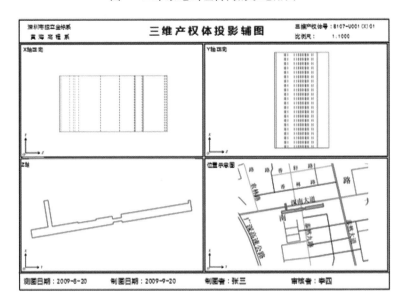

图7 三维产权体辅图

三是土地空间使用权的登记除了要考虑建设用地使用权登记所包含的土地的坐落、界址、面积、宗地号、用途和取得价格、土地权利人等内容之外，还需登记三维产权体的体积、投影面积及空间权益（如采光权、发展权、地役权）等内容。在参考建设用地使用权登记发证的基础上，制定土地空间使用权登记发证的格式规范（见图8和图9）。

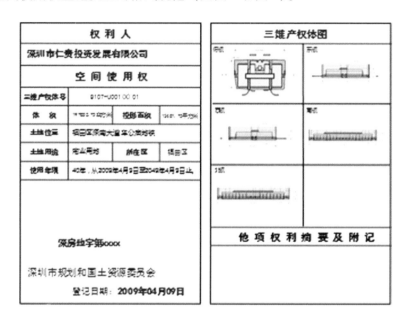

图8 五视图出证

（三）技术体系

在图10的技术体系下，三维地籍关键技术的突破主要包含以下几个方面。

1.三维地籍空间拓扑数据模型

二维地籍中土地的权利空间并不是二维的，而是垂直方向上有一定延伸的三维空间域，由于宗地范围内垂直方向上权利的一致性，用二维多边形表达并不会引起权利空间的混淆。因此，二维宗地描述的不是土地权利空间，而是以数学形式表达的与土地权利空间相对应的几何实体。这种将几何实体

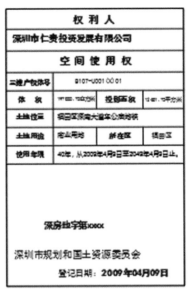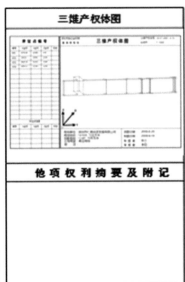

图9 三维空间直角坐标系图出证

（地籍产权体）和权利空间相区分的方法可以认定为现代地籍的一个理论原则，即用数学模型定义空间几何实体（如宗地）作为描述权利空间的基础，用法律条文解释真实的权利空间。这个原则在三维地籍中同样适用，即建立合适的数据模型，描述土地立体化利用的权属几何形态及其相互关系，为土地权属管理提供分析依据和数据基础。

数据模型不但要描述地籍产权体的几何形态，更要描述产权体之间的关系，尤其是拓扑关系，这是一个实体建模问题。鉴于此，林亨贵、郭仁忠等提出了面向二维与三维地籍的统一数据模型的概念模型，之后给予该模型对应的逻辑模型以详细论述。

2. 三维产权体的定义及有效性验证

张玲玲等总结了三维地籍产权体的定义，该定义与以上二维地籍与三维地籍的统一数据模型以及其对应的逻辑模型的具体实现是一致的。这里值得指出的是，"三维地籍产权体是如何产生的"是一个非常重要的问题，在 ISO 19107 "Spatial Scheme"、OGC GML3、CityGML 中存在针对三维实体

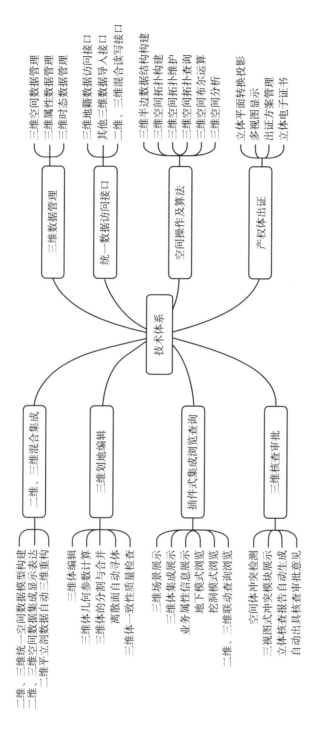

图 10 三维地籍技术体系

（i. e. GM_ Solid、TP_ Solid）的定义，以及以上三维实体间基本拓扑关系（i. e. 聚合、复合、复形）的定义，但并没有解释这些三维实体从何产生、如何产生。相对而言，郭仁忠等详细阐述了在面向地籍的拓扑基元之间完全剖分的基础上，通过二维平面片基元及更低维的拓扑基元自动构建有效三维地籍产权体的原理与过程。同时，三维产权体的有效性验证应该遵循欧拉定理。

3. 三维拓扑的自动构建及动态维护

拓扑在传统的二维地籍模型中扮演了极其重要的角色，二维地籍的管理基于一套完备的二维拓扑数据模型及其数据结构，但仅有数据模型和数据结构是不够的，如何自动进行拓扑构建及动态维护才是真正发挥拓扑在地籍管理中效能的关键。延伸到三维地籍，这个问题同样适用。

从二维技术的发展来看，二维拓扑数据结构 1965 年就已经提出，但二维空间拓扑关系自动构建和维护的算法到 1987 年才出现，中间经历了二十多年（这两项均是美国人口调查局的研究成果）。在这些年，美国人口调查局一直靠人手工建立地块数据，并维护地块之间拓扑关系的正确性，工作量巨大，并且容易出错，管理十分困难，直至他们解决了二维拓扑关系自动构建和维护的算法，这种情况才得到好转。

二维拓扑关系的构建和维护已经较为复杂，当维数增加一维时，三维空间中拓扑关系的复杂程度呈现指数式增长，因此三维拓扑关系的自动构建和维护算法是三维地籍的核心技术难点。

4. 三维产权体的可视化

产权体的可视化并不是简单地在一个屏幕区域上显示产权体形态，而是需要将它纳入一个仿真的地理环境中进行展示，这样才能显示其所在地理位置以及尺度。

产权体的可视化不是一般的城市仿真可视化，而是需要清晰表达产权体与地理环境、其他产权对象以及地理实体的空间关系，在三维空间中，尤其是地下空间，要做到清晰表达的同时，还要兼具视觉表达效果，给人以美观的视觉感受，这些均需要计算机图形学和美学设计理论和技术作支撑。

5. 三维产权体及其界址点编码

二维宗地的编码和宗地界址点编码已经较为成熟，也相对简单。特别是后者，平面上按照统一顺序原则（顺时针或者逆时针）就能够通过界址点编码号来识别和构建宗地多边形。

与此相对应，三维产权体如何编码、三维产权体的空间界址点如何编码是崭新的问题，也复杂得多。特别是针对后者，由于三维产权体可能具有多个高程，同时要在顶底面编码同时兼顾侧面的识别，即使针对形状规则的棱柱状产权体，空间界址点编码问题仍未很好解决。

深圳在三维地籍研究过程中制定了《土地空间使用权管理测绘规范》。其中，针对三维产权体的空间界址点如何编码，提出了基于"剖分原则，顶底面平行原则"的方案和基于"水平面内编号作为主顺序，竖直面内编号作为副顺序"的另一种方案，两种方案各有优缺点。针对三维产权体如何编码，提出了四种方案，分别是以国家地籍测量宗地编码体系为基础的21位数字编码体系，以深圳市现有二维地籍编码体系为基础的编码方案，不规则网格下的三维空间规则网格划分及编码，基于街道社区的不规则三维空间网格划分及编码。同样，四种方案各有利弊。目前，此问题尚未完全解决。

四　三维地籍系统平台

三维地籍系统平台的框架设计基于可灵活扩展性和嵌入集成的耦合性原则。灵活扩展是指面向土地立体化管理平台的业务功能模块扩展伸缩的灵活性和简易性。嵌入集成的耦合性是指三维地籍管理平台纳入现有土地管理体系中采取嵌入集成到现有土地常规管理平台的方式，它既要与现有平台发生业务的兼容平滑过渡，又要保持各自业务和后台技术的独立性，即降低三维平台与二维平台的耦合度。这项原则的难点在于三维立体化管理插件式平台的"普适性"建设。考虑到以后可能的推广应用，面向各种不同的常规管理平台和差异性的业务组织架构，这种插件式的"即插即用"平台研发极具挑战性。

深圳市目前已经实现了三维地籍管理系统与电子政务系统、常规二维系统的集成与融合，实现二维、三维混合式的管理框架（见图11）。

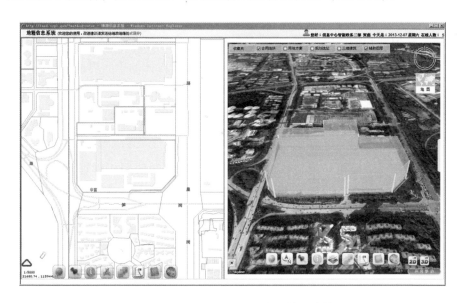

图11   深圳市二维、三维混合地籍系统截图

五   三维地籍的深圳实践

深圳的土地利用效率（土地投入产出率）在中国大陆排名第一，土地资源的紧缺程度已经到了"寸土寸金"的地步，立体化利用是必然选择，也是必然趋势。然而，即使如此，立体化利用仅限于部分特殊高强度开发区域，秉承二维思维的传统土地利用和管理方式仍是主流，因此深圳形成了"二维地籍常规化管理为主，三维地籍特殊化管理为辅"的地籍管理模式。这种混合的管理模式既能满足土地管理的需要，同时又把地籍自身的管理成本降到了最低。

目前深圳市已经形成的三维地籍宗地案例达370余宗，典型案例如福田中心区多条地铁和铁路交会的地下交通枢纽，建筑面积达10万多立方米，二维、三维混合管理的模式在实践中不断探索和磨合，部分应用案例见图

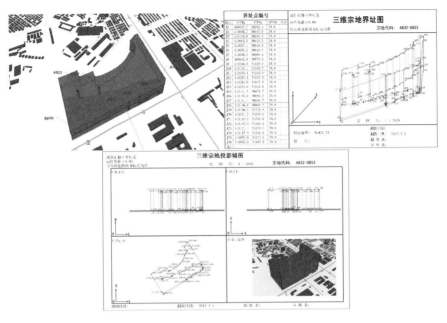

图 12　深圳某车辆段及上盖物业立体化利用案例和出图

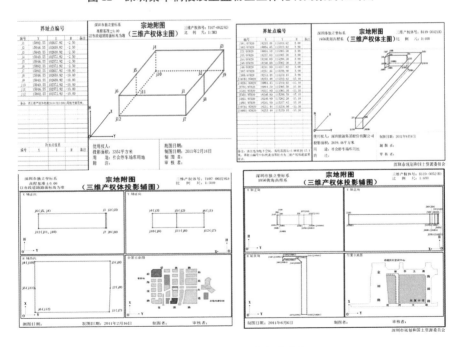

图 13　深圳市三维产权体权证

12 和图 13。深圳前海深港现代服务业合作区的规划理念和土地开发模式充分汲取三维思维,其全面建设将使土地立体化利用的案例呈"井喷式"增长,并可能使其成为三维地籍和土地立体化利用和开发模式的示范区。

六　总结与展望

三维地籍核心技术已取得突破,在土地管理问题的解决上也取得初步成效,但在进一步的推广应用阶段遇到了法律规范和管理机制的制约瓶颈,因此需要一个开放包容的政策机制环境来释放三维地籍在土地管理方面的技术优势和潜力。深圳市的发展始终坚持"先行先试、制度创新"的策略,为三维地籍的发展提供了良好的土壤。

三维地籍继续推广和进一步发展需要注意以下两个方面的问题。

一是实现技术、管理与法规的良性互动发展。三维地籍技术的实用性和业务落地在实际土地管理过程中已得到证明,但技术的突破并不代表一切问题的解决。管理机制与法规政策的刚性瓶颈依然存在,因此必须采取着实有效的推进策略,推动管理与法规的瓶颈突破。在此仍然需要发挥技术的先天优势,利用技术倒逼管理进步,不断先行先试,为土地空间权相关法律法规的系统性制定提供足够的实例参考。因此,三维地籍的发展便是采取技术先行反馈管理,管理有效落地成规的务实建设路径。

二是政府与社会各界尤其是用地单位的良性互动和沟通。地籍管理立体化重构再造的本质目的和意义是为社会经济发展服务,它的升级必须得到社会的正面反馈。这种正面反馈具有多重意义。一是用地单位的有效反馈可以解决它们的权益保障困惑,同时简化开发利用审批流程。二是管理理念和管理机制的升级,也需要得到用地单位的响应和配合才能实施。现行的土地开发建设流程中已经形成一套既符合土地管理部门的管理规范又符合设计建设流程的行业规范,而在三维地籍管理业务环节中用地单位需要提交的申请土地空间的信息、手续和数据都可能要根据新机制而发生调整变动,这种变动对它们传统的常规用地开发设计流程是否造成影响需要进行沟通评估,并听取它们的意见。三是新理念的提出，主动与社会各界沟通交流，可以为新理念的推广应用奠定舆论基础。

参考文献

［1］ 林亨贵、郭仁忠：《三维地籍概念模型的设计研究》，《武汉大学学报》（信息科学版）2006 年第 7 期。

［2］ 郭仁忠、应申：《三维地籍形态分析与数据表达》，《中国土地科学》2010 年第 12 期。

［3］ 贺彪、郭仁忠、李霖：《顾及外拓扑的异构建筑三维拓扑重建》，《武汉大学学报》（信息科学版）2011 年第 5 期。

［4］ 郭仁忠、应申、李霖：《基于面片集合的三维地籍产权体的拓扑自动构建》，《测绘学报》2012 年第 4 期。

［5］ 李霖、赵志刚：《空间体对象间三维拓扑构建研究》，《武汉大学学报》（信息科学版）2012 年第 6 期。

［6］ 应申、郭仁忠、李霖：《三维地籍》，科学出版社，2014。

［7］ 郭仁忠："3D Cadastre in China：A Case Study in Shenzhen City"，2011 年三维地籍国际会议。

［8］ 郭仁忠："Logical Design and Implementation of the Data Model for 3D Cadastre in China"，2012 年三维地籍国际会议。

［9］ 赵志刚、郭仁忠："Topological Relationship Identification in 3D Cadastre"，2012 年三维地籍国际会议。

［10］ Peucker T. K. , Christman N. （1975）" Cartographic Data Structures". *The American Cartographer*, Vol. 2, No. 1.

［11］ Peuquest D. J. （1984）"A Conceptual Framework and Comparison of Spatial Data Models". Cartographic：*The International Journal for Geographic Information and Geovisualization*, Vol. 21, No. 4.

B.6
智慧城市时空大数据与
云平台建设的研究与实践

李维森　李成名*

摘　要：　本文首先明晰了智慧城市的概念、内涵及存在问题，解读了智慧城市的特点和基本体系框架，并分析了建设过程中的难点。时空基础设施是我国智慧城市建设不可或缺的基础。本文分析了智慧城市建设新形势下测绘地理信息的任务与定位，并详细介绍了时空大数据、时空信息云平台和示范应用建设的内容和构成，最后总结了时空大数据与云平台在智慧城市建设中的作用和地位，指明了未来努力的方向。

关键词：　智慧城市　时空大数据　时空信息云平台

一　概述

（一）概念内涵

　　智慧是对事物能迅速、灵活、正确地理解和解决问题的能力，并作出反应的一种透过现象看本质的领悟能力，是一种综合分析、协同解决问题的能力，是一种自我学习、不断提升的能力。顾名思义，智慧城市是具有智慧的

---

* 李维森，高级工程师，博士，国家测绘地理信息局副局长、党组成员，中国测绘地理信息学会理事长；李成名，研究员，博士，中国测绘科学研究院副院长。

城市，其根本目的在于利用现代信息技术推动生态环境更宜居、资源配置更合理、社会运行更高效，最终使市民生活更幸福。

2008 年美国 IBM 大中华区首席执行总裁彭明盛提出了"智慧地球"这一概念后，立刻得到国内外极大关注。在国外，各知名机构、跨国企业等均从自身角度给出对"智慧城市"的认识，如 ISO 国际标准化组织认为，智慧城市通过完善社会基础服务质量、应用领导协同机制、促进社会不同体系相互融合和更好地使用数据信息和现代科技，促进社会经济与环境可持续发展。ITU – T 国际电信联盟认为，智慧城市是运用信息通信技术和其他一些方式来提升生活质量，提升城市运行和提供服务的效率，同时还能满足现代人和后代人在经济、社会和环境方面的需求。IBM 认为，智慧城市是充分运用信息和通信技术手段感测、分析、整合城市运行核心系统的各项关键信息，从而对包括民生、环保、公共安全、城市服务、工商业活动在内的各种需求作出智能响应，为人类创造美好的城市生活。在国内，智慧城市也引发了学术界各位院士、专家的广泛探讨，智慧城市高端论坛、学术峰会等纷纷举行。成思危认为，智慧城市从狭义讲是用信息技术来改进城市管理、促进城市的发展，从广义讲是运用人们的智慧来尽可能优化配置城市的各种核心资源、管理与发展好城市。除了引起学术界的热议外，我国各城市也都纷纷响应，企业积极参与，提出建设智慧城市的设想。国家有关部门也分别从重大专项研发、新型产业发展、新技术融合、城市建设模式等多个角度解读智慧城市。众多差异性的认知，均从各自熟悉领域和角度揭示了智慧城市的表象与本质。

（二）建设进展

随着对智慧城市认识的深入，智慧城市建设也全面展开。在国家层面，国务院从发展战略层面提出了明确要求，各相关部门结合自身业务出台了相关政策，积极推动智慧城市的建设与发展，推进"互联网＋"与各领域融合，相继推出近 600 个城市的各类智慧城市试点；其中，推进速度较快的已进入建设阶段，除了国家和相关部门积极推进外，各大中城市也都提出了智

慧城市建设的思路与规划。据不完全统计，截至 2016 年 6 月，我国 95% 的副省级城市、大多数地级城市也都提出了建设智慧城市规划和设想，许多城市开展了试点和建设工作。

（三）存在问题

虽然各地区、各部门智慧城市建设积极性很高，取得了不小进展，但同时也暴露出许多问题。

一是盲目跟风，目标任务不够清晰。虽然各城市陆续出台智慧城市相关推进计划，布局当地智慧城市建设，并为此纷纷外出考察调研，但如何实施、着力点、主要任务等问题仍不清晰，导致盲目性较大，难以取得实效。

二是协调不够，各自为政。当前我国智慧城市建设中面临的普遍问题是缺乏科学统一、系统的智慧城市顶层设计、总体规划和统筹布局，各部门、各行业分别推进的智慧城市专题建设之间协调不够，信息资源汇聚和共享的能力难以达到智慧城市建设的要求。

三是试点较多、流于形式。虽然各部门都纷纷开展试点建设，但试点的目标不明确、内容不具体、技术路线难以操作，导致很多申请成功的试点城市处于停顿或半停顿状态。

除此之外，体制机制缺乏创新、信息安全考虑不足，与城市发展结合不紧密等问题也较为突出。

二 智慧城市基本框架

（一）智慧城市解读

为加强统筹，克服烟囱林立、条块分割、各自为政等问题，国家发展改革委等八部门出台了《关于促进智慧城市健康发展的指导意见》（发改高技〔2014〕1770 号）。国家发展改革委和中央网信办牵头组建了部级协调组和专家组，印发了《新型智慧城市建设部际协调工作组 2016～2018 年任务分工》，明确了相关部门的职责和任务，旨在构建新型智慧城市，促进我国智慧城市健康发展。

智慧城市建设是一项开创性的系统工程，与原来数字城市、城市信息化相比，具有以下十个方面的特点。

1. 从机器相连到万物互联

互联网是 PC 与 PC 的互联，物联网则万物均可连，特别是与移动通信融合后，任何人在任何地方，通过任何终端设备，可以知悉任何事情。人与物的状态均可通过物联网的智能感知设备获取并发布在网上。正如某些学者预言的一样，农业社会是沿河而居产生的文明，工业社会是通过海洋辐射的文明，信息社会将是网路决定的文明。

2. 从分布到集约

数字城市直至智慧城市的早期阶段，各类数据按需动态的集成缺少深度融合，更谈不上挖掘蕴藏在数据背后的规则、规律和知识，也造成了硬件、软件的重复建设，以及数据未得到足够开发应用导致的资源浪费。为此，需要形成一体化的大数据中心，物理集中数据进行融合，发现深层的关联，提炼数据价值。

3. 从静到动

客观世界是多维度的，忽略时间维度，没有实时信息的支撑，作出的决策常常欠缺科学性。譬如第一代导航系统由于没有实时路况信息参与模型计算，规划的路径不乏拥堵路段，极大影响了用户的感受和体验。智能感知设备的接入，不仅为获取实时信息提供了手段，也推动了传统静态模型的优化，显著提升了模型推理的质量。

4. 从二维、三维到全空间

碎片化的多尺度平面地图、多粒度的三维模型，通过"金字塔"逻辑上实现了一体化整合，但数据底层是割裂的，需要全空间信息模型，从数据结构层真正实现地上下、室内外、虚实空间、大中小尺度的一体化表达，为各类专题数据的融合提供全空间，而不是"碎片化"的"断面式"空间。

5. 从统计到智能

前期建立的应用系统，如网格化城管、国土一张图工程、公安地理信息系统等，大多强调查询、统计和简单的分析功能，在智能和智慧上是不够的。一方面，源于实时感知信息没有参与运算；另一方面，源于信息的单一性，难以得到有价值、令人信服的推论支撑科学决策，智慧水平偏低。

6. 从虚拟再现到远程控制

之前更多集中在现实客观世界在计算机的再现，让人类足不出户，依托数字化重建的世界进行规划、设计和管理，一旦形成结论，线下安排有关部门、有关人员到现场进行处置，现在需要借助物联网远程控制，线上直接完成对现实世界的作用和影响。秀才不出门不仅可以知天下事，而且可以做天下事。

7. 从独占到分享

资源独占必然导致利用率低下，资源共享当然会更加集约。个人不必购车，可以分享专车、单车；部门亦可不必建立信息中心，可以分享一体化的大数据中心。从资源由个人、单位独占，逐步过渡至资源共享、分享的时代，以增强公共服务能力，减少能源消耗、污染排放，构建绿色家园、生态城市、宜居城市。

8. 从传统业态到新型业态

大数据和一体化的云平台为新型业态的形成和传统业态的改造奠定了坚实的基础，必然推动以数据为核心的经济兴起与发展。未来企业竞争型掠夺不再仅仅是土地资源、客户资源，会更加重视数据资源，谁拥有了数据资源，谁就会汇聚客户资源，具有级数倍上升的价值，拥有朝阳般的发展潜力和前景。

9. 从单一投入到多元融资

传统模式建设和运行服务的投入渠道较为单一，主要来自财政资金。新型智慧城市建设必然是多元化的融资，政府依靠数据资源的开放，吸引民间大量资本，采取 PPP 模式，参与有关惠民的系统建设与运营，实现可持续发展。尽管这种模式也暴露出这样或那样的问题，但这是大势所趋。

10. 从政府主导到分工协作

在新型智慧城市发展中，政府已不能再唱独角戏、大包大揽，而应该做到分工协作、彼此尊重，开展良性互动，政府搭台、部门保障、企业唱戏、市民受益。搭台搭的是政策台和数据台，部门保障是标准的保障和购买服务资金的保障，企业唱戏唱的是产业戏，市民受益受的是线上和线下优质的服务。

（二）体系框架

围绕以上特点，不难提出新型智慧城市的体系框架：六类大数据、五朵云。六类大数据包括：时空大数据、政务大数据、民务大数据、感知大数据、运营大数据和社交大数据。五朵云为：时空云、政务云、市民云、新型业态产业云和传统产业提升云。其中，时空大数据是其他五类大数据的基础；时空云是其他四类云的基础，大数据支撑云平台。体系架构的内容及其逻辑关系见图1。

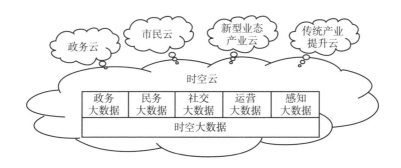

图1　智慧城市体系架构的内容及其逻辑关系

对于每朵云，以需求为导向，需求决定功能，功能决定系统或 App，App 直接驱动那些大数据，并重复迭代，始终在满足不断变化的需求。

（三）建设难点

1. 打破条块分割、资源共享难

大部分数据资源掌握在政府手中，政府数据资源又高度部门化，由于认识上不到位、行业之间的无形壁垒，以及国家安全、信息安全、隐私保密等诸多原因，新型智慧城市要建立一体化的大数据中心，推进中存在不小困难。如何提高认识、打破条块分割、解决安全问题，实现数据资源汇聚，是不得不正视的问题。

2. 摈弃数据冗余、智能解译难

海量智能感知设备每时每刻都产生、获取结构化、半结构化和非结构化数据，但冗余巨大。譬如监控视频，相当长时间获取的影像由于环境无变化而产生大量重复图像，其中却无新的有价值的信息，带来沉重的存储压力。只有突破智能解译技术，自动识别变化，才能存储真正有价值的数据，才能在浩若烟海的数据海洋中实现快速检索。

3. 用足数据资源、挖掘分析难

数据融合以后，蕴含巨大的潜在价值，不同于小样本时代，采样建模分析方法，建立一整套大数据分析方法，推动产业形成和发展。既有通用分析方法，也应开发面向专题的分析方法，能够支撑不同类型数据融合、多时相数据比对、变化信息提取等，也能够完成时空数据分类、时空叠加分析、时空序列分析和预测分析等。大数据时代，须形成全息数据挖掘理论方法，奠定产业技术基础。

4. 跟风模仿多、深耕坚持难

在智慧城市共性建设内容基础上，选准符合本地特点的切入点，深耕细作，长期可持续推进，在应用服务中探索运维长效机制和商业模式，但工匠精神氛围环境欠佳、主管人员的工作变动无形中加大了深耕坚持的难度。

三　测绘地理信息在智慧城市中的任务与定位

按照智慧城市建设部际协调工作组的分工和要求，测绘地理信息部门的任务为构建时空基础设施，即时空基准、时空大数据、时空信息云平台和支撑环境，是各种专业信息共享、交换、协同的媒介，是城市智能化规划、建设、管理、服务的支撑，这是测绘地理信息部门推进智慧城市建设的主要任务。

（一）任务要求

根据任务分工，测绘地理信息部门的任务为指导各地区开展智慧时空基础设施建设及应用，主要是：指导开展时空大数据及时空信息云平台构建并开展试点，鼓励其在城市规划、市政建设与管理、国土资源开发利用、生态文明建设以及公众服务中的智能化应用，促进城市科学、高效、可持续发展。研究制定相关行业标准和技术规范，完善评价指标体系，参与联合开展年度评价工作。

随着数字城市地理空间框架转型升级为智慧城市时空基础设施，支撑环境由分散的服务器集群提升为集约的云环境。相比地理空间框架中基础地理信息数据库和地理信息公共平台分别部署在不同网络环境，信息交换需要跨网摆渡，时空基础设施中时空大数据和时空信息云平台则可部署在同一云环境中（见图2）。

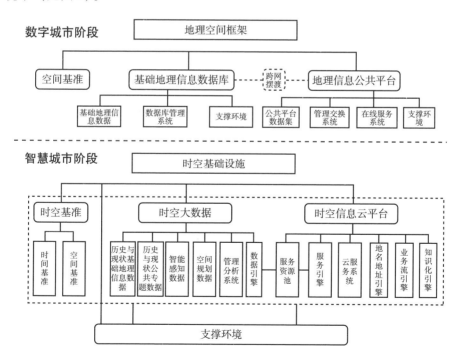

图2　时空基础设施与地理空间框架的构成与历史联系

（二）在智慧城市中的定位与作用

综合国内外智慧城市的认识和建设实践，尽管运作方式、建设内容和解决问题等存在差异、各具特色，但体系框架具有共性，智慧城市建设的典型结构见图3，包括感知层、网络层、计算存储设施层、公共数据库、公共信息平台、智慧应用和用户层，以及制度安全保障体系和政策标准保障体系。

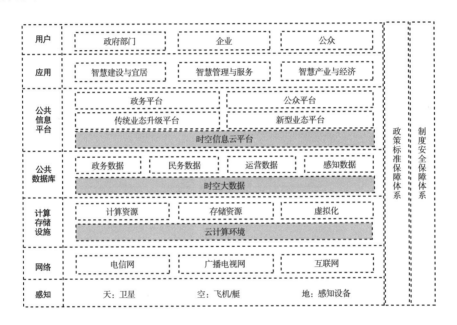

图3　智慧城市典型结构

时空基础设施核心内容在通用结构中的位置分别是：时空大数据蕴含在公共数据库层，是政务数据、民务数据、运营数据和感知数据时空化的基础；时空信息云平台是公共信息平台层的重要组成，是支撑其他专题平台的基础性平台；支撑环境中的云计算环境是计算存储设施层的核心，政策机制、标准规范等软环境包含在制度安全保障体系和政策标准保障体系中。

时空基础设施作为智慧城市的重要组成，既是智慧城市不可或缺、基础性的信息资源，又是其他信息交换共享与协同应用的载体，为其他信息在三维空间和时间交织构成的四维环境中提供时空基础，实现基于统一时空基础的规划、布局、分析和决策。

四 时空大数据的内容及构成

时空大数据主要包括时序化的基础地理信息数据、公共专题数据、智能感知实时数据和空间规划数据，构成智慧城市建设所需的地上下、室内外、虚实一体化的时空数据资源，其构成见图 4。

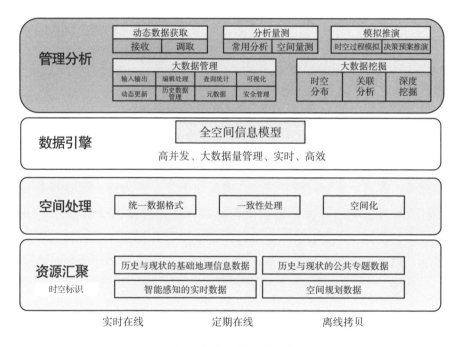

图 4 时空大数据的构成

（一）资源汇聚

资源汇聚是集成基础地理信息数据，建立地上下、室内外、虚实一体化的全空间，同时汇聚公共专题数据、智能感知的实时数据和空间规划数据，并对以上汇聚后的数据加以时空标识。

在汇聚的资源内容中，历史与现状的基础地理信息数据包括地理实体数据、影像数据、高程模型数据、地名地址数据、三维模型数据、新型测绘产品数据及其元数据；内容至少包括法人数据、人口数据、宏观经济数据、民生兴趣点数据、地理国情监测数据及其元数据；智能感知的实时数据包括采用空、天、地一体化对地观测传感网实时获取的基础地理信息数据和依托专业传感器感知的可共享的行业专题实时数据以及其元数据；空间规划数据是由城市发展改革、国土、规划、环保等不同行业部门制定的发展蓝图及其元数据。

（二）融合处理

在开展时空大数据建设时，要充分利用信息测绘、政务信息交换共享、物联网感知、智能设备接入等新手段，在持续更新原有数据成果基础上，丰富数据内容、扩大空间范围、增加时间维度、挖掘数据价值。对于政务信息，要通过部门间交换共享汇聚，基于地名地址匹配实现空间化；对于实时感知信息，要通过共享接入，实现与地理信息的时空化整合。

此外，要建立全空间信息模型，实现地上下、室内外、虚实时空大数据一体化管理，克服非关系数据库存储时存在的存储与访问效率低下问题，以满足高并发、大数据量的实时性要求，充分发挥非关系数据库的性能优势；同时，也要支撑云服务系统，帮助用户在线调用现成的时空大数据中的数据。

（三）深入挖掘

时空大数据蕴含着巨大的经济、社会、科研价值，要充分利用时空大数据，需要建立分布式时空大数据管理系统，在原有数据库功能的基础上，重点扩充大数据分析能力，实现面向时空分布、关联分析和深度挖掘等不同层次的挖掘分析能力，将时空大数据变为直接可用的知识，辅助科学决策、促进精细管理、推动产业发展、便捷百姓生活。

大数据挖掘主要涉及基础分析、空间分布、多因子关联分析、时空分析和主题分析五个方面。基础分析主要开发集成聚类分析、神经网络、人工智能等通用性的挖掘方法，形成基础分析工具包；空间分布主要计算单一专题数据源的空间粒度，通过地名地址匹配自动化或半自动化将其分布在相应尺度的基础地理信息中，分析挖掘其空间分布规律；多因子关联分析是将两种及以上专题数据源分布在相应尺度的统一基础地理信息中，综合运用各种数学模型，探求挖掘专题信息之间的相关性和依赖度；时空分析是将单一或多种带有时间特征的专题信息分布在相应尺度的统一基础地理信息中，研究揭示专题信息在时间维度上的演变规律、在空间维度上的分布规律，以及在四维时空中的时空特征；主题分析是面向某一主题，在基础分析工具包和空间分布、多因子关联分析、时空分析的基础上，提炼主题大数据分析的专业模型和业务流程，形成定制化、流程化的知识链，开发高自动化的分析功能，发现潜藏在数据背后的知识与规律。

五　时空信息云平台的内容及构成

根据时空信息云平台应用对象的不同，可分为通用化平台、专业化平台和个性化平台，用户可根据自身需求，基于这三类平台提供的时空信息资源及服务，形成智慧化应用。

（一）通用化平台

通用化平台是面向一般用户、任务用户和开发用户，提供具有共性与基础性的在线使用需求，应包括服务资源池、服务化引擎、云服务系统以及地名地址引擎、业务流引擎和知识化引擎六部分。其以计算存储、数据、功能、接口和知识服务为核心，形成服务资源池，建立服务引擎、地名地址引擎、业务流引擎和知识化引擎，连同时空大数据的数据引擎，通过云服务系统，为各种业务应用按需提供大数据支撑和各类服务，其构成见图5。

1.服务资源池

服务资源池包含了5S，即数据服务（DAAS）、接口服务（PAAS）、功

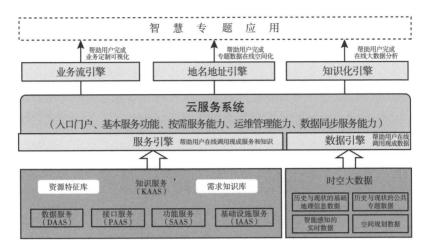

图 5　时空信息云平台的构成

能服务（SAAS）、基础设施服务（IAAS）和知识服务（KAAS）。在这其中，知识服务是一种新增的服务内容，是时空大数据分析形成的时空分布规律、关联规则和深度挖掘的知识，池化、服务化后形成。

2. 四类引擎

面向不同的用户需求，云平台提供了服务化引擎、地名地址引擎、业务流引擎和知识化引擎四类引擎提供服务。

其中，服务化引擎指以灵活的方式实现服务彼此通信和转换的连接中枢，并且这种连接与开发环境、编程语言、编程模型或者消息格式等无关。用户使用服务化引擎可以在线调用现成服务和知识，也可将自己的资源内容利用服务化引擎上传并注册到云平台再发布为标准化的服务。

地名地址引擎是空间信息与其他信息之间的桥梁，能够实现大数据在全空间信息模型上的精确定位。用户使用地名地址引擎，可以完成本专业数据在线的空间化，以便后续的空间集成、分析和知识挖掘。

业务流引擎是将业务流程中的工作，按照逻辑和规则以恰当的模型进行表示并对其实施计算，实现工作业务的自动化处理。用户使用业务流引擎能够方便地可视化定制本专业的业务流程，进而开展专业系统的搭建。

知识化引擎是通过提供不同层次能力的大数据分析工具，帮助用户完成对数据的深度挖掘，进而获取有价值的知识。用户使用知识化引擎，可以在线完成大数据的分析和知识的获取。

3.云服务系统

云服务系统将上述服务资源池中的各类资源内容，以及四大类引擎中的功能，以可视化的操作界面提供给用户使用，通常包括入口门户、基本服务功能、按需服务能力、运维管理能力和数据同步服务能力。

其中，系统入口门户至少应包括地图窗口、栏目入口、功能面板、数据切换、工具条、鱼骨条、鹰眼和比例尺等内容，并进行必要的布局设计；基本服务功能是通过入口门户，依托数据引擎和服务引擎，能够实现时空大数据中的数据和服务资源池中的数据服务、功能服务、接口服务、基础设施服务、知识服务的申请、注册、查询、调用和聚合；按需服务能力是通过建立的知识引擎，根据用户提供的关键信息、自然语言描述或使用习惯，实现自动或智能组装，按需提供服务；运维管理能力至少应包括系统设置、用户管理、业务审核、系统监控、资源宿主、资源发布等功能；数据同步服务能力是通过接口的方式，实现时空大数据和资源池中服务资源的更新同步。

（二）专业化平台

专业化平台是根据用户自身需求，在通用化平台基础上，扩充行业专题数据，开发专业功能，定制工作业务流程，封装为能够满足专题系统建设需要的平台，服务于政府和行业各部门。当前，专业化平台建设有两个重要方向：一是服务城市"多规合一"工作，打造空间规划平台；二是服务领导干部自然资源资产离任审计、城市地理国情监测等工作，打造生态环境监测平台。在智慧城市时空大数据与云平台建设过程中，要将这两个专业化平台作为平台建设必备的任务内容。

1.空间规划平台

空间规划平台应扩充坡度、城镇建成区、区位点、地表、资源环境承载能力评价、国土空间开发适宜性评价、空间规划用地分类、空间分类与控制

线划定、城镇布局、乡村布局、生态保护、产业布局、基础设施布局与公共服务设施布局等数据，开发各种指标计算的基础性处理工具，建立空间规划工作底图、空间规划评价图和空间规划图协调编制与管理的业务流。其功能至少需要包括：基础模块、管控模块、业务管理模块、共享交换模块和运维模块，应具备资源分析与评价、项目/业务监管与协同审批等。

2. 生态环境监测平台

生态环境监测平台是将城市开展地理国情监测所积累的数据、文档、资料等各类成果信息，与城市各部门专业信息进行集成融合、挖掘分析，形成权威、标准、连续的城市地理国情产品，用于城市黑臭水体整治、生态空间治理和保护、优化城市绿地布局、推进采矿废弃地修复和再利用等城市地理国情监测，以及自然资源资产审计等工作，服务城市生态文明建设。

生态环境监测平台应扩充面向自然环境、人文要素等的数据内容，开发生态环境空间分布及其变化分析等基础工具，建立生态环境动态监测、统计分析、审核发布业务流。其功能至少需要包括：变化发现模块，内含历史信息与现状信息融合、人机协同变化信息提取、可靠性分析等；数据分析挖掘模块，内含各类资源、环境、生态、经济要素的数量与质量统计特征分析、时空格局分析、时空关联分析、时空模拟分析、发展趋势与演变规律预测分析等功能；成果展示发布模块，内含各类城市地理国情资源目录、浏览叠加、查询检索、统计分析，以及监测的分析结果、专题地图、指标规范、资料报告等的展示、发布和分发服务。

（三）个性化平台

个性化平台是面向缺乏地理信息专业知识的用户，能够调用智能组装模块，自主选择界面风格、底图风格，人机协同在线完成需求理解，经云服务系统自动侦测，在知识化引擎的驱动下，通过服务引擎、地名地址引擎、业务流引擎，实现个性化平台的智能封装、自动部署和按需服务。

个性化平台应提供面向不同风格类型的封装模板，以及面向操作流程的组装向导，站在用户的角度，自动解译和侦测出其对平台的需求及个性化喜好，从而帮助用户智能化挑选确定其所需要的数据资源、功能模块和界面风格，搭配出个性化的云平台并提供服务。

六　示范应用的内容与构成

建设智慧城市，目的是推进政府治理现代化、提升居民幸福指数、促进产业转型升级。时空大数据与云平台示范应用要紧密围绕国家重点战略、城市重点工作、部门业务发展与居民生产生活的实际需求，使建设成果的价值得到充分体现。

在开展示范应用时，应以时空大数据和时空信息云平台为基础，在智能感知、自动解译、无线通信等新一代信息技术的支撑下，面向海绵城市、地下管廊、信息惠民等重大工程，城市管理、警用平台、防灾减灾、公共安全、市场监管、旅游服务等重点领域，以及智慧交通、智慧医疗、智慧社区等民生方面，开展智慧应用示范。

在建设实施过程中，鼓励采用多元化建设运营模式，在城市人民政府统筹领导下，由示范应用部门牵头，云平台建设与运维单位配合共同实施。建成后的智慧应用示范系统要确实能够解决原有系统在未接入实时信息时所存在的问题和不足，着重突出智能化、高效化、实时化、泛在化和便捷化。

七　结论与展望

数字城市建设时期，由基础地理信息数据库和地理信息公共平台构筑构成的地理空间框架，为城市信息化建设提供了统一的空间基底。

智慧城市建设时期，由时空基准、时空大数据和云平台为主构成的时空基础设施，作为统一时间和空间定位基础，把历史信息、现状信息、实时信息乃至未来规划信息，在物联网和云计算的环境下集成、整合、运行和服务，通过数字化、智能化连续再现现实世界和反作用于现实世界，为经济建设和社会发展提供强有力的空间支撑。

智慧城市时空大数据与云平台建设是一项开创性工作，接下来在智慧城市建设中，测绘地理信息人需要进一步开拓思路，用现代科技知识，结合城市发展需要，创造性、开创性地去工作、去探索。

参考文献

［1］彭明盛：《智慧的地球：下一代领导人议程》，纽约外国关系理事会会议，2008年11月6日。

［2］杨立平：《ISO 首个智慧城市基础设施数据标准正式立项》，《智能建筑与城市信息》2017 年第 3 期。

［3］Thaib Mustafa. Summary Report on ITU－T Study Group 20 on "Internet of Things and its Applications，including Smart Cities & Communities（SC&C）" & Forum on IoT in Smart Sustainable Cities：A New Age of Smarter Living. Suntec Singapore Convention & Exhibition，Singapore. 2016－1－18.

［4］赵晓宁：《IBM 智慧城市实践》，《中国信息界》2013 年第 11 期。

［5］Oracle：《Oracle 智慧城市方案介绍》，http：//www. oracle. com/technetwork/cn/community/developer－day/wisdom－government－strategies－1974371－zhs. html，2017－7－25。

［6］刘先林：《"互联网＋"时代 GIS 的智能特征及展望》，《测绘科学》2017 年第 2 期。

［7］刘先林：《航测为智慧城市建设提供空间数据》，《中国信息化周报》2014 年1月 13 日，第 5 版。

［8］李德仁：《展望大数据时代的地球空间信息学》，《测绘学报》2016 年第 4 期。

［9］李德仁、姚远、邵振峰：《智慧城市中的大数据》，《武汉大学学报》（信息科学版）2014 年第 6 期。

［10］李德仁：《数字城市＋物联网＋云计算＝智慧城市》，《中国测绘》2011 年第 6 期。

［11］王家耀、邓国臣：《大数据时代的智慧城市》，《测绘科学》2014 年第 5 期。

［12］成思危：《走新型城市化的智慧之路》，《今日中国论坛》2014 年第 2 期。

［13］佚名：《智慧城市试点面临检验》，http：//news. c－ps. net/article/201611/246248. html. 2016－11－24。

［14］舒文琼：《智慧城市构建下的运营商新商机》，《通信世界》2016 年第 25 期。

［15］李维森：《数字中国的建设与智慧城市的探索》，《地理信息世界》2013 年第 2 期。

［16］李成名：《测绘地理信息需求变化引发的思考》，《测绘科学》2014 年第 8 期。

B.7
时空大数据体系与地理空间
智能化的思考

李朋德　杨　铮*

摘　要： 本文探讨了测绘地理信息技术体系的发展方向，分析了"互
联网＋"时代地理空间的数据特征，提出了时空大数据的内
容和应对思路。结合新一代人工智能的发展态势，提出要大
力发展地理空间智能、创新时空大数据超云计算环境，支撑
时空大数据分析和挖掘。要大力发展连接万物的物联网，着
力提高新型测绘基本物理量的测量技术能力，协同推进超级
测量技术系统的研发。

关键词： 超级测量　全系测绘　人工智能　时空大数据　地理空间智能

一　测绘地理信息的转型与供给侧结构性改革

党的十八届三中全会吹响了全面深化改革的号角，"转型升级"成为中
国经济社会发展的关键词。中央提出要开展生态文明、"美丽中国"建设，
加强自然资源资产监管，要适应和引领经济发展新常态，推进供给侧结构性
改革，尤其是自然资源资产监管更要在体制机制和技术手段上全面突破。我

---

* 李朋德，博士，教授级高级工程师，十二届全国政协常委，国家测绘地理信息局副局长，十
五届中国农工民主党中央常委，联合国全球地理信息管理亚太区委员会主席；杨铮，国家测
绘地理信息局科技与国际合作司科技处副处长。

国经济发展由粗放向集约、由低档向中高档发展是必由之路，也要求从需求引领转向供给侧结构性改革，才能适应经济发展新常态。建设现代化经济体系，必须把着力点放在实体经济上，把提高供给体系质量作为主攻方向，显著增强我国经济质量优势。

在这一大背景下，各行业纷纷开展转型升级和改革创新，物联网、云计算、人工智能等新技术不断发展完善并得到应用，5G 通信、智能驾驶技术不断成熟，共享经济蓬勃发展，这一切都对测绘地理信息有强烈需求，同时也提出了非常高的要求。例如，市场火爆的共享单车是典型的基于位置服务和网络支付的共享经济产品，测绘则是其核心技术之一。但共享单车存在停车不规范、分布不合理等问题，基于精准位置服务的电子围栏技术为单车存管提供了技术支持，但单车的不均衡分布问题还没有得到解决，重要原因之一是没有统一的共享单车时空大数据共享平台。

国家已经明确测绘地理信息行业为生产性服务业和战略性新兴产业，如何在全面深化改革和推进供给侧结构性改革的浪潮中成功转型升级，满足传统行业创新发展和转型升级对测绘地理信息提出的新要求，是测绘地理信息行业今后一个时期的重大任务。要完成好这一任务，就必须变革传统的测绘地理信息服务方式，提升服务能力，延伸服务领域，催生新的服务业态。而测绘地理信息科技的创新突破则是事业转型发展的支撑和必要条件。

测绘这一古老行业自诞生之日起就试图将地球及其附着物进行精确测定和标示，从而辅助其他领域规划设计或管理。传统测绘的侧重点在于变化非常缓慢的地形地貌和地物等，随着移动互联网技术的快速发展，大众对快速变化或移动的对象更感兴趣，如河水的流速与水质，管网中的水流、气流、电流等，火车、汽车和人的运行轨迹、实时位置以及地形地貌的细微形变等，测绘必须主动适应这种变化，从技术上、服务上进行全方位的转型升级。

从社会作用角度可将测绘分为被动测绘、主动测绘、监测测绘、公众测绘和操控测绘五大形态。当前正在由被动测绘全面向主动测绘和监测测绘转变，随着测绘地理信息技术自动化程度的提高、门槛的降低，人人都可以进行测绘并分享成果，这种公众测绘将彻底改变现有测绘数据采集分析以及服务的方式，是将来发展的必然方向。随着车载智能的发展和大数据与时空框架的全面融合，越来越多的机器需要利用地理信息成果，地图要提供给机器使用，成为其判断位置、自主移动的重要依靠信息。这种新技术的全面融合和创新发展，将塑造未来社会的测绘新形态，而且这种机器操控类测绘需要新的法律法规，更需要强制标准和安全认证。

二　测绘地理信息技术体系的演变

测绘地理信息事业转型升级的历程其实也反映了测绘地理信息技术体系的发展历程。先后由传统模拟测绘到数字化测绘再到信息化测绘，并正在逐步向智能化测绘和知识化测绘方向发展。

传统模拟测绘和数字化测绘在此不再赘述，只提一下将传统测绘引入数字化测绘的关键，即计算机技术的发展，也即第三次科技革命浪潮。信息化测绘则是继模拟测绘、数字化测绘后新的发展阶段。引领测绘地理信息技术从数字化向信息化发展的正是网络技术的成熟和普遍应用。当前物联网、云计算、大数据等新兴信息技术方兴未艾，人工智能技术也势不可当地影响乃至左右着传统行业的发展。与此对应，测绘地理信息技术也将趁着新一轮科技革命带来的机遇，向智能化测绘乃至知识化测绘方向不断发展。

三　大数据的主要特征和时空大数据内容

大数据（big data），很多文章中给出的定义仅凸显了大数据的"大"，并没有将"数据"的意义显现出来。大数据的真正意义，既不在于拥有了"大"的数据，更不在于处理它要采用的方法，而是在于其所蕴含的价值，可以归纳为"发现规律，预见未来"。即通过云计算等先进计算工具和方法，对海量数据进行挖掘分析等专业化处理，得出隐含在数据背后的知识和规律，并以此建模，对未来进行预判，得到可以辅助人类进行分析决策的有

价值信息。从而使看似无用的数据产生高附加值。

时空数据即同时具有时间和空间维度的数据，现实世界中的数据超过80%与地理位置有关。如果说时空数据可以简单理解为具有5V特征且符合大数据定义，可以认为其是大数据的一种。笔者认为，大数据具有时空特征，也是支撑大数据进行有效分析和关联的重要框架体系。因此，构建大数据的时空框架就尤为重要，从而为大数据提供时间、空间和时空上的专题属性信息。

时空大数据框架包括了五方面的内容：一是基础地理信息数据，提供空间参考体系和基础框架内容；二是专题地理数据，提供更加丰富的地理空间数据，反映社会经济变化，如地理国情数据；三是专业地理数据，国民经济各部门和社会管理中的地理空间数据，如林业、草场、水资源等数据；四是地球观测数据，陆海空天地立体化的地球观测数据，包括卫星遥感、航空摄影、道路扫描和海洋扫描等数据，构成了最为丰富的大数据内容；五是社交地理数据，利用移动终端产生的位置信息和关联的交易信息，丰富了时空大数据的内容。

四　时空大数据的开发应用模式

时空大数据的价值在于开发应用。大数据与云计算的关系就像原料和机器，没有原料机器无产出，而没有机器则原料无法变成产品。大数据的特色在于对海量数据进行分布式的数据挖掘，且必须依托云计算的分布式处理、分布式数据库和云存储、虚拟技术等。所以，要大力发展支持时空大数据的云计算、云存储和超级计算的云超算环境，支撑时空大数据分析和挖掘，从而更好地发挥其应有的作用和价值。

从应用角度讲，时空大数据最基本的应用即是测绘本身，如地理国情监测、全球地表覆盖各类要素的变化监测等，这些可以算是时空大数据的基本应用。再深一个层次的应用属于支撑应用，如基于时空大数据的智慧城市建设、政府辅助决策、灾害监测与应急等，通过对时空大数据的挖掘，为政府管理者提供决策辅助和依据，支撑城市管理或专项工作的开展。更深入的应用属于交叉应用，是将时空大数据与其他行业数据进行关联规则分析挖掘，得出其他行业数据本身无法得到的信息。比如，通过对犯罪统计信息以及地区人口统计信息等进行时空数据关联规则分析，得出不同类型犯罪和特定时间及地理位置的关联关系以及非时空数据的关联关系，如哪些地区多发抢劫事件等，对维护社会稳定、打击犯罪将起到重要作用。

时空大数据是价值巨大的宝藏，几乎每个人、每个单位都需要它，但它也会触及人们的隐私和国家安全，需要有效地监管和应对，才能有序健康发展。为此，本文提出五个"O"的概念。

第一个"O"是开放性（Openness）。任何单一企业或行业，其数据无论是数量还是多样性都有先天缺陷，只有多部门、多行业的多种数据充分共享融合，才是真正意义上的大数据，才能更好地挖掘其中的价值和知识。政府、国企及各个行业、部门都应该在保密政策许可的范围内尽可能开放数据，只有开放共享才能实现多信息融合、挖掘产生的信息才有价值，所以开放是大数据产业的第一条规则。

第二个"O"是法制化（Ordinance）。大数据涉及个人隐私和国家安全，一旦使用不当，一方面，可能产生一些影响国家安全的信息（如某些军方建筑的属性信息、军队驻地人员流动量等）；另一方面，个人用户通过使用 App（如网络约车软件、外卖软件等）产生大量用户隐私，这种大数据的关联分析则会暴露一些个人隐私。一定要通过制度化管理等对时空大数据加以限制。大数据为日常工作、生活、管理、服务带来了便利是好事，但如果方便了恐怖分子，则会产生反作用。所以必须加强管理，做到有序监管、按需挖掘、可靠操作。

第三个"O"是组织化（Organization）。大数据一定要进行有效的组织。数据库是结构化的数据，不同类型的数据分布在不同的数据库里，有非常强的异构特点，各种类型的大数据如何进行异构融合，并对其进行有效管理？目前对大数据存储、挖掘利用来说，这是必须要克服的一大挑战。将各种不同类型的大数据有效地组织起来，才能支撑它们之间的关联度以及后续的数

据挖掘分析工作。

第四个"O"是目的性（Objective）。大数据是宝藏，每个人都可以从中得到自己想要的信息，所以数据挖掘必须有导向性和目的性，这样才能让大数据变成有价值的信息、知识和服务。必须要强调大数据挖掘的目的性，否则无法得到有价值的信息或知识。

第五个"O"是操控性（Operation）。大数据时代的用户有两类，一是人类，二是机器。要从巨量的大数据中提炼出人们需要的有价值的信息，需要利用机器操控所产生的数据。机器人行动所需要的导航信息和知识也需要从大数据中分析获取。

时空大数据挖掘的应用将不断渗透到其他领域，如智能机器、机器人、物联网、智能驾驶等技术的发展，使得机器（人）对自主场景识别、动作决策、自主导航定位等有很高的要求。而这些技术一定是建立在对丰富的时空大数据进行挖掘、归纳和建模的基础上的，可以说，时空大数据的应用是这些技术发展的基石。

五　智能化测绘的主要特征

同样，测绘科技的发展也依赖于其他交叉学科技术的发展，如人工智能。人工智能技术俨然已经成为下一代信息技术的标志，Alpha Go 横扫人类围棋高手更预示着人工智能将对人类智慧的传统长项带来冲击和挑战。人工智能技术的发展给传统行业带来巨大冲击和挑战的同时，也为传统行业突破现有发展模式提供了难得的机遇。

测绘地理信息行业也是同样，在新一轮科技革命带来的变革浪潮中，必须选择转型升级，向智能化测绘的方向快速发展并取得突破，否则将会被替代甚至淘汰。智能测绘伴随着新技术的发展将具备几个特点：一是人工智能在其中将起到关键性作用，人工智能技术将与传统测绘技术完美融合，使得地物自动识别等困扰测绘几十年的难题得到完美解决，自动化程度和可靠性极大提升，测绘服务的时效性实现飞跃；二是在时空大数据挖掘中，智能测绘将依靠人工智能的强大学习能力，使得空间大数据的知识挖掘、规则关联和事件预测更加精准、更加快速，测绘服务保障能力和方式将发展到一个全新的高度。另外，未来的测绘技术必须要满足新时代的新要求，要实现对距离、时间、角度、质量、辐射、磁场等基本物理量的快速、精准测量，还要形成集成化的系统，支持"五超"要求——超快速测绘、超大型测绘、超复杂测绘、超小型测绘、超精细测绘。

超快速测绘（super-fast surveying）可以理解为实时或准实时测绘，即在空天地一体化的高速数据传输网络和传感器网络以及高性能超级计算机和分布式海量高速数据库等技术和基础设施的支持下，依靠人工智能，快速准确地分析用户需求，并近乎实时地将用户所需信息呈现在用户眼前，此种测绘服务方式将彻底改变当前传统地理信息的获取、处理和服务方式，速度和效率极大提升，其应用价值和应用范围不可同日而语。

超大型测绘（super-large surveying）则是将测绘技术应用在天文学中产生的新技术，可以理解为测量宇宙，通过测绘的原理、技术和方法，对宇宙尺度的目标进行测绘乃至监测，利用人工智能充分分析、挖掘海量的观测数据，从而助力天文学家探索宇宙本源、发现新的规律，推进各种基础学科的发展。

超复杂测绘（super-complex surveying）是工程测量的进一步发展和延伸，依托人工智能、窄带移动物联网、多传感器融合、云计算等先进技术，针对超大型工程、超复杂系统进行系统性、整体性的全面测绘和监测，从而更好地进行精度控制、质量控制，使超大型工程和超复杂系统的作业效率和质量得到大幅度提升。

超小型测绘（super-tiny surveying）与超大型测绘相对应，可以理解为测绘技术在微观层面的应用。例如，对细胞、骨骼内部、大脑微观结构等进行深层次、超精细、系统性的连续监测，从而建立微观尺度下观测对象的三维模型和时变模型，并通过对大量观测样本的挖掘发现新的规律和知识，使医学、生物学等领域产生新的突破。

超精细测绘（super-accuate surveying），主要是将现代测绘技术融合新型传感器技术等，对超复杂、超精细构件的测量和建模，应用于超精细数控

机床加工、先进增材制造等领域，服务《中国制造2025》，提升中国工业制造的水平和质量。

"五超"测绘作为智能化测绘的基本要求，对测绘科技与人工智能技术的充分融合利用、新型测绘仪器装备的发展提出了很高的要求，乃至是颠覆性的。这些要求也是测绘地理信息向智能化发展所必须解决的，在未来测绘地理信息科技创新中要作为重点方向加以突破，力争形成标准化的"地理智能"解决方案，为各个方面提供时空信息支撑。

六　新测绘地理信息的业务支撑体系

随着测绘地理信息向智能化发展，传统测绘业务的支撑体系也必将发生深刻变化。

一是要依法监管，转变监管观念。时空信息的广泛应用，必将给监管工作带来巨大冲击，如何依法监管，保护国家安全和公民隐私，同时又能避免"一管就死、一放就乱"的监管困局，就需要管理者转变监管理念，改变思维方式，从被动监管向主动监管转变。切实贯彻落实新版《测绘法》。二是加强规划，有序推进。任何改革都不可能一蹴而就，更不能放任自流、无序发展。必须遵循国家战略和经济社会发展要求，根据现有基础条件，结合自身能力，有计划、有安排地逐步推进。三是要做好服务监督。测绘地理信息行业发挥作用其根本体现在服务上，而服务与监督则如同左右手，要提高服务质量，必然加强监督管理，这就需要我们充分利用资源，强化市场统一监管，用监管手段保障与提升服务水平。四是提升产业发展水平。一方面，要进一步建立和完善地理信息市场管理相关政策，规范、引导市场健康有序发展；另一方面，也要促进企业掌握地理信息核心技术，提升自主创新能力。同时，要根据经济社会发展需求的变化和事业转型发展的整体布局，及时调整产业结构，优化产业布局，使传统测绘地理信息企业及时转型升级。五是做好科技创新的支撑与引领。在测绘地理信息事业转型发展过程中，测绘地理信息科技的创新与变革无疑是首要任务，要注重协同创新，充分利用通用性高新技术成果，注重发挥企业在测绘地理信息科技创新中的作用，加大对基础性研究和具有颠覆性创新潜力研究的扶持力度，积极培养、吸纳科技创新领军人才和青年科技创新人才，更好地支撑引领事业的转型发展。

七　结论与建议

在测绘地理信息事业转型升级的过程中，按照"五位一体"总体布局和"四个全面"战略布局，坚持创新、协调、绿色、开放、共享的新发展理念，按照"加强基础测绘、监测地理国情、强化公共服务、壮大地信产业、维护国家安全、建设测绘强国"的总体发展思路，以新型基础测绘、地理国情监测、应急测绘、航空航天遥感测绘、全球地理信息资源开发这五大业务为根本，抓住新一轮科技革命带来的机遇，协同创新、融合发展，不断向着智能化、知识化的方向迈进。在未来，测绘地理信息必将成为支撑国家治理和社会经济发展不可或缺的重要力量。

参考文献

［1］李朋德：《智慧中国地理空间支撑体系建设的若干思考》，库热西·买合苏提主编《智慧中国地理空间智能体系研究报告（2013）》，社会科学文献出版社，2013。

［2］李朋德：《加快时空信息创新服务"一带一路"战略》，库热西·买合苏提主编《新常态下的测绘地理信息研究报告（2015）》，社会科学文献出版社，2015。

［3］李朋德：《信息化测绘体系的协同发展》，《中国测绘》2012年第4期。

［4］李朋德：《立足科技创新，加快测绘信息化》，《测绘技术装备》2006年第1期。

［5］史文中：《浅析地理国情监测的进展与研究方向》，《地理国情监测研究与探索》，测绘出版社，2011。

［6］徐永清、乔朝飞、刘利、阮于洲、宁镇亚：《测绘地理信息转型升级研究报告》，库热西·买合苏提主编《测绘地理信息转型升级研究报告（2014）》，社会科学文献出版社，2014。

［7］维克托·迈尔·舍恩伯格：《大数据时代——生活、工作与思维的大变革》，浙江人民出版社，2012。

B.8
求实创新　扎实推进全球
地理信息资源建设

李志刚*

摘　要：　"全球地理信息资源建设"是测绘地理信息事业"十三五"
规划的"五大业务"之一，对于提升我国测绘地理信息能
力、保障"一带一路"国家倡议实施、抢占国际竞争制高
点，具有重要意义。本文介绍了全球地理信息资源建设工程
的创新性思路、当前工作进展以及下一步重点工作。

关键词：　全球地理信息资源　"一带一路"国家倡议　创新

一　全球地理信息资源建设规划与进展

全球地理信息描述的是全球范围的地形地貌、地理环境和相关自然与人
文现象的信息，主要包括数字正射影像、数字地表模型、数字高程模型、地
名及行政区划、交通与水系、地表覆盖分类等。它是我国海外工程规划与建
设、突发事件应对与救援、国家安全与军事行动保障、生态环境评估与监
测、国际商贸活动与社会人文交流、全球变化研究与可持续发展规划等不可
或缺的基础信息和知识资源。

自主可控的全球地理信息资源，是国家重大战略与工程实施的基础保

---

* 李志刚，高级工程师，国家测绘地理信息局总工程师，国家测绘地理信息局全球地理信息资
源建设工程领导小组副组长、工程办公室主任。

障，是我国参与全球治理、履行大国责任的必要条件，是面对复杂国际形势保障国家安全的有效支撑。十八大以来，以习近平同志为总书记的党中央提出建设"一带一路"重大倡议，要求通过政策沟通、设施联通、贸易畅通、资金融通、民心相通与沿线各国开展合作，主动应对全球形势变化，推进我国经济建设，构建国际合作新格局。随着"一带一路"倡议的实施，我国经济日益融入国际经济体系，我国现已成为世界第二大经济体、第一大货物贸易国、海外利益大国，政府、企业、公民愈来愈多地参与国际性事务，在境外从事工程建设、商贸活动、旅游与社会人文交流等。全球地理信息资源能够有力地支持我们及时把握世情、摸清底数，开展科学的研判分析，制定相关战略规划，实施工程建设、应急救援，从而积极有效地保障国家利益、维护国家主权与国家安全。同时，能够支持我国积极参与全球事务与治理，促进可持续发展，形成提供全球范围内的地理信息综合服务能力，助推我国测绘地理信息产业"走出去"。

当前，经济建设和国防建设对我国自主可控全球地理信息资源的需求日益迫切。国家"十三五"规划明确要求推进全球地理信息资源开发。国家测绘地理信息局主动融入并服务党和国家中心工作，《全国基础测绘中长期规划纲要（2015～2030年)》明确提出，加快对覆盖我国海洋国土乃至全球的基础地理信息资源获取，《测绘地理信息事业"十三五"规划》将全球地理信息资源开发列为五大重点任务之一。2013年起组织开展全球地理信息资源关键技术研发，突破了境外无地面控制高精度测图关键技术，为全球地理信息资源建设奠定了技术基础。2015年起，国家财政在国家测绘地理信息局设立一级预算科目"全球地理信息资源建设与更新"，支持开展了工程预研、生产性试验及技术规定编制、重点区域产品生产。

2016～2017年，在前期研发成果的基础上，通过组织生产单位开展核心产品的生产性试验，总结确定了全球地理信息资源数字正射影像（DOM）、数字表面模型（DSM）、核心矢量要素数据的生产工艺流程，形成了相应的生产技术规定。完成我国周边14个国家约586万平方千米范围的数字正射影像（2米分辨率，平面精度10～15米）、数字表面模型（10米格网间距，高程精度 6～13 米）、核心矢量要素数据（包括二级及以上行政区划、主要道路、干线铁路，乡镇以上行政地名、主要自然地名、道路及铁路名称、主要 POI 名称等），并完成约 3000 万平方千米 30 米地表覆盖数据更新。同时，进行了生产作业培训、数据生产与管理技术系统适应性改造，开展数字高程模型（DEM）生产技术试验，并积极推进工程成果的应用。经过近两年的努力，初步建立了全球地理信息生产、管理、服务技术流程，培养了生产队伍，初步形成了快速生产能力，为后续大规模持续生产奠定了坚实基础。

二 工程设计与组织实施中的创新思路

全球地理信息资源建设是我国首次开展大规模境外地理信息生产，需要定义新产品、研发新技术、设计新工艺、建立新的生产与管理系统，还要探索新的组织实施方式、新的成果应用服务模式，同时，也还面临一系列需要解决的技术难题。为此，我们要以"求实"的态度和"创新"的方法和手段来攻克难关，不断与时俱进，追求新高。全球地理信息资源建设工程的组织实施主要采取了以下几个方面的创新思路和方法。

（一）观念创新

全球地理信息资源是我国掌握全球资源布局、制定可持续发展决策和提升国际地位的重要支撑，是实施"一带一路"倡议和"走出去"战略、维护国家主权与国家安全的重要保障。国家测绘地理信息局党组顺应国家重大需求，抢抓发展机遇，将全球地理信息资源建设工程作为主动融入并服务党和国家中心工作、拓展业务领域的重要举措，列为"十三五"期间五大重要任务之一，充分显示了国家测绘地理信息局党组"当仁不让、举旗亮剑"的国际视野和抢占全球地理信息资源制高点的战略决策能力。

工程伊始，就确定了"自主可控"的原则，即依托我国自主的数据资源与支撑技术开展生产与服务，并以此原则指导开展工程的顶层设计、生产性试验、产品生产与服务。此举措确保了工程实施过程中不受境外卫星影像资源、技术方法、软硬件系统的制约，有能力自主建设覆盖全球的高精度、多时相、多种类数据产品，自主提供全球地理信息综合服务。

（二）技术创新

国家测绘地理信息局组织技术团队，围绕全球地理信息资源建设与服务需求，研究确定了全球地理信息资源建设的总体技术框架，并有计划地组织开展了关键技术研究、软件系统开发、标准规范编制、数据产品试生产等工作，形成了自主可控的技术支撑体系。

在关键技术方面，重点突破了密集时序化在轨几何定标技术和基于多星多时相数据的全球联合平差技术，使得资源三号卫星影像在无地面控制点的情况下平面、高程精度优于 10 米，拼接误差小于 1 个像素；在软件方面，组织企业结合全球地理信息资源产品规格要求对已有的国产生产系统进行适应性改造，走通了 DSM、DOM、核心矢量要素的生产流程，初步建立了以国产软件为主的生产格局，支持了数百万平方千米数据的生产。还基于国产地理空间数据库管理系统、网络地理信息服务平台，开展了成果管理与在线服务的实验。在此基础上，针对境外产品生产特点组织研发了 DEM 生产、全球高程基准转换等软件，完成了相应的生产性试验；在标准规范方面，以新型基础测绘理念与技术思路为指导，针对全球地理信息资源特点，制定了 DSM、DOM、核心矢量数据等产品的指标与生产技术规定，通过实际生产不断修改完善，已用于指导规模化生产。在此基础上提出了 5 个行业标准建议并获批复。

（三）管理创新

应对新的需求，生产新的产品，对实施管理也提出新的要求。在工程实施中，首先是依据新型基础测绘思路，充分借鉴但又不拘泥于传统基础测绘产品模式和生产流程，综合考虑各方对全球地理信息资源的应用需求以及卫星影像来源、生产技术条件等限制，提出新的产品标准、设计新的生产工

艺，并以新的方式提供服务。在此基础上，围绕推进"一带一路"倡议需求导向，确定年度生产内容、生产范围，实现整体谋划，按需测绘，分步推进。

其次，围绕"互联网＋信息化测绘"模式开展生产管理，组织覆盖整个生产环节、全部生产单位的生产性技术实验，建立高效的工作交流机制，并通过全链条质量控制、实地踏勘验证相结合的方法保证工程质量。通过工程的实施，整合调动各单位已经积累形成的装备、系统、人才资源。

再次，在技术路线方面兼顾当前技术条件与前瞻性科研。一方面，采用成熟可操作的技术路线落实当前生产计划；另一方面，在国家"十三五"科技重点研发计划中安排全球多尺度大范围典型要素信息提取技术、全球典型区域资源环境监测关键技术、全球综合观测成果管理及共享服务关键技术等研究，为后续开展更高分辨率、更精准的产品生产及应用服务奠定基础。

最后，还采取"边建设、边应用"的策略，针对"一带一路"沿线相关的公路、铁路、电力、国防、海外投资等领域重点用户的需求，有针对性地宣传推广产品，并定制开发应用支持功能，让成果尽快发挥作用。

三　下一步重点工作

全球地理信息资源建设是一项长期的工作，计划在国家财政专项支持下，在"十三五""十四五"期间完成全球陆地表面范围（约1.49亿平方千米）的2米分辨率DOM、10米格网DSM和DEM、核心矢量数据，以及多时相的16米数字正射影像、30米分辨率地表覆盖数据处理工作。在此基础上，选择"一带一路"沿线工程建设集中、经济活动活跃、生态状况敏感、国际关注区域，生产10米分辨率地表覆盖产品；选择国际中心城市、重点经贸产业园区、重点港口、油气管道、交通干线、国际河流沿线、边境外围、极地等，生产亚米级DOM。成果将为"一带一路"等国家战略实施提供自主、权威、统一、高效的全球高精度地理信息综合服务，使我国对全球地理信息资源的掌控和应用能力达到国际先进水平。

　　下一步技术创新的重点是结合工程特点，对数据生产与管理的工艺、软件进行适应性升级改造，建立起全链条的全球地理信息数据采集、管理、在线服务技术体系，支持多时相、多尺度、多分辨率全球地理空间数据产品的生产与服务。与此同时，着重开展卫星资源覆盖能力、接收能力和数据可用性比对分析与生产试验，形成多源卫星影像集成利用方案，并在此基础上进一步明确不同区域数据产品的内容、分辨率、精度、地图表达形式以及应用服务方案。

B.9
倾斜摄影技术探索与应用

黄杨　曲林*

摘　要：　本文从倾斜摄影实景三维产品多元化及其应用、空天地一体
化实景三维建模体系形成、高分倾斜摄影的发展、卫星影像
建模技术以及极地倾斜摄影的发展等方面，从技术原理到应
用领域等多个角度展现了倾斜摄影技术广泛的发展前景，探
讨了倾斜摄影技术未来的发展方向。

关键词：　高分倾斜摄影　卫星影像建模　多元化应用　空天地一体化

在这个新技术、黑科技层出不穷的年代，倾斜摄影技术作为测绘地理信息学科与计算机视觉、图形学等学科融合的技术研发成果，随着计算机技术、网络技术、传感器等技术的飞速发展，凭借与大数据、"互联网＋"、无人机等先进技术的融合，近几年经历了迅猛发展与应用，逐步成为我国智慧城市建设的重要技术手段。在实现了彩色三维的自然世界全要素还原基础上，倾斜摄影不断向高分、多元化的纵深方向发展，并由此拓展了测绘地理信息技术服务新模式，得到了业界广泛的认可和重视，开创了实景三维地理信息新时代。

在城市规划、安防警务、城市管理、三维地籍、不动产登记等领域引入全要素还原的倾斜摄影实景三维模型作为底层三维数据，促进了测绘基础数

---

* 黄杨，黑龙江省测绘科学研究所（国家测绘地理信息局经济管理科学研究所）所长，高级工程师；曲林，黑龙江省测绘科学研究所（国家测绘地理信息局经济管理科学研究所）高级工程师。

据与各有关行业数据的融合应用。利用倾斜摄影技术生产的实景三维模型，以其高效率获取、高精度匹配、高准确度以及全要素还原等优势，极大满足了各有关行业对精准可量测的实景三维数据的需求，并吸引众多科研机构与公司企业加入倾斜摄影技术的研究与应用推广中。

一 高分辨率、高效率的倾斜摄影技术发展

倾斜摄影技术的目标是快速准确地全要素真实还原现实世界，然而倾斜摄影技术发展至今，获得的实景三维模型在高分辨率和高效率方面往往不能统一。以徕卡 RCD30 倾斜航摄仪为例，在拥有较高倾斜摄影效率、高 POS 精度航摄的同时，其模型地面分辨率偏低、颜色失真、建筑细节缺失等问题阻碍了相关行业的应用；虽然旋翼无人机通过低空飞行可以取得很好的模型效果，模型颜色真实、细节清晰，但由于受天气等因素影响大，整体工作效率低下，使其仅能满足小范围作业应用。

是否能够找到整合高低空作业优势的方法呢？经分析，核心问题主要有三点。①飞行高度：过高导致地面颜色失真、过低影响飞行效率。②镜头分辨率：镜头分辨率越高，同等高度下拍摄的地面分辨率越高。③航线密度：由于倾斜摄影的重叠率要求，中低空航线密度大，降低了拍摄效率和建模数据生产效率。

在以上问题中寻求解决问题的答案，是倾斜摄影技术向高分、高效发展的关键，近年来我们尝试了全景倾斜摄影和高分无人机摄影两种方案。

（一）全景倾斜摄影

全景倾斜摄影的技术路线为，首先要选择适当的航摄高度，避免大气散射、云雾与雾霾等因素对成像的影响，通常在 300 米左右的航摄高度寻求解决问题的办法；然后再增加镜头数量，解决中低空航线密集、航摄效率低的问题。经研究与实验，将全景拍摄与倾斜摄影相融合诞生的全景倾斜相机（Panoblique），能够以 12 拼相机组合的全景倾斜拍摄弥补常规 5 五相机组合

的侧视拍摄盲区，进而通过同时降低航向和旁向航摄重叠率的方式减少航线数量，达到大幅度提升航摄效率的情况下还能够获得高质量影像的目的。值得一提的是，即便是在倾斜相机没有陀螺坐架并在飞行平台出现较大旋偏角的情况下也能避免绝对航摄漏洞（见图1）。

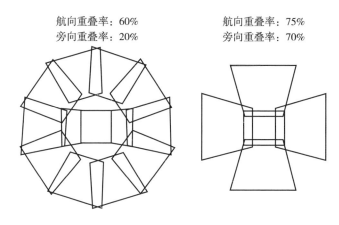

航向重叠率：60%　　　　　航向重叠率：75%
旁向重叠率：20%　　　　　旁向重叠率：70%

图1　全景倾斜摄影与五镜头倾斜摄影效率对比

全景倾斜相机提升了倾斜摄影的中空作业效率，以60平方千米、0.035米地面分辨率的数据采集为例，常规五镜头相机需要多架次方可完成，而全景相机仅需1架次4小时即可完成，航摄效率提高了很多倍。在三维建模效率方面，由于航线数量大幅减少，在同等面积和分辨率下，12镜头采集的影像数量并不会比5镜头多，实测大致相当（以60平方千米为例，平均在5万张上下），因此建模效率基本相同。

全景倾斜摄影高效性尤其适合在天气条件不利和空域申请困难的测区作业，可抢在有效时间内一举完成航摄任务，降低外业成本，同时减少模型由于分时分区航摄造成模型效果的差别现象。全景倾斜摄影的另一个优势在于，可实现最少像控点方案。多镜头数据可形成数倍于传统单镜头垂直摄影的光线密度，有利于提升解算精度。由于全景倾斜相机单个镜头素质高、双POS/GPS精度稳定，不需要为每张影像都做全要素平差即可得到高精度的空三成果，可将像控点减少至1平方千米甚至更低，减少内外业工作量，更快地投入三维数据生产阶段。

全景相机等高精度设备的进一步发展，已可以实现快速空三建模，即按照相机的初始参数摆放影像，直接匹配特征点进行建模，省却空三平差和纠正畸变的过程，虽然损失一些精度，但超高的建模效率将能满足灾害应急、紧急救援等特殊场合应用，是倾斜摄影技术未来发展的方向。

（二）高分辨率无人机倾斜摄影

全景倾斜相机重量较大，因此适合直升机或者常规航摄飞机等大型飞行器搭载，另一个灵活实用的轻量级方案是采用无人机携带高分镜头实现。传统观点认为，无人机飞行不稳定、难以搭载高端镜头、续航能力差等造成采集精度不高，成果无法与大型倾斜航摄仪媲美，但最近一个时期以来旋翼无人机发展迅速，再加上轻便的高像素微单相机的出现，不仅可搭载多镜头高像素微单相机，续航时间也有了很大提升。以能看清底商文字的 0.03 米地面分辨率为例，一架旋翼无人机单日可获取影像面积达 4 平方千米，多架无人机协同作业，效率将更为可观。相比常规运输机航摄需要协调申请空域、依赖天气、满足飞行条件等不利因素，无人机倾斜摄影将不再只是补充手段，而是能够承担较大规模高分倾斜摄影项目的优势装备。

通常来说，无人机倾斜摄影的纵深发展关键无外乎增加续航时间和相机像素两个关键，同时还要在一些关键点上多加注意。无人机倾斜摄影设备的生产过程中，要对相机对焦、稳定性、轻便的高精度 POS 设备的安置提出更高的要求，才能使得航摄影像能够顺利通过空三加密，生产出高质量的三维模型。

二 空天地一体化体系的形成

倾斜摄影空天地一体化体系的初衷，是为弥补倾斜摄影的技术缺陷，采用其他手段进行数据的补采与融合，以解决模型变形、模糊拉花等问题，提高实景三维建模质量。随着近年来测绘技术装备的发展与成熟，已逐渐形成从远距离卫星观测到近距离单独物体倾斜摄影影像采集的综合影像采集方案，形成了快速构建完整的三维数字城市，满足社会各领域对城市管理、监测、规划的实景三维模型的倾斜摄影总体解决方案（见表1）。

表1　空天地一体化体系组成

领域	数据获取	高度	主要成果	用途举例
太空	卫星影像	地外拍摄	实景三维模型	地表监测、防灾减灾
高空	运输机+倾斜相机	>600米	实景三维模型	设计规划方案
中空	直升机+倾斜相机	300~600米	实景三维模型	智慧城市管理
低空	无人机+倾斜相机	<300米	实景三维模型	精细化管理
室内	激光扫描仪/RTK相机	室内	实景三维模型/空三人工模型	内部设施管理
局部	手持激光扫描仪/相机	单独物体	实景三维模型/人工建模	感知设备管理

（一）倾斜摄影与多源数据融合

倾斜摄影的主要技术弱势有三点。①遮挡问题：由于倾斜镜头的入射角为30°~45°，航拍时侧视镜头受房檐、树冠等遮挡，以及异型建筑自身结构的相互遮盖等，无法获取被遮盖地物的影像，导致空三无点与模型拉伸变形。②反射问题：水面、镜面、建筑玻璃反射面等反射阳光的物体，无法准确匹配影像同名点，造成模型漏洞。③镂空结构：广告牌镂空文字、钢架信号塔等镂空地物的影像匹配困难易造成结构缺失、破损等问题。

为解决以上问题，加强多角度的多源数据补充，是有效的方式。

1. 三维激光点云数据

三维激光扫描仪分为地面站、移动站与手持站三种，其点云成果均可成为倾斜摄影的有益补充。地面站扫描仪补充底商数据，移动站可快速获取临街条带点云或室内点云，手持站能够对单体物体进行完整扫描或对遮挡进行补扫。将多源点云融合后，即可与同步拍摄的照片进行匹配建模，作为实景三维模型的地面补充。但由于激光点云为正向采集，其点云信息不可变更，在建模中仅做抽稀、构网、贴面运算，而空三点云为对影像的逆向解算，其点位在误差范围内均可移动，因此激光点云与倾斜摄影空三点云不可融合计算。

2. RTK 相机数据

RTK 相机采集时增加了常规相机不具备的内外方位元素信息，可令地面拍摄的影像参与空三匹配，弥补建筑底商的结构与材质信息。室外应用在临街遮挡商铺、异型建筑底部等，室内可应用在场馆、办公室等房间建模。尤其在室内建模方面，摒弃了传统人工建模的低效作业方式，采用室内相对定向原理，根据影像匹配的可量测空三点云，采集物体特征点信息构建模型，并实现自动贴图，提升了室内场景的真实还原度和量测精度（见图 2）。

图 2　地面数据补充前后对比

3. 多数据源融合

以现代设计场馆的三维安防项目为例，当对三维成果的美观性和数据精度均要求较高，单一测绘手段无法满足时，需要空天地多设备协同作业。建筑外观采用倾斜摄影与 RTK 相机同步获取，受遮挡结构采用地面激光点云补充，以同名点的方式联合；室内各房间采用 RTK 相机获取影像空三加密，人工三维激光扫描构建三维模型。通过安防系统平台集成，实现室内外三维模型联动的精细化三维管理功能。

（二）典型应用场景

文物保护：文物保护涵盖的内容大到古建寺庙，小到瓶罐瓷器。三维还原时既要满足浏览需要，又要利用可量测的高精度三维模型为修缮提供技术资料。采用倾斜摄影多数据融合技术，能够完整地获取与重建三维场景，精细还原文物几何结构，又避免接触量测，减少对文物的二次破坏，是理想的文物保护数据获取手段。

城市精细化管理：该技术不仅满足城市规划中的宏观设计方案评审，室内外模型结合也满足精细化管理中精确定义至每套房间的目标，从整栋建筑到每层每户，均可挂接属性信息，实现以地管房、以房管人、人房一体的管理模式。

三维地理国情普查：通过对国土房产的倾斜摄影采集与制作，可监测不同高度建筑的分布情况，测量用地面积、建筑面积得到实际容积率，得到与统计相关的各项数值。

三　倾斜摄影成果多元化应用

随着实景三维模型生产技术的不断成熟，用户也从模型的简单浏览步入实际应用阶段，我们在研发相应管理系统平台的同时，推进了倾斜摄影成果的多种方式应用。

（一）测绘产品应用

倾斜摄影技术路线除了直接得到的实景三维模型、真正射影像成果外，还衍生出数字高程模型、数字线划图、点云等常规的测绘产品。根据航摄的地面分辨率不同，可基于实景三维模型、空三成果、真正射影像测绘1∶1000、1∶500 等大比例尺的数字线划图，除少量的外业补测外，均由内业生产完成，把大比例尺大量的外业测绘工作转化为较少的内业测图工作。节省成本的同时，也大量缩短作业时间，提高了工作效率，满足各类用户对常规 4D 产品的需求。

（二）互联网应用

市场上基于 OSGB 的实景三维模型应用平台以围绕 OSG 图形库和 osgEarth 开发为主，由于 OSGB 模型数据量巨大，并不适合网络发布。此类系统往往偏单机或局域网应用居多。自从 2016 年 Cesium 推出 3D Tiles 数据规范，并逐步纳入 OGC 标准化进程后，实景三维通过网络发布成为可能。目前众多倾斜摄影后处理软件或增加 3D Tiles 格式生产模块，或推出 OSGB 转换工具，均为网络发布提供接口。实验表明，在相同面积下，3D Tiles 格式数据量仅为 OSGB 格式的 1/10 甚至更少，重新编写的 LOD 分级更适合网络加载与发布，为实景三维在线交互平台提供技术支撑框架。实景三维模型的互联网发布能够促进成果快速转化，如采用 HTML5 技术的实景三维公众服务平台，能够实现一次部署，桌面端与移动端等多平台浏览，提升服务效率。

（三）增强现实应用

增强现实（AR）比虚拟现实（VR）增加了多源数据的无缝套合。基于实景三维的高精度、可量测特性，在倾斜摄影作业时同步采集地面影像，通过时空数据库的一体化管理，实现模型、影像、属性库等二、三维数据的无缝配准，将多种数据叠加在实景三维中。结合位置服务、影像识别、云存储等技术，将倾斜摄影增强现实系统整合至业务流程，可实现监控跟踪、数据分析、质量检验与应急指挥等智慧管理功能。同时该项技术也促进了增强现实眼镜、头盔、体感设备的研发，为其提供可靠数据源。

四　卫星影像建模技术探索

如果说机载倾斜摄影技术可以构建实景三维数字城市的话，那么卫星影像建模则令构建实景三维数字地球成为可能。

高分辨率的卫星影像，可以打破常规数据获取限制，尤其在难以机载采

集的海岸、岛礁、山脉等地貌区域，实现大面积地表的快速三维建模，可作为倾斜摄影建模的新型数据源。

（一）卫星影像倾斜摄影建模技术

卫星影像三维建模的传统技术路线是用卫星影像生产 DOM 作为纹理材质，再与 DEM 数据套合，形成山脉起伏的三维效果，这样的三维模型，精度和三维效果都差强人意。随着高分卫星的普及，影像分辨率优于 0.5 米即可看清地面建筑等设施，采用倾斜摄影的技术路线，有效利用多角度卫片匹配建模，实现更高质量实景三维建模。市面上多数后处理软件采用算法仅针对机载传感器空三加密、构建实景三维模型，并不适用于卫星影像，需要采用新的工艺流程。

1. 卫片建模前提

能够进行实景三维建模的卫星，应具有立体测图能力，能够尽量多地获取地物侧面纹理，如法国 Pleiades 卫星，中国的资源三号、天绘一号等高分辨率测图卫星；重访周期应较短，便于在邻近轨道的多期历史影像中选择补充数据；影像分辨率高，能够分辨地面建筑。

2. 空三加密

卫星使用的推扫式镜头，也称作线阵传感器，能够同时记录一行影像。因此卫片的空三加密需要根据传感器模型——物理模型与函数模型，重新编写匹配算法。为提高空三加密质量，需要对推扫影像裁切以重现经典立体像对的匹配模式。以 Pleiades 卫星为例，其提供高分辨率的立体遮盖功能，由可调节角度差的两组图像组成，附加垂直影像构成三线阵模式进行立体成像，可针对建模区域定制拍摄角度，提升侧面纹理质量，再辅以同一地区多次采集的历史影像，选取最优影像进行匹配，进而增强空三网刚性与建模效果。

3. 构建模型

三线阵立体测图卫星具有稳定的倾斜视角（15～30°），且地面形状与辐射度刚性良好，能够准确地建模。经试验，解算构建 100 平方千米的实景三维模型仅需要少量三轨道裁切影像运算完成，该技术成熟后，卫片建模的生产规模将使得省域、国家级范围以及超大面积倾斜摄影实景三维建模成为可能（见图3）。

图3　分辨率0.5米的卫星影像建模

（二）卫片建模应用

高分辨率卫星影像模型为我们提供更多的机会观察地球，突破地理障碍，其覆盖面更广，可用性更高。

在国家防务方面，高分卫片模型可以提供更精确的地面目标几何信息，基于三维信息获知目标形状、体积，进而推测其用途，是军事情报的重要组成部分，将成为现代国防中不可缺少的重要数据。

经济建设方面，尤其在我国的"一带一路"倡议推进过程中，同样迫切需要全球范围内的大数据及空间信息的支撑，卫片建模技术探索将配合全球测图项目，探索应用我国的资源三号等自主卫星产品，逐步构建全球三维地理信息产品。为"一带一路"倡议构想提供空间数据支撑。

五　南极倾斜摄影

　　随着倾斜摄影技术的应用领域不断扩大，同时由于极端天气和位置等因素，倾斜摄影已逐步成为极地测绘的新型空间数据获取方式和途径。在第32次南极科考任务中，黑龙江省测绘科学研究所的无人机团队通过软硬件改造，掌握了无人机极端地理位置和天气条件下作业的技术方法，使无人机倾斜摄影技术首次亮相南极地区。在南极长城站、山海关峰及周边地区执行8个架次飞行，获取5000余张厘米级高分影像，并制作完成了中国首张南极科考站区"高精度、可量测"的全三维实景地图——《南极长城站实景三维地图》（见图4）。直观反映了长城站附近地形地势，地物外观、位置、高度等属性，在此基础上融合其他GIS数据和站区管理数据，进行数据综合分析与挖掘，可为站区的智能化管理、科学规划、分析评估和宣传科普等工作提供真实环境下的测绘地理信息数据支撑。在2016～2017年度实施的第33次南极科考任务中，又获取了中山站、难言岛、新站区选址等地的倾斜

图4　南极倾斜摄影——长城站

摄影数据，并构建实景三维模型（见图5、图6）。至此，倾斜摄影已成为极地测绘服务中安全、高效、可靠的数据获取方案，促进我国极地测绘事业的发展。

图5　南极倾斜摄影——中山站

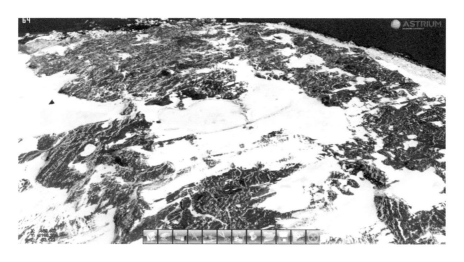

图6　南极倾斜摄影——新站区选址

六　结束语

如今，云计算、大数据、物联网等技术发展正酣，随着相关科技的不断进步，倾斜摄影技术也将再接再厉，既要实现自身突破，也要多学科融合发展。以行业需求促应用发展，更好地满足宏观规划与精细化管理的需要。在我国"一带一路"倡议推动下，倾斜摄影技术应逐步实现在旅游、警务、城管、文物保护、应急等领域的应用，通过建立相关标准规范使之成为行业数据的基础，使地理信息产业发生深刻的变革。科技改变世界，创新成就梦想。倾斜摄影技术的推广，使真实、敏捷、智慧的三维地理信息应用触手可及。多源实景三维模型数据的室内外联动、地上三维与地下三维联动，实景全景相结合实现空、天、地一体化的模型采集，这些均会增强实景三维的模型质量，为公众提供更友好的用户体验、为行业提供更丰富的地理信息服务。相信在不远的将来，基于倾斜摄影技术构建的实景三维产品会遍布我们每个人的桌面、手机中，全面融入每个人的生活，为公众放眼看世界打开一扇三维实景之窗，"坐地日行八万里，巡天遥看一千河"的梦想指日可待。

综 合 篇

General Section

B.10
测绘地理信息工作转型升级的有关思考

王春峰*

摘　要：　本文分析了新时期测绘地理信息新型业务格局形成的历程，
提出推进测绘地理信息转型发展需要重点抓好四个方面的工
作，指出在基础测绘业务层面大力提倡解放思想开拓创新的
主要任务。

关键词：　测绘地理信息　转型升级　测绘业务

一　新时期测绘地理信息新型业务格局的形成

党的十八大以后，测绘地理信息面临的需求环境、政策环境和技术环境

＊　王春峰，博士，国家测绘地理信息局党组副书记、副局长。

发生深刻变化。适应这一变化，国家测绘地理信息局大力促进测绘地理信息技术与信息技术等现代高新技术的融合发展，成功实现模拟测绘向数字化、信息化测绘的转轨；注重发挥市场在资源配置中的决定性作用，推动地理信息产业和测绘地理信息市场化服务迅猛发展，测绘地理信息业务不断向"多元化"方向拓展。第一，总体业务格局由公益性服务一统天下的"单极"模式向"公益性服务＋市场化服务"的"二元化"模式发展。"九五"期间，国家测绘地理信息局组建中国四维测绘技术总公司，开启了市场经济发展的探索之路。到"十二五"末，测绘地理信息相关公司企业超过三万家，并继续保持迅速增长势头，测绘地理信息市场化服务在总体业务格局中所占份额日益增大。第二，公益性服务也由基础测绘占绝对主导地位的"单极"发展模式拓展为多种业务并存的"多元化"发展模式。"十二五"期间，地理国情监测取得突破性进展，其作为测绘地理信息业务格局重要组成的依据已十分充分。这标志着长期以来基础测绘统领测绘地理信息公益性服务的时代已经结束，公益性服务的"多元化"时代已经到来。

适应"多元化"发展态势，国家测绘地理信息局立足已有发展基础，围绕促进公益性服务和市场化服务互补、公益性服务多元化发展这一目标，积极引导测绘地理信息业务格局转型升级。国家发展改革委和国家测绘地理信息局联合印发的《国家地理信息产业发展规划（2014～2020年）》明确了地理信息市场化服务的发展重点和主要政策。国务院批准的《全国基础测绘中长期规划纲要（2015～2030年）》明确了加快推进基础测绘转型，积极培育地理国情监测、应急测绘等新业务的发展任务。在此基础上，由国家发展改革委、国家测绘地理信息局联合印发的《测绘地理信息事业"十三五"规划》进一步明确，要打造由新型基础测绘、地理国情监测、应急测绘、航空航天遥感测绘和全球地理信息资源建设五项公益性服务和地理信息市场化服务共同组成的"5＋1"测绘地理信息业务格局。经过努力，基础测绘、地理国情监测、航空航天遥感测绘、全球地理信息资源建设已被列为中央财政一级预算项目。"国家应急测绘保障能力建设"项目已经获得国家发展改革委批复，计划在2017～2019年建设完成。至此，打造由基础测绘、地理国情监测、应急测绘、航空航天遥感测绘和全球地理信息资源建设五类业务组成的多元化公益服务格局有了制度上的保障。在业务建设方面，应急测绘、航空航天遥感测绘和全球地理信息资源建设三类业务建设思路基本成熟。"十三五"期间促进公益性服务多元化发展的核心问题是推进基础测绘向新型基础测绘转型和地理国情监测常态化。

二　测绘地理信息转型发展的主要任务

推进测绘转型发展主要涉及发展思路上的调整，需要重点抓好四个方面的工作。

一是要继续完善事业总体布局，实现由单纯注重公益性事业发展向事业与产业并举发展转变。当前的工作重点是围绕地理信息产业发展多做工作。根据《国务院办公厅关于促进地理信息产业发展的意见》（国办发〔2014〕2号）的有关精神，加紧研究促进产业发展的各项政策，强化国家测绘地理信息局在质量监督、地图技术审查、资质管理、职业资格认证、保密及安全管理等方面的管理工作。尤其要认真梳理新修订的《测绘法》关于测绘地理信息部门的职责规定，切实履行好公共服务、市场监管等职责。

二是要继续推进生产服务技术升级，实现测绘地理信息领域信息化与工业化的深度融合。当前的工作重点是围绕信息化测绘建设，密切跟踪我国卫星遥感、卫星定位等技术及其应用发展趋势，进一步加大信息技术应用力度，大力推进测绘地理信息领域的信息化，形成符合信息化要求的测绘地理信息生产服务新工艺。高度重视大数据、物联网以及人工智能等技术的应用，不断推进形成测绘地理信息新型服务业态。

三是要继续丰富测绘地理信息生产服务内容，实现标准地图服务向地理信息综合服务的转变。当前的工作重点是大力推进智慧城市、天地图、地理国情监测等工作。尤其是要不断推进地理国情监测工作常态化、业务化开展，持续发挥其在经济社会发展中的作用。

四是要加快完善事业支撑布局，探索形成适应新时期事业总体布局要求

的事业支撑机构布局。当前的工作重点是进一步加强服务于地理信息产业发展的质量管理、地图审查、职业资格、保密及安全管理等机构建设，同时围绕形成信息化测绘生产服务需要，加大机构调整力度，形成对地理国情监测、应急测绘等新型测绘地理信息业务的机构支撑能力。

三　在基础测绘业务层面大力提倡解放思想开拓创新

推动测绘地理信息转型发展，除了在宏观层面解放思想、开拓创新以外，在业务技术层面也需要大力解放思想、开拓创新。

比较突出的是，基础测绘的传统概念势必要更新。如果测绘地理信息部门一方面研究探索信息化测绘体系，一方面仍然顽强地固守传统的测绘业务模式，如固定比例尺、保持传统产品模式、事先大规模印刷储备地形图等做法，眼下看似乎也是按部就班，实际上可能忽视了技术革命的现实，在闭关自守中主动放弃了与时俱进的先机。

《测绘法》规定的基础测绘中的"国家基本比例尺地图"是传统测绘服务模式下的最佳选择，目前虽然仍有一定的需求空间，但应该看到，其生命周期已步入暮年。在信息系统作为主要应用形式的今天，仍以地形图作为主要的产品模式，肯定是源于传统观念的主导。测绘地理信息部门已经拥有足够的数据资源和技术手段，完全有能力为不同用户的不同用途提供丰富多彩的个性化服务。实际做法仍然要像几十年前的先辈一样，不管有没有用户，作为基础测绘成果的最主要形式先印出一大堆无法更新的地形图，并占用巨大的宝贵空间、花费大量的人力资源去存储保管它们，最终的结果有可能因为没有足够多的用户而在白白保管了十几年甚至几十年之后再花费成本运去造纸厂销毁它们。这种曾经合理的做法主要是受当年技术的局限。今天依然如故，肯定值得商榷。

作为替代方式，笔者认为，第一是提供个性化服务。建设和维护好基础地理信息系统，针对每一家用户的个性化需求，用模块组合的方式现场制作灵活多样的地图，并通过快速出图系统按需印图。这种做法除了可以消除上述弊端外，其好处：一是可以有针对性地为每个用户设计制作内容可多可少的最为适用的地图，而不是一成不变的地形图；二是可以确保把最新的更新信息及时提供给用户，从此不再向用户提供印刷于多年前的老图；三是可以为服务提供部门创造新的经济增长点，因为测绘地理信息部门提供的除了《测绘法》规定的无偿的测绘数据以外，还有个性化的有偿服务；四是可以改善测绘地理信息部门的社会形象，不再被动地等着用户上门来"领取资料"；五是就测绘创新基地而言，可以充分发挥一楼政务大厅的功效，让客户在愉悦的心境中等待测绘地理信息部门专门为其赶制个性化地图产品。为此需要解决的问题主要是配置快速出图系统，包括硬件和软件，而这应该是容易解决的问题。第二种方式是提供网络化服务。作为信息化测绘的标志性结果，网络化服务将是必然的方向。首先通过网络整合系统内包括重点地理信息企业的有效数据资源，通过协商签约，授权特许用户远程调用相关数据。其优势在于：一是分散存储的数据能够发挥整体效益，二是丰富的地理信息资源可以最大限度地为用户所开发利用，三是相应数据生产和维护单位的专署版权能够得到有效保护，四是可以建立起牢固的长期用户服务关系，五是可以创造巨大的增值服务空间。提供网络化服务的方式已有局部的成功应用先例，但在大部分测绘单位尚未得到业务决策者的足够重视。

此外，以下一些问题也需要加以关注和解决。

一是地理信息企业从无到有，数年之间大的企业年产值已达数亿元。实际上新兴企业单位的生存空间越大，就证明原有测绘地理信息事业队伍本来应该提供的服务缺失越多。

二是调整测绘业务技术路线的重要条件是要制定适宜的政策。要真正实现全国测绘地理信息系统的网络化信息共享，必须以利益共享为前提和基础。如果没有政策保证，不能实现真正意义上的利益分享，则地理信息公共服务平台就建不起来，即使靠行政命令勉强建起了不完善的平台也不可能维持长久，更何况数据是要不断更新维护的，一次性获得的数据不具有长远意义。因此，必须有适当的机制保护数据生产维护者的积极性，实质上是保证其经济利益不会因为信息共享而受损害，同时实现国家测绘地理信息局的目

的，即确保最好的测绘成果能够得到广泛应用，从而体现全国测绘地理信息部门的整合效应和整体优势。

三是进一步丰富基础测绘内涵。一是在尽可能的范围内提高分辨率和地理要素采集的详尽程度，突破传统的图面载负量概念的局限，为广泛应用留足空间。"七大要素"的时代应该成为历史了。二是要投入更多的资源用于数据更新维护，最好逐步发展成动态更新，并据此形成行业特色和部门优势。三是必须大力增强快速反应能力，对已有数据能够快速整合出图，对动态数据能在合理的时限内获取、处理并提供，这是社会进步和经济发展对测绘地理信息部门提出的必然要求。

四是从覆盖测绘地理信息全系统的网络化设备配置入手解决基础保障问题，能够有力地促进对内的地理信息共享，对外的个性化、网络化、信息化服务。

五是进一步完善测绘科技创新体系。一是努力解决有限的科技资源配置与现实对科技成果需求的统一协调问题，二是建立起适宜的科技投资效益评估机制，三是适当增加应用主体在创新体系中的自主权和参与度。

六是在测绘业务技术领域摆脱数十年形成的传统思维定式的束缚，大力提倡解放思想、开拓创新。

B . 11

测绘地理信息事业转型——趋势及启示

陈常松*

摘　要：　本文介绍了从"传统测绘"到"现代测绘"转变的现状及近
期趋势，从技术、需求、市场三方面对测绘地理信息中长期
发展趋势进行了预测与分析，并总结了给测绘地理信息部门
工作带来的启示。

关键词：　测绘地理信息　传统测绘　现代测绘　测绘生产服务

当前，受众多因素的推动和引领，测绘地理信息事业已经脱离其"传
统"测绘的学科特点，步入以"测绘"＋"地理信息"为主要构成、以业
务拓展和应用服务为主要特点的新的发展时代。从传统到现代的变革进程目
前仍然在加速，何时停止、进程的终端怎样等问题既令众多相关学者着迷，
同时又令他们时时感到困惑。摸准发展脉搏、找出发展规律历来是研究战
略、制定规划的前提，为此，本文试图从以下几个方面，对这一问题进行
讨论。

一　现状及近期趋势

当前，我国测绘地理信息事业正处在从传统测绘向现代测绘转变的过程
中。关于这一转变过程，我们可以从两个方面进行研究与把握，一是从总体

---

* 陈常松，博士，副研究员，国家测绘地理信息局测绘发展研究中心主任。

上，二是从几个重要的侧面。

从总体上，我们可以进行如下两点讨论。

第一，《测绘法》给出了关于"测绘"的定义："本法所称测绘，是指对自然地理要素或者地表人工设施的形状、大小、空间位置及其属性等进行测定、采集、表述，以及对获取的数据、信息、成果进行处理和提供的活动。"

对这一定义，我们还可以作如下进一步拆解：①"测绘"有两个工作对象，一是"自然地理要素"，二是"地表人工设施"；②"测绘"所涉及的要素主要是"形状、大小、空间位置及其属性"；③"测绘"活动由"测定、采集、表述"以及"处理、提供"五个关键词组成。

根据百度词条，所谓"事业"，"主要是指人们所从事的具有一定目标、规模和系统的对社会发展有影响的经常性活动"。

由此，我们得出结论："测绘事业"的主要内容涉及"自然地理要素和地表人工设施"两类对象的"形状、大小、空间位置及其属性"等要素，事业活动主要包括"测定"、"采集"和"表述"以及"处理"和"提供"。

"测绘"的这一定义最早见于2002年版的《测绘法》，因此在这一定义基础上的"测绘事业"内容可视为传统测绘事业的主要内容。从上述讨论可知，地理信息"应用"不在测绘事业的内容范围内，也可以理解为：传统测绘事业不重视地理信息应用问题。

何为现代测绘呢？2011年，国务院批准"国家测绘局"更名为"国家测绘地理信息局"，此后，各地测绘主管机构相继更名。在原"测绘"的基础上加上"地理信息"后所构成的"测绘+地理信息"所代表的内容可视为"现代测绘"的工作范围。在原"测绘"的后面增加"地理信息"字眼有什么意义呢？鉴于地理信息不单是指测绘成果（根据《测绘成果管理条例》，测绘成果"是指通过测绘形成的数据、信息、图件以及相关的技术资料"），如北斗卫星导航设施产生地理信息，但其是否属于测绘成果则存疑。因此，原测绘机构名称上增加了"地理信息"字样，毫无疑问意味着现代测绘扩大了传统测绘的业务范围。同时，鉴于地理信息属于信息资源的一种，而按照国家关于信息化的总体部署，信息资源更加强调开发利用，因此，增加"地理信息"字样，还意味着现代测绘对《测绘法》有关条文的修订，更加重视测绘地理信息的应用。本文后面还将对地理信息进行讨论。

第二，反映总体特征的部分指标的演变，也清晰地表明这一从传统测绘到现代测绘演变的进程。表1给出了一个框架式的全景描绘。

表1 传统测绘向现代测绘转型的几项指标表征

项目	传统测绘	现代测绘
业务类型	单一	多元
服务内容	以基本图为代表的标准服务、产品服务	以需求为导向的灵活服务、内容服务
应用领域	以重大战略、工程建设等公益应用为主	公益性应用，民生需求兼顾
驱动力	政府计划	政府计划和市场共同发挥作用
支撑技术	传统测绘技术	遥感技术、导航定位技术、地理信息技术、信息技术等
服务方式	保障服务	融合服务
时代特征	工业化大生产特征	信息化个性生产服务特征
业务特征	生产、服务环节相互分离	生产即服务
服务模式	产品服务（如标准化地图）	多种形式的信息内容服务

从技术、需求和市场等不同的侧面，我们也可以窥见从传统测绘向现代测绘的转变迹象，主要有如下几个方面。

第一，支撑技术已完全实现数字化、信息化，正在向智能化方向发展。航空航天遥感、卫星导航定位、信息技术已经成为现代测绘地理信息的支撑技术。相应地，航空航天遥感对地观测系统、卫星导航定位系统、通信基础设施等成为测绘地理信息事业生存和发展的重要基础设施；测绘地理信息生产服务也正在逐步脱离以原有相对独立、专业的测绘技术维护测绘基准定位框架，利用地图等工具研究、描述空间关系和空间分布，正在成为上述基础设施的一种应用。所谓"向智能化方向发展"，主要是指大数据、物联网和云计算、人工智能等技术在测绘地理信息领域越来越深的融合应用所带来的测绘地理信息获取、处理及应用的智能水平的提高。当前，许多专家开始采用"地理智慧""地理感知"等术语来讨论测绘地理信息相关问题，其所反映的正是测绘地理信息不断向智能化发展的这一趋势。

第二，生产服务模式已经并正在发生深刻变化。信息技术在测绘地理信息领域的不断深化应用，正在促使传统上相对独立的"生产"与"服务"环节加速融合，"生产即服务"的格局正在加速出现。服务模式也正在发生深刻变化，除各类地图仍然以"产品"的形式向用户提供服务外，"产品"的概念已经越来越不适宜用来称呼其他种类的测绘地理信息服务，即使像网上地图服务这一类服务，"产品服务"的概念也已经越来越模糊。用"信息服务"等术语来称呼现代测绘地理信息服务可能更加准确和传神。"保障"服务越来越被"融合"服务取代。"保障服务"是我们对测绘服务的传统称呼，即使到现在也还在普遍使用。它是指服务方仅仅提供一种保障给被服务方，"服务方"和"被服务方"两者保持相对独立，在发展过程中互不影响、互不干涉。从发展趋势上看，其将逐步被"融合服务"所取代。所谓"融合"服务，是一种服务方式，指服务方与被服务方在服务与被服务的过程中逐步融为一体，形成一荣俱荣、一损俱损的统一体。对当前公益性测绘地理信息来讲，地理国情监测属于"融合式"的服务，一般不具备产品服务的概念；而基础测绘通过标准化产品为经济社会各领域提供保障服务，"标准化产品"是保障方（基础测绘业务）和被保障方（经济社会各领域）发生联系的纽带。

第三，生产服务格局日益多元化。至少在20世纪80年代之前的很长一段时间内，测绘工作的主要内容可以用"基础测绘"这一术语涵盖——当然，可能有人会争论说当时也有"地图出版"等非基础测绘业务，但是笔者认为，可以忽略不计。正是因此，在测绘规划管理工作实践中，往往很难严格区分"测绘发展规划"和"基础测绘发展规划"。如果不敢说"基础测绘是测绘事业的全部内容"这句话，那么应该可以说"基础测绘是测绘事业的唯一支撑业务"。20 世纪 90 年代以来,在市场的力量、技术的力量和需求的力量三股力量的推动下,测绘生产服务格局开始向多样化趋势发展——先是在市场力量的推动下"市场化服务"逐步分离出来,形成由"公益性服务"和"市场化服务"构成的二元服务格局。接着,信息技术的加速融合和需求的快速发展逐步产生"地理国情监测""应急测绘""全球地理信息资源建设"等公益性服务业务,以至于在测绘地理信息"十三五"规划中正式提出"新型基础测绘""地理国情监测""应急测绘""航空航天遥感测绘""全球地理信息资源建设"五大公益服务。同时,民生服务需求的快速崛起又继续加速推进测绘地理信息市场化服务的发展。在这种测绘地理信息业务格局不断多元化的背景下,测绘地理信息管理机构做出反应,2011 年,国务院批准原"国家测绘局"更名为"国家测绘地理信息局",将"地理信息"这一术语加在测绘管理机构的名称中——这意味着:①传统的"测绘业务"发展成为"'测绘'业务 + '地理信息'业务",这是五大业务形成的理论源泉;②测绘地理信息部门的管理职能由过去对"测绘"活动的管理拓展到对"测绘"活动和"地理信息"活动的管理。

第四,生产服务机制已经或者正在发生重大变化。在市场经济的推动下,单纯由政府部门提供、贴有"公共服务"标签的测绘地理信息服务已经成为过去时,"公益性服务"和"市场化服务"共同构成的协同服务成为新时期测绘地理信息服务的全景。其中,"公益性服务"主要由基础测绘构成,根据 2017 年修订的《测绘法》第 15 条,"基础测绘是公益性事业"。"市场化服务"是伴随着市场经济在测绘地理信息领域的发展,大约于 21 世纪初出现的新的服务形态,主要发挥社会资本的作用,挖掘市场创新能力强、灵活的优势,主要面向民生领域参与测绘地理信息服务。同时,信息技术的深化应用不断促使测绘地理信息生产服务逐渐形成以"生产即服务"为主要特点的平台式服务模式,从而对现有生产、服务之间的业务关系发生调整,促使现有分别从事生产与服务的法人单位之间的关系发生演化,逐步形成新的工作机制。

二 中长期发展趋势的预测及分析

进一步梳理可以发现，我国测绘地理信息现状与过去相比，在两个方面变化较大。一是技术变化。例如，大约在 20 世纪末 21 世纪初，我国测绘成功实现技术转型，也就是从模拟测绘向数字化测绘的转变。二是运行机制的转型，即从完全的政府计划机制向政府计划和市场机制共同发挥作用转变。实现这一转变，用了大约几十年的时间，框架性的表述见表 2。顺着这一历史规律，我国测绘地理信息中长期发展趋势就是可预测的。

表 2 我国测绘地理信息事业演变历史的框架性表述

时间	事业定位	服务对象	主要业务	业务形态	运行机制	支撑技术
1956 年之前	军事工作	军事斗争	基础测绘	模拟测绘	以军队为主，政府计划为辅	传统测绘技术
1956 ~ 1997 年	经济社会基础性、先行性工作	经济建设、国防建设、社会发展	基础测绘	模拟测绘	以政府计划为主，军队为辅，市场运行机制开始出现	传统测绘技术为主，并开始与信息技术融合
1997 ~ 2002 年	经济建设、国防建设、社会发展	经济建设、国防建设、社会发展	基础测绘、市场化服务	数字化测绘	以政府计划为主，军队为辅，市场运行机制获得极快发展	传统测绘技术与信息技术融合，形成数字化测绘技术
2002 ~ 2010 年	经济建设、国防建设、社会发展	经济建设、国防建设、社会发展	基础测绘、地理国情监测、应急测绘，市场化服务		政府、市场两种手段共同发挥作用	信息技术进一步得到应用，测绘技术信息化水平提高
2010 ~ 2015 年	经济建设、国防建设、社会发展	经济建设、国防建设、社会发展	基础测绘、地理国情监测、应急测绘、航空航天遥感测绘、全球地理信息资源建设，市场化服务		政府、市场两种手段共同发挥作用；市场化手段进一步发挥作用	信息化测绘技术体系成为测绘地理信息支撑技术
当前	经济建设、国防建设、社会发展	经济建设、国防建设、社会发展、生态文明			市场化手段正在向起决定性作用方向演化	向智能化测绘技术发展

（一）技术视角下的中长期发展趋势

技术因素有可能是对测绘地理信息事业未来走向产生关键性影响的因素。技术因素中，物联网、云计算、大数据以及以此为基础的人工智能等技术产生的影响将可能最大。根据《国家信息化战略》等文件，推进物联网、大数据、云计算等新一代信息技术的广泛使用是我国当前信息化工作的重要内容。从测绘地理信息的角度看，物联网、大数据、云计算的深度应用将形成对整个地球空间进行观察、研究和描述的"一库、一网、一平台"（见图1）。所谓"一库"是指多源、多时相组成的与地理空间相关的数据资源，其是充分利用大数据技术进行数据挖掘、构建新一代测绘地理信息业务体系的基础资源。所谓"一网"，是指物联网，"万物相连"，共同构成对地球空间的感知网。所谓"一平台"，是指适宜进行大规模运算和存储的云平台，是未来模拟地理空间环境的基础设施。

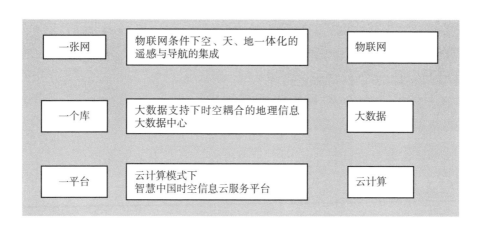

图1　测绘地理信息"一库、一网、一平台"

物联网、云计算、大数据等现代信息技术在测绘地理信息领域的深度应用将会给行业发展带来深刻的、全方位的影响。

可以直接看得见的近期变化（包括目前仍在发生的变化）包括：提升"对自然地理要素或者地表人工设施的形状、大小、空间位置及其属性等进行测定、采集、表述以及对获取的数据、信息、成果进行处理和提供"① 的技术水平、信息化水平和作业方式。例如，可以促使数据生产制作社会化、传输方式多样化、服务形态多元化等，可以促使一些新的测绘地理信息服务加速出现。例如，百度、阿里巴巴、腾讯采用大数据技术为社会提供地理信息服务，滴滴打车、共享单车等由技术融合所产生的基于位置服务的业态。可以预见，在未来几年，各类新奇的、我们目前甚至想不到的服务业态还将层出不穷。

再往前看 20 年，新技术的应用对测绘地理信息所带来的变化可能不单单限于技术及业务层面，甚至在学科、理论等层面均会带来革命性变化。关于学科方面的变化，我们先来看一个关于测绘的定义②：测绘是利用测量仪器测定地球表面自然形态的地理要素和地表人工设施的形状、大小、空间位置及其属性等，然后根据观测到的这些数据通过地图制图的方法将地面的自然形态和人工设施等绘制成地图。

在这一定义中，明确了测绘必须要用"测量仪器"，最终成果是要"绘制成地图"。在物联网、大数据等现代信息技术支持下，基于顺丰、京东等物流公司的快递小哥每天的运行轨迹，完全可以绘制出精度极高的地图——而这无须测绘技术装备的参与。志愿者信息、网上标定等术语所描述的均是相似的事实。那么，如果这不是测绘工作的话，什么才是呢？

由此，未来测绘学科、理论可能均需要进行与时俱进的变革。只有这样才能带来业务层面的技术标准、业务内容以及负责业务建设的具体的人（法人）的组织方式等方面的变革。

再例如，"测绘地理信息"这一组合中，"测""绘"可能逐步演变为获取和表达地理信息的手段之一，"地理信息"相关工作的分量可能进一步加重。必须注意，"地理信息"这一术语更加强调其鲜活性，能准确反映"自然或者人工设施"的现状动态。与此相对照，通过"测绘"所形成的测

---

① 《测绘法》对"测绘"的定义。
② 见宁津生等《测绘学概论》（第三版），武汉大学出版社，2016。

绘成果①——主要为基础地理信息数据库或者地图产品，往往仅能反映"过去"，其在地理信息大类中属于档案类信息，不是现实性信息。在导航应用中，作为底图的导航电子地图就属于"档案性"的地理信息，"导航电子地图＋卫星导航信号"才是我们所称呼的"地理信息"。对各类事物的位置进行跟踪、描述的所谓"位置信息"是地理信息很重要的组成部分。在未来测绘地理信息业务中，位置服务可能是一个十分重要的领域，值得测绘地理信息部门高度关注。

再例如，测绘地理信息主营业务可能会呈现新的阶段性特征，即由过去以地理信息获取、处理、管理为主的积累式发展阶段，经由地理信息获取处理及应用并重视的"应用即服务"的发展阶段，最终过渡为以地理信息应用为中心的新阶段。技术水平的限制使得长期以来测绘地理信息工作以"获取信息、获取信息、获取信息"为主要目标和追求，当然这一阶段性特征不只是存在于测绘地理信息领域，几乎所有相关领域的信息化工作，如国土资源、环境等均表现出这一特点。例如，国土资源部近几年做的国土资源大调查从信息化的角度看，其实质就是信息资源获取工作——而其应用则乏善可陈。信息技术与测绘地理信息技术的不断融合应用正在不断改变这种状况，"应用即服务"正在成为当前测绘地理信息事业发展的一个重要特点。在物联网技术大幅度解决了数据获取问题、云计算技术解决了数据处理能力问题之后，大数据技术的深度应用不可避免地会不断开发出测绘地理信息的新的应用，从而表现出以应用为中心的新的时代特征。

（二）市场和需求视角下的中长期发展趋势

我们除了可以从技术角度对测绘地理信息中长期发展趋势进行把握和预测外，还可以从市场的视角和需求的视角对这一中长期趋势进行研究。

---

① 《测绘成果管理条例》第 2 条规定："本条例所称测绘成果，是指通过测绘形成的数据、信息、图件以及相关的技术资料。测绘成果分为基础测绘成果和非基础测绘成果。"

1. 市场视角下的中长期趋势

释放市场活力，发挥市场在经济发展中的作用，一直是我国推进改革所追求的目标之一。十八届三中全会通过的《中共中央关于全面深化改革若干重大问题的决定》更是直截了当地要求要"发挥市场的决定性作用"。因此，在对测绘地理信息事业发展进行整体谋划时，市场因素是一个需要认真考虑和认真对待的因素。

早期的测绘地理信息工作是军事工作，测绘地理信息成果是军事情报，与经济建设几乎不发生联系。这导致市场经济规则在测绘地理信息领域的运用一直不太顺利，即使目前测绘地理信息已经广泛应用于经济建设各领域，市场在推进测绘地理信息事业发展中应当发挥的作用仍然不充分。2017 年新修订的《测绘法》第一次将鼓励发展地理信息产业列入法条，从立法的角度对发挥市场的作用提出要求。这是针对测绘地理信息部门的工作要求，同时，也为我们对测绘地理信息的未来发展趋势作出预测提供了依据。假如根据测绘地理信息"十三五"规划的划分方法，未来全部地理信息服务将可以由 5 项公益性服务（新型基础测绘、地理国情监测、应急测绘、航空航天遥感测绘、全球地理信息资源建设）和 1 项市场化服务（从经济学的角度看，就是地理信息产业）构成，那么，在各级测绘地理信息部门完成 5 项公益性服务业务的基本建设任务后，将转入对存量业务内容的常规维护更新，业务增量将非常困难。而大规模的业务成长点将来自地理信息产业——在现代高新技术应用和市场力量的双重推动下，将催生海量新业务、新服务；测绘地理信息对经济社会的服务将更加丰富、有效。这也提醒各级测绘地理信息部门，不但要重视培育各类公益性服务，更要提高对地理信息产业的管理水平，为应对将来的大发展做好充分准备。

2. 需求视角下的中长期趋势

传统测绘和现代测绘在需求上的差别是最明显的，主要有两点。一是民生需求的崛起和快速发展。很长一段时间内，测绘的民生需求很少，几乎可以忽略不计。因此，新闻报道经常视测绘部门为"神秘部门"——公众知之甚少。最近几年，伴随着信息技术与测绘地理信息技术的加速融合，特别是美国 GPS、中国北斗等基础设施的应用，民生需求迅速崛起，导航定位、分享经济、位置服务等业态蓬勃发展，测绘地理信息服务也从曲高和寡走向大众合唱，并进而成为与民生紧密相关的行业之一。二是国家战略性需求凸显。传统测绘由于服务能力受制于技术等因素，服务对象主要限于工程建设，难以企及国家重大战略的编制实施等。十八大之后，技术的快速发展，再加上中央加快实施"走出去"等战略，拓展测绘地理信息服务范围的可能性和必要性上升，从而推动测绘地理信息的工作范围由陆地向海洋、由地上向地下扩展，未来会向虚拟空间扩展、向太空扩展。测绘地理信息以全球作为工作对象可能是其未来中长期趋势之一。另外，伴随着军队改革的不断深化，国防建设和军事斗争对测绘地理信息的需求特点也在快速变化。鉴于军队不断向"能打仗、打胜仗"聚焦，可以预见，其测绘地理信息保障更多的将通过军民融合途径交由地方承担，从而深度影响未来测绘地理信息事业的走向。

三 对测绘地理信息部门相关工作的启示

（一）认清时代特征

上述关于近期和中长期的趋势分析，带给作为行业管理部门的测绘地理信息部门的第一个启示就是，应当对当前及今后测绘地理信息发展的时代特征有一个清醒的认识，并以此为基础，逐步实现自身工作理念、工作内容、工作方法的转变，从而带动整个行业实现从传统到现代的转型。

从目前的认识水平，这种对当前时代特征的认识至少应当有三点：这是一个技术快速融合发展的时代，是各类数据快速累积并日益资产化的阶段，更是一个市场经济逐步起决定性作用的时代。"技术快速融合"主要体现测绘地理信息相关基础设施，如北斗系统、对地观测体系等的广泛应用，体现在大数据、云计算和物联网以及人工智能等技术与测绘地理信息技术的不断融合以及不断产生的新的服务形态。这一过程目前刚刚起步，未来20年将是其快速发展的时期。"数据的快速积累和资产化"主要体现在数据在经济建设中的价值体现越来越直接，没有数据，就意味着大数据技术以及人工智能技术没有基础，也就意味着经济发展将受到致命影响。数据越来越成为信息经济发展的土壤。测绘地理信息部门推动产业转型，不但要重视政府数据，更要重视社会数据和企业数据，打造畅通机制，整合政府数据、社会数据、企业数据成为测绘地理信息部门的重要施政内容。"市场经济起决定性作用"意味着各级测绘地理信息部门要尽快纠正只重视政府公益服务，不重视地理信息产业发展的倾向，将工作思路调整到以研究市场、推动产业发展为主的轨道上来，尽快形成相应的体制机制，为后续测绘地理信息事业的发展奠定基础。

（二）实现四个转变

一是大力推进测绘地理信息领域市场经济发展，由政府主导推动事业发展向政府和市场共同推动事业发展转变。二是适应测绘地理信息"大众化"发展趋势，推动由事业型测绘向管理型测绘转变。将过去重视微观和公益项目等转到注重行政管理上去，通过标准、规划、质量、地图审查等，加强对整个市场化地理信息服务的监管，凸显测绘地理信息部门在推动事业发展中的作用和地位。三是着眼形成多层次、全方位服务的能力，推动由单一地图和地理信息数据服务为主向网络化、综合性的地理信息服务转变。四是树立"服务即是生产"的理念，将应用服务作为中心和牵引，推动由生产型测绘向服务型测绘转变。

（三）重视业务拓展

根据前文对测绘地理信息的趋势分析，未来测绘地理信息部门拓展业务领域，重点方向应当有两个方面。一是民生需求。当前，我国保障和改善民生已经发展到了新的阶段，以解决人民温饱为目标的基本层次已经成功跨越，回应和满足人民对就业、教育、文化、社保、医疗、住房等领域更高层次的民生需求成为新时期的重要任务。而每一个领域需求的实现，无不与大数据、云计算、物联网等技术的发展和应用密切相关。地理信息技术作为信息技术的组成部分，已经为解决和改善民生发挥了重要作用。在社会管理方面，基于地理信息技术的领导机关决策系统、数字城市、智慧城市等在社会管理服务中发挥着重要作用。在移动出行方面，车辆和行人导航应用基本普及，各类运营车辆、船舶的位置监控已成标配，互联网＋地理信息＋车辆（人、饭店……）等形成的酒店定位（携程、去哪儿）、热门餐馆定位订餐、网约车（滴滴、优步）、公共自行车租赁、交友（微信摇一摇、陌陌）等各种新型应用层出不穷，深刻地改变着人们的生活方式。在守护人民财产安全方面，用地理信息语言描述的地理位置、房屋面积、房屋结构、产权归属等不动产信息构成了不动产的法律要件，与每一个人息息相关。在应急响应方面，地理信息技术对于了解灾情、指挥决策、抢险救灾及恢复重建的作用不可替代，在抗击汶川、玉树等地震以及舟曲泥石流等重大自然灾害中大显身手。在可穿戴设备方面，基于北斗以及其他相关技术的可穿戴设备（手表、手环等）等，已经广泛渗透到老人和儿童关爱、宠物护理等社会服务领域。在环境监测方面，地理信息广泛应用于大气污染源监测、城市空间扩展、植被覆盖变化、地表沉降监测，对改善人民生活环境发挥了重要作用。基于地理信息建立的精准治霾系统，更是直接呼应了人民对天更蓝、水更清、山更绿的美好生活环境的期待。在农业生产方面，地理信息技术广泛应用于农业资源调查与管理、精细农业，对 13 亿中国人填饱肚子吃饱饭作出了应有贡献。二是战略需求。尤其是当前，中国与世界的关系正在发生深刻变化，同国际社会的互动变得空前紧密。我国对世界的需求、对国际事务的参与在不断加深，同时世界对我国的需求、对我国的影响也在不断加深。在新形势新挑战下，测绘地理信息行业应主动了解国际需求，发挥自身优势，加快与"走出去"、"一带一路"、国际产能合作等国家战略相结合，加强顶层设计，逐渐提升我国测绘地理信息的国际影响力。着力推进全球大地基准参考框架体系建设，加快全球卫星测绘应用体系建设，丰富全球地理信息数据资源等，全面提升我国测绘地理信息全球保障服务能力。

B.12
关于测绘地理信息公益性
科研发展的思考

程鹏飞 *

摘　要：　本文从定位、主体及任务三方面介绍了我国测绘地理信息公
益性科研的内容，分析了在管理方式、经费投入、成果"落
地"、评价体系等方面存在的不足，并结合国家深化科技管理
制度改革要求及新时期测绘地理信息"五大业务"体系建
设，提出了今后测绘地理信息公益性科研发展的思路与建议。

关键词：　测绘地理信息　公益性　科技创新

一　引言

科技创新已成为测绘地理信息事业转型升级、提质增效的第一动力与核
心支撑。全球新科技革命正为测绘地理信息科技创新注入新动力。以智能、
泛在、融合和普适为特征的新一轮信息产业变革，加速了学科间的渗透和融
合，深空、深海、深地探测技术的不断突破，拓展了测绘地理信息科技的研
究空间，全球室内外定位导航技术的广泛应用，开启了测绘地理信息大众化
时代，人工智能、大数据、云计算、物联网等技术的日趋成熟，提高了地理
信息处理效率；丰富了地理信息服务方式，3D 打印、虚拟现实、增强现实

＊　程鹏飞，中国测绘科学研究院院长，研究员，博士生导师。

技术的蓬勃发展，使测绘地理信息产品的表现形式和应用方式更加丰富，为测绘地理信息科技开拓了更加广阔的应用领域和空间。

当前，国家创新战略的实施为我们抢抓技术革新制高点、推动测绘地理信息创新指明了方向。《中共中央、国务院关于深化体制机制改革　加快实施创新驱动发展战略的若干意见》（以下简称《实施意见》）、《深化科技体制改革实施方案》、《促进科技成果转化法》、《促进科技成果转移转化行动方案》以及国家测绘地理信息局《关于加强测绘地理信息科技创新的意见》等相关深化科技体制改革的政策文件的出台，为破除制约测绘地理信息科技创新的思想障碍和机制藩篱提供了制度和政策保障。《实施意见》中更是明确指出，要遵循规律、合理分工、分类改革，增强高等学校、科研院所的原始创新能力。

面对新形势，公益性科研作为测绘地理信息科技创新体系的重要组成部分，需要进一步发挥科技引领和支撑作用，加强基础研究和前沿技术研究，突出国家目标和社会责任，为加快建设创新型行业、把握发展主动权、提高核心竞争力提供科技保障。因此，本文对测绘地理信息公益性科研的内容、问题及发展思路进行了探索。

二　测绘地理信息公益性科研的内容

（一）测绘地理信息公益性科研的定位

科技创新是一项系统工程，包括了理论创新、技术创新、应用创新以及产业创新等诸多环节。测绘地理信息行业作为科技密集型行业，其发展和转型不仅仅是依靠某项技术、某项产品的发明研制，更是需要全创新链条的全面支撑。测绘地理信息公益性科研作为测绘地理信息科技创新体系中的重要环节，以政府财政资金投入为主，需要将国家战略及行业发展需求和科学探索目标相结合，强化原始创新，发挥源头创新作用。特别是聚焦涉及行业长远发展的"卡脖子"问题，前瞻布局应用基础理论研究，积极探索新思想、

新发现、新知识、新原理、新方法，重点攻克战略性技术，实现关键核心技术安全、自主、可控，支撑产业技术变革，为测绘地理信息事业转型跨越发展提供有力的基础性科技支撑。

（二）测绘地理信息公益性科研的主体

中共中央、国务院《深化科技体制改革实施方案》明确指出，科研院所和高等学校是源头创新的主力军，必须大力增强其原始创新和服务经济社会发展能力。可见，科研院所和高等学校是公益性科研的主力军。测绘地理信息公益性科研的主体是行业内相关公益性科研机构，由各级公益性测绘地理信息研究机构以及相关高校组成。我国测绘地理信息公益性科研机构和队伍经历了一个从无到有逐步壮大的过程，其中以中国测绘科学研究院与武汉大学为代表。1959 年国家测绘局成立测绘科学研究所（现中国测绘科学研究院），2004 年通过了国家公益类科研院所科技体制改革评估，是测绘地理信息行业最大的多学科综合性研究机构。1956 年，教育部成立了武汉测量制图学院，后于 2000 年并入武汉大学。在全国同类学科中，武汉大学测绘地理信息学科门类最齐全、规模最大、办学体系最完备。

（三）测绘地理信息公益性科研的主要任务

当前，测绘地理信息行业面临推进供给侧结构性改革的急迫任务。本行业公益性科研工作应按照国家测绘地理信息局制定的"加强基础测绘、监测地理国情、强化公共服务、壮大地信产业、维护国家安全、建设测绘强国"的总体发展思路，突出公益性、基础性定位，为行业发展提供强有力创新供给，具体任务如下。

1. 行业基础前沿理论技术研究

紧盯国际学术前沿，依托国家重大研发专项、国家自然科学基金等项目，加大测绘地理信息基础理论和应用基础研究力度，潜心探索，增强行业原始自主创新能力，谋划未来测绘地理信息发展的重大方向，形成项目库储备，努力打造国家测绘地理信息行业智库。

2. 国家重大测绘工程科技保障

紧扣国家重大测绘地理信息工程的建设需求，凝聚优势科研力量，加强跨学科交叉融合，开展协同技术攻关，突破全球空间基准、地理国情监测、应急地理信息高速处理与集成分析、多源遥感影像处理与服务等关键性技术，为各项工程的顺利实施提供技术保障。

3. 实用化装备产品自主研制

面向国家战略性新兴产业和测绘信息化需要，加快实时化数据获取产品、自动化数据处理产品和网络化数据服务产品等自主产权装备体系的研制，力争将相关装备推进国际市场。

4. 国际交流合作

加快全面开放、国际接轨步伐，积极加入各类国际测绘地理信息学术组织机构，积极争取、参与各类国际科技合作项目，与国外相关机构建立固定的交流互访机制，加强青年人才国际交流能力的锻炼与培养，全面提升我国科技成果的国际影响力。

三　测绘地理信息公益性科研存在的问题

面对新形势下国民经济与社会发展对地理信息的强劲需求，测绘地理信息公益性科研的创新能力和支撑条件仍需进一步加强，主要的问题与不足如下。

（一）科研管理方式粗放，评价体系不科学

科研创新活动具有其自身特殊的规律。习近平总书记在2016年5月30日全国科技创新大会、中国科学院第十八次院士大会和中国工程院第十三次院士大会、中国科学技术协会第九次全国代表大会讲话中明确提出，尊重科学研究灵感瞬间性、方式随意性、路径不确定性的特点。作为多学科交叉领域，测绘地理信息公益性科研的这三个特点尤为明显。然而，现有的测绘地理信息公益性科研管理方式及评价体系主要延续了生产管理思路，将科研活

动基本等同于生产活动，主管部门对科研院所的管理、给予的政策也缺乏针对性。管理体制存在诸多制约创新发展的因素，部分规章制度不符合科研创新自身的规律。比如，对于科研项目的预算、实施等全过程的要求，基本等同于对测绘产品生产的要求；对公益性科研创新的评价体系也相对主观、落后，评级指标相对侧重发表文章和获得奖项的数量级别，而非成果推动事业和产业进步的情况。这些现象直接导致了科研立项阶段、实施过程和科技成果的功利心和不实用，相当多所谓科技成果只能用来评奖，不能解决实际问题。长此以往，必将限制真正的科技创新。

（二）科研经费投入不稳定，整体规模偏小

当前测绘地理信息公益性科技经费来源主要为科技部重大项目以及基础测绘生产性试验，由于科技部经费主要通过竞争获得，存在较大的不稳定性，并且项目内容并非完全是实际所需。而基础测绘生产性试验则立足生产所需的技术革新和应用试验，故而对行业发展所需的培育性、基础性研究无法很好地支持，使测绘地理信息长远发展受到影响。另外，统计数据显示，基础测绘生产性试验经费对行业内公益性科研的年平均支持经费额度约2500万元，科技部各类科技计划的年平均支持经费额度约3000万元[①]，两项合计为5500万元，与百度、腾讯等大型高新技术企业相关的研发投入相比，体量依旧偏小，无法完全满足公益性科研工作的需要。

（三）原始创新能力不足，科研力量布局不均衡

目前，测绘地理信息公益性科研内容以模仿跟踪与集成创新为主，战略性、方向性储备不够，自主创新能力有待进一步提高，缺乏具有核心竞争力、能参与国际竞争的技术及设备，国际影响力不强。此外，测绘地理信息科技公益性科研力量布局存在"贫富差距"现象，不同学科发展不均衡，某些"热门"研究方向同质化严重（如有些单位在同一科研方向上存在多

---

① 宁镇亚：《深化测绘地理信息科技体制改革》，《测绘地理信息发展动态》2014年第73期。

支研究团队），无法有效形成合力，难以实现协同创新。与之相反，由于经费及政策等原因，部分学科人才断层明显，长期缺乏学术带头人，导致组织模式离散，后继乏人，无法保证长期稳定的科研需求。

（四）成果"落地"水平不高，产业支撑能力有待加强

近年来，各测绘地理信息公益性研究科研成果产出丰厚，然而，从科技成果到实用产品的"最后一公里"没有完全打通，科技成果在适用性、易用性、可操作性上与业务化应用存在差距，与行业需求结合的紧密度明显不够。有很多较为前沿的、理论性的优秀成果由于其转化难度较高、所需周期较长、经费投入较大，研究机构自身无法承担，且无法从国家科技项目和基础测绘生产性试验经费中得到足够数量的稳定支持来进行培育性、应用前瞻性的转化研究，致使这些成果束之高阁，没有能够发挥应有的作用，不能满足测绘支撑保障和产业发展对于科技成果的需求。

四　测绘地理信息公益性科研发展的思路建议

（一）用好改革红利，深化科技管理制度改革

李克强总理曾经在国务院常务会议上明确指出，人类的重大科学发现都不是"计划"出来的，必须给科学家创造更多的空间，释放他们更大的活力。现代科研活动正朝着团队化、规模化方向发展，不能单单依靠科学家"牛顿式"的灵感乍现，更需要科技工作者们的集体智慧，相互启发思路，协同解决问题。这就要求测绘地理信息公益性科研体制机制及管理实施要充分尊重科研创新自身的规律，对科研活动进行科学的组织管理，将个人的创新能力集成为团队创新合力。因此，应该严格按照国家关于深化改革的总体要求，借助国家科技体制改革的良好契机，在国家改革的总框架内，用好用活改革红利，从单位自身管理机制上打破桎梏，按照公益性科研工作的特点，进一步优化各类公益性研究机构制度环境。比如，改革完善绩效评价办

法，从研究成果数量转向研究质量、原创价值和实际贡献，强化国家目标和社会责任评价；创新科研职工收入分配激励机制，落实成果转化激励，激发科技人员的创新热情；创新管理方式方法，一切以服务创新为管理的出发点和落脚点，将科研人员从烦琐的管理事务中解放出来；推进与落实科研经费使用和管理制度改革，完善科研经费预算调整方式，提高科研经费使用效率等。

（二）主动跨界，激发科技创新活力

随着科学技术的发展，测绘地理信息技术应用领域不断拓展，测绘地理信息发展呈现全民化趋势，测绘地理信息已经渗透到经济社会生活的方方面面，促使更多相关领域跨界参与测绘地理信息的生产。测绘地理信息科技公益性科研格局已发生根本性的变化，不再局限于传统测绘地理信息高校及科研机构，城市规划、生态环境、经济管理等领域公益性科研单位也成立了相关测绘地理信息研究部门，百度、微软、阿里巴巴等大型 IT 企业更是斥巨资加大对室内定位导航、高精度无人驾驶地图、时空信息挖掘等基础性地理信息技术的研发力度。因此，在当前这种发展格局下，不能继续闭门造车搞科研，应紧密跟踪交叉学科和新兴学科发展趋势，以测绘地理信息科技发展需求为纲领，设计未来测绘地理信息基础理论及行业高技术的发展蓝图，在前沿技术领域，主动与其他相关行业研究单位以及大型高科技企业对接应用需求，鼓励学科的交叉融合，逐渐打破专业间的隔阂，加强跨领域、跨专业合作，将来自各领域的科研力量凝聚成攻坚克难的合力，激发创新活力，把创新能力转化成创造新供给的强劲动力。

（三）引培并重，优化人才队伍结构

"功以才成，业由才广。"人才是测绘地理信息科技创新的根本，也是创新的基础要素。实践证明，一个人才可以引领一项科技创新，催生一个产业，带动一方发展，影响乃至改变世界。《测绘地理信息事业"十三五"规划》明确提出"我国测绘地理信息整体实力达到国际先进水平"的发展目

标。相比世界发达国家，我国测绘地理信息公益性科研人才队伍还有一定差距，还无法完全满足上述要求。因此，应进一步健全完善人才引进、使用、评价机制，利用好国内、国际两个资源，注重国际化人才培养，为人才成长创造良好的科研环境，形成结构合理、具有国际影响力的测绘地理信息公益性科研队伍。以国内高等院校和科研院所为依托，培养高素质的测绘地理信息科技创新人才，鼓励青年科技骨干创立新方向，开辟新领域，培养青年科技带头人。建立健全项目实践中人才的培养、选拔机制，造就一支由科技领军人才、学术带头人、科技创新骨干组成的年轻化、专业化的测绘地理信息科技队伍，以及一批高水平的科技管理干部队伍。同时，加大海外人才引进力度，积极申请"千人计划""青年千人计划"等国家人才项目，着力引进本行业基础理论与关键技术方面急需和紧缺的高层次人才，积极邀请国外高水平科技和管理人才来华工作，吸引全球智慧，服务于我国测绘地理信息科技创新。

（四）明确方向，提高测绘地理信息行业生产力

测绘地理信息公益性科研的核心在于推动行业生产力的发展，催生和壮大新兴产业业态。《测绘地理信息事业"十三五"规划》提出，要"构建新型基础测绘、地理国情监测、应急测绘、航空航天遥感测绘、全球地理信息资源开发等协同发展的公益性保障服务体系，显著提升地理信息产业对国民经济的贡献率"。"十三五"规划的颁布，为今后测绘地理信息公益性科研工作明确了方向。测绘地理信息公益性科研工作应紧扣行业转型升级重大需求，紧紧围绕"五大业务"体系建设，促进科研成果与实际作业需求的结合，加大对测绘生产一线的科技支撑力度，把科技创新能力变成实实在在的生产力。进一步强化应用性科技项目的顶层设计与生产需求紧密结合，逐步实现科技选题来源于生产、服务于生产，通过科技项目的实施切实提升行业整体技术水平。同时，加强公益性科研单位与各级测绘地理信息生产的技术联系，本着"优势互补、互惠互利、共同发展"的原则，依托有条件的生产单位，开展新方法、新技术、新装备中试工作，完

善科技成果技术支撑体系，对科技成果应用问题"早发现、早解决"。根据国家关于科技成果转化改革精神，建立公益科研机构与企业间的成果转化机制，健全技术研发与市场推广的协同机制，提升科技创新对地理信息产业的支撑力度。

（五）拓展渠道，加大测绘地理信息公益性科技创新投入

科技经费投入是测绘地理公益性科研工作又好又快发展的基本保障。面对测绘地理信息行业日益强烈的科技创新需求，要在用好现有科技经费资源的基础上，继续拓展新渠道，加大测绘地理信息公益性科技创新投入。在目前国家整体科技投入以竞争性为主体的前提下，依托国家及国家测绘地理信息局相关科技计划，积极拓展地方科技项目、成果转化收益、市场科技项目等经费渠道，统筹安排，合理布局，加大原始创新的投入，对重点方向保持稳定投入，实现测绘地理信息公益性科研工作可持续发展。一是服务好测绘地理信息行业，建立行业内稳定投入渠道。面向国家测绘地理信息事业发展，重点研究制约行业发展的共性技术和关键问题，在国家测绘地理信息层面建立相对稳定的经费支持。面向地方测绘地理信息服务，研究符合地方多样化要求的测绘地理信息产品，争取获得地方经费支持。二是服务国家总体战略和工程，积极申请国家级科技项目。继续发挥测绘地理信息公益性科研队伍在国家科技计划项目中的作用，研究解决影响我国经济社会发展的测绘地理信息方面的基础和关键问题，促进国家工程战略的实施，为国家经济建设服务。三是开拓渠道，服务好行业外部门和单位。积极拓展测绘地理信息的服务领域和范围，开发适合外行业（单位）使用的测绘地理信息产品。

五　结语

当前，国际上新科技革命风起云涌，国内创新驱动发展战略持续推进，在新形势下，测绘地理信息公益性科研工作需要抢抓机遇，明确定

位，直面自身在管理方式、经费投入、成果"落地"、评价体系等方面的不足，围绕新时期测绘地理信息"五大业务"体系建设，深化科技管理制度改革，激发科技创新活力，优化人才队伍结构，把创新能力转化成创造新供给的强劲动力，为测绘地理信息供给侧结构性改革提供坚实的科技保障。

B.13
四川省测绘地理信息科技协同
创新能力建设实践与思考

马　赟*

摘　要： 科技协同创新能力建设是促进测绘地理信息科技创新的重要
手段。本文首先分析了测绘地理信息协同创新的现状；然后
围绕体制机制建设、创新平台建设、关键技术突破等方面，
重点介绍了以"421"为基础的四川省测绘地理信息协同创新
体系；最后结合近年来的协同创新实践，总结了四川省测绘
地理信息协同创新的主要经验，并提出了未来提升协同创新
能力的举措。

关键词： 测绘地理信息　协同创新　能力建设

　　十八大以来，随着全面深化改革的持续推进，我国经济发展进入新常
态。受资源环境承载力限制，传统的依靠要素驱动的经济发展模式遇到瓶
颈，基于创新驱动的增长方式逐渐发展为经济社会发展的主导模式，以协同
创新为重要抓手的创新驱动发展战略成为我国的重要发展战略。地理信息产
业是我国战略性新兴产业，在经济社会发展中的作用日益凸显。随着与云计
算、物联网、大数据等高新技术的深度融合，地理信息产业正朝着获取立体
化、实时化，处理智能化、自动化，服务网络化、社会化方向发展，这对地

---

* 马赟，国家测绘地理信息局法规与行业管理司司长，高级会计师，注册会计师。

理信息产业的协同创新提出了更高的要求。

四川省是全面创新改革试验区之一，全面创新发展成为四川省转变经济发展方式、培育新经济增长动能的重要手段。同时，四川省是测绘资源大省，经济社会发展对测绘地理信息的需求旺盛而紧迫，测绘自身的科技特性与新经济、新需求的融合进一步加强。近年来，四川省测绘地理信息局（以下简称"四川局"）围绕创新驱动发展战略，充分发挥科技创新的引领、导向和支撑作用，积极培育地理信息产业发展提质增效的新动能，构建了以"421"为主体的测绘地理信息科技创新体系，用科技创新支撑四川省地理信息产业转型、升级、发展。

一 科技协同创新现状

（一）产学研用协同创新现状

"协同创新"由美国麻省理工学院斯隆中心的研究员彼得·葛洛（Peter Gloor）最早提出，是指创新资源和要素有效汇聚，通过突破创新主体间的壁垒，充分释放彼此间的"人才、资本、信息、技术"等创新要素，从而实现深度合作。

世界各国的协同创新组织和机制各不相同。在美国，企业、科研机构和大学间通过建立基金资助、联合共同培养等方式，实现了产学研协同创新。德国、法国等欧洲国家，在国家层面设立科教协同机构，统一高校与科研机构间的协同创新工作；日本成立具有研究机构和高等教育双重属性的"大学共同利用机构"，实现科教协同创新。

在国内，教育部和财政部于2012年联合召开会议正式启动实施"高等学校创新能力提升计划"，即"2011计划"。2013年教育部公布了首批14个国家协同创新中心，涵盖了量子物理、化学化工、生物医药、航空航天等多个领域。每年，各省协同创新中心数量都在不断增加。

2015年8月，四川省作为西部地区唯一省份，被确定为国家系统推进全面创新改革试验区。同年11月，省委十届七次全会审议通过《中共四川省委关于全面创新改革驱动转型发展的决定》，把全面创新改革列为全省的"一号工程"；12月，四川省委十届七次全会发布了推动四川创新发展工作的"十大任务"，通过五大举措推进产学研协同创新。一是推进制定一批产业技术路线图，二是支持攻克一批产业关键技术，三是支持建设一批产学研创新平台，四是支持培育一批产学研合作创新团队，五是选择一批院所高校企业开展改革试点。2016年，国务院批复同意《四川省系统推进全面创新改革试验方案》。2017年1月，四川省人民政府办公厅印发《四川省"十三五"科技创新规划》，提出到2020年，全省总体进入创新驱动发展阶段，创新型经济格局初步形成，加快建成国家创新驱动发展先行省和创新型四川。

（二）测绘地理信息协同创新现状

近年来，特别是"十二五"以来，国家测绘地理信息局（以下简称"国家局"）大力实施创新驱动战略，全力推进测绘地理信息全行业协同创新工作，推动测绘地理信息事业转型升级。在科技创新规划方面，2015年国务院批复同意的《全国基础测绘中长期规划纲要（2015~2030年）》将测绘地理信息科技创新和标准化建设作为主要任务，2016年国家局与国家发展改革委联合印发的《测绘地理信息事业"十三五"规划》将加强企业、科研院所、高校、事业单位协同创新作为主要目标，通过规划增强测绘事业转型发展动力。在政策引导激励方面，印发了《关于加强测绘地理信息科技创新的意见》，对做好新时期测绘地理信息协同创新工作进行了全面部署。在重大项目牵引方面，围绕第一次全国地理国情普查等国家重大战略工程的实施，先后与中央部委局、省市、高等院校等签订了战略合作协议，联合国内高校、科研院所和企事业单位共同成立地理信息科技创新战略联盟、区域协同创新中心，并与国外科研机构开展合作，不断推动产学研用各方资源整合，构建产学研用一体化的协同创新体系。

按照国家局部署，四川局积极响应国家关于协同创新发展要求，研究国内外协同创新发展形势，围绕四川省经济社会发展以及民生需要，结合行业特点与自身实际，积极探索实践产学研用协同创新，不断巩固夯实测绘地理信息协同创新的基础。通过建立与科研机构、高校、企事业单位的合作交流机制、签订战略合作协议、支持多家单位联合申报及实施科技研发项目等，显著提升科技创新能力和科技合作水平，推动科技成果转移转化。在科技协同创新能力建设方面积累了经验，并取得了一些可喜的成果。

二 四川省测绘地理信息协同创新实践探索

"十二五"以来，四川局紧紧围绕国家、省委省政府战略部署，积极实施创新驱动发展战略。通过加强体制机制建设、大力打造科技创新平台、突破核心关键技术，大幅提升四川局科技自主创新能力，形成四川省测绘地理信息科技管理新格局。

（一）体制机制建设

1. 创新科技管理机制

四川局"十二五"期间进一步创新科技管理机制，提升科技创新能力和管理水平。一是形成科技工作运行新机制。全力打造院士领衔的专家支持团队；建立面向全省的测绘地理信息科技委员会，30 位专家进入四川省科技专家库；建立项目首席专家制度；发布年度测绘地理信息科技指南。二是完善内部管理制度。修订科学技术奖励办法、科技项目管理办法、科技创新平台管理办法等内部管理制度 10 余项，编制科技项目格式范本。

2. 加强科技创新支撑体系建设

四川局大力实施直属单位"一院一品"转型发展战略，加强科技创新支撑体系建设，积极拓展科技创新经费投入渠道，加大对关键技术研究、人才队伍建设和重大装备配备的支撑力度。

一是争取多渠道经费投入。"十二五"期间，四川局形成国家、省、局多渠道经费投入机制，共投入科研经费 9987 万元，其中争取国家投入 2290

万元、省级投入 3861 万元、局自筹 3836 万元。二是壮大人才队伍规模。四川局现有享受政府津贴、国家局青年学术和技术带头人、四川省有突出贡献的优秀专家 36 人，博士 15 人，硕士 209 人；通过创新平台凝聚了 32 名业界科技专家，包括 5 名院士、20 名教授。三是推进重大装备提升。引进了 Z5 大型无人直升机，研发无人机集群灾情信息获取系统，解决了长航时、多载荷和复杂地形条件下影像快速获取等技术难题。

（二）创新平台建设

"十二五"期间，四川局整合产学研用各方的优势资源，建成了应急测绘与防灾减灾工程中心、数字制图与国土信息应用工程重点实验室、地理国情与资源环境承载力监测工程中心、导航与位置服务工程中心 4 家工程技术研究中心，牵头组建了四川省北斗卫星导航产业联盟和长江经济带地理信息协同创新联盟，成立了国内首家省级地理信息产业技术研究院，初步形成了"四中心两联盟一院"为主的科技创新平台体系。

通过强化科技创新平台建设，一是聚集了一批创新型人才，打造了一批科技创新团队，支撑了全省、全局测绘地理信息产业创新发展；二是共同申报各类地理信息重大科技计划项目，促进了核心关键技术问题解决、科技成果转化应用；三是深化对外合作，全面提升了协同创新能力，增强了全局转型发展动力。

1. 四川省地理国情与资源环境承载力监测工程技术研究中心

四川省地理国情与资源环境承载力监测工程技术研究中心属于省级工程技术研究中心，由四川局联合成都理工大学、四川省经济发展研究院、四川大学循环经济研究院共同组建。

中心开展地理国情与资源环境承载力监测的关键技术研究与成果转化应用，保障了四川省第一次全国地理国情普查与四川省资源环境承载力试评价等项目的顺利实施。

2. 长江经济带地理信息协同创新联盟

长江经济带地理信息协同创新联盟是长江沿线测绘地理信息公益性智库

联合体,是国家地理信息创新平台和创新基地。联盟由四川局牵头,联合全国相关测绘地理信息主管部门、著名高校、全国知名地理信息企业共 32 家单位共同组建。

联盟组织成员单位围绕长江流域生态安全、立体交通、城镇化建设等提供长江经济带卫星导航位置服务、"图说长江"系列产品开展长江经济带地理信息服务平台、长江流域地理信息保障服务体系建设。

3. 四川省地理信息产业技术研究院

四川省地理信息产业技术研究院是全国首家省级地理信息产业技术研究院,由四川局统筹,由六家在数据采集处理、地理信息服务、系统开发等方面具有代表性的单位共同出资,以股份制企业法人单位组建。

产业技术研究院已组建 100 人左右的覆盖地理信息所有专业的外围专家队伍,开展地理空间大数据关键技术、基于 Tango 的虚拟现实技术与室内导航定位的结合应用等技术研发,推动精准扶贫地理信息系统等社会化应用。

同时,应急测绘与防灾减灾工程中心在应急测绘、应急信息服务和地质灾害监测预警等领域,数字制图与国土信息应用工程重点实验室在地理信息可视化、地理信息综合与更新、地理信息服务平台、地理信息空间分析及数据挖掘、国土信息应用等领域,导航与位置服务工程中心、四川省北斗卫星导航产业联盟在卫星导航与位置服务等领域积极引智纳贤,开展协同创新,加强核心技术研发和科技成果社会化应用,成为四川局"一院一品"战略的有效支撑以及四川省测绘地理信息产业飞速发展的强劲动力。

(三)科技创新体系建设

1. 四川省信息化测绘技术体系

从 2005 年开始,历时 10 余年,四川通过国家与地方重大基础测绘工程、国家"863"计划、国家自然科学基金、国家公益性科研专项的实施,采用产学研用协同创新的方式,利用科技创新驱动及装备升级改造,在"十二五"末,率先全面建成省级信息化测绘技术体系,极大地提高了四川省测绘地理信息服务社会经济发展的能力与水平。

四川建立了现代测绘基准、航空航天遥感资料快速获取、多源数据快速处理与地理信息动态更新、重大基础测绘生产业务信息化等"四大技术支撑体系"和现代测绘基准、应急测绘保障、网络化服务"三大地理信息综合服务体系"。开展了区域地壳运动复杂多变环境下应急测绘基准快速恢复与动态维持方法、综合利用机载 SAR 及遥感影像的省级基础地理信息数据规模化生产成套技术方法、知识约束的专题地图制图和特征保持的自动化地图综合方法、基于最小粒度算子库的多层次质检方法以及集"基础库、专题库、应急库"三库一体的地理信息保障与灾情快速评估方法等科技创新工作,解决了数据获取实时化、数据处理自动化、质检流程自动化、位置服务实时化等难题。

"十二五"以来,四川依托省级信息化测绘技术体系,建设形成的现代测绘基准维持与更新、制图数据和 GIS 数据一体化生产和建库、测绘地理信息成果信息化质检、应急测绘保障服务、网络化地理信息服务等成果,在全国 20 多个省市、100 多个政府部门和企事业单位推广,产生的经济效益达 10 亿元,促进了测绘整体技术水平的提升和产业升级。

2. 四川省应急测绘保障技术体系

"十二五"期间,四川局认真履行测绘地理信息保障服务职能职责,围绕灾情侦查、灾害调查、灾害评估、规划重建根本任务,全力开展应急测绘保障体系建设,构建了以"一库三心一系统"为核心的应急测绘保障技术体系。

"一库"是全省地质灾害防治高精度数据库。在龙门山、鲜水河、安宁河三大地震断裂带等重点区域开展 1:2000 高精度地形图测制,建成全国第一个省级地质灾害防治高精度数据库。"三心"是应急指挥、应急保障和理论研发三个专业化中心。省级应急测绘指挥中心主要负责灾情研判、决策部署、灾情评估和重建评估等工作,测绘应急保障中心主要承担灾害和突发事件现场灾情侦查、灾害调查和测绘保障任务,应急测绘与防灾减灾工程技术研究中心主要开展应急测绘战略发展研究以及灾害预警与灾情评估等应急技术研究。"一系统"是无人机集群灾情信息获取系统,突破一机搭载多载荷与多机协同的集成、无人机集群协同应急测绘等技术，形成了应急测绘快速响应、异构无人机集群高效协同作业与综合管控以及灾情地理信息高效获取、快速成图与实时传输能力。

四川省应急测绘保障体系为 2013 年"4·20"芦山强烈地震、2013 年四川省"6·18"以来系列洪灾、2015 年"4·25"尼泊尔地震西藏重灾区抗震救灾、2017 年"6·24"茂县高位山体垮塌、2017 年"8·8"九寨沟地震等多次重大突发地质灾害事件处置提供了及时高效和全程化的应急测绘保障服务。

3. 四川省地理国情监测技术体系

"十二五"期间，四川局组织实施了四川省第一次全国地理国情普查工作。为推动普查工作的开展、促进普查成果的产学研用一体化，四川局联合成都理工大学、四川省经济发展研究院、四川大学循环经济研究院，协同开展科技创新，建立四川省地理国情监测技术体系，成功保障了四川省第一次全国地理国情普查工作的顺利实施。

四川局开展地理国情普查内外业一体化数据采集技术、基于类别异质度的地理国情监测数据变化检测技术、地理国情数据与多尺度地理信息数据的同步更新技术等核心技术科技创新，解决了基于移动终端的快速调绘技术与基于移动终端的解译样本自动采集、矢量图约束下的影像分割及像斑类别异质度自动获取、基于要素的分布式数字调绘与基于要素的数据同步更新等关键技术，实现了地理国情普查数据的内外业一体化采集、地理国情矢量数据与遥感影像的变化检测及地理国情数据与 1:1 万、1:5 万地理信息数据的同步更新。

研发形成的地理国情普查内外业一体化软件、地理国情常态化监测数据变化检测系统、地理国情与多尺度地理信息数据的同步更新系统等已广泛应用在第一次全国地理国情普查、基础性地理信息国情监测、1:1 万及1:5 万的数据更新等项目中，并在中铁二院工程集团有限责任公司、四川省地质测绘院、四川旭普信息产业发展有限公司等 14 家行业公司进行推广使用。

（四）形成重大科技成果

近年来，四川局先后与政府部门、科研机构、高等院校等单位联合开展技术攻关，形成一批有代表性和影响力的自主重大科技成果。

关键技术研发取得重要突破。建成导航与空间定位、航空航天遥感影像快速获取及处理、地理信息动态更新三大技术支撑体系；研发无人机集群灾情地理信息获取系统和省级应急测绘指挥平台，支撑建立天地一体、机动灵活、互联互通的应急测绘保障体系。

科技研发成果显著。"十二五"期间，四川局牵头获得省部级科技进步一、二等奖共16项。形成导航与位置服务平台、应急测绘科技成果、SAR测图科技成果、地下管家系列、信息化测绘质检平台等具有自主知识产权的创新成果30余项，大幅提升劳动生产效率和技术保障水平。

三　经验启示与思考

（一）经验启示

近年来，四川局紧密围绕国家局和四川省发展战略，通过科技协同创新，实现了对地理信息事业发展的有效支撑，总结经验主要有如下几个方面。

一是以地理信息产业发展为契机，建立地理信息协同创新基地。抓住地理信息成为战略性新兴产业的发展契机，统筹开展西部地理信息科技产业园建设。园区一期工程现已建成并投入使用，省内外共计80余家企业已签约入驻，实现了地理信息产业集聚发展。

二是以资源整合为抓手，打造地理信息协同创新平台。整合政产学研用各方科技机构资源，初步形成了以"工程中心＋联盟＋产业技术研究院"为主体的"421"协同创新平台。

三是以合作交流为纽带，形成了协同创新合力。四川局先后与30余家政府部门、高校、研究机构、企事业单位签署战略合作协议，促进各种科技资源的优势互补、共建共创、协同发展。

四是以能力建设为核心，锤炼了科技人才队伍。四川局通过筑巢引凤，打造创新团队，有计划、有重点地培养科技领军人才，凝聚形成以博士、硕士为核心的科技创新人才队伍。

五是以应用转化为导向，取得了协同创新成效。四川局加大科技成果应用转化力度，充分发挥科技创新的引领和支撑作用，有效完成了第一次全国地理国情普查、四川省"十二五"基础测绘规划以及国家重大测绘工程、重点项目，取得了良好的经济效益和社会效益。

（二）几点思考

1.进一步完善体制机制

协同创新，本质上是一种管理创新。需要进一步建立坚实的体制机制基础，优化整合不同的创新主体，构建层次更高、结构更优、力量更集中的新系统，形成强劲的内部驱动力，从而更好地实现外在的统一目标。四川局将继续坚持"以人为本"的科技发展理念，加快制定科技人才激励、创新创业、成果转化等相关政策，与省科技厅联合印发《四川省"十三五"测绘地理信息科技发展规划》。

2.继续加大开放合作

协同创新呼唤开放合作，只有在更宽领域、更深层次上拓展开放合作，才能创造出具有强大生命力的新成果，开创新格局。四川局将在原有合作的基础上，通过西部地理信息产业园、联盟、工程中心等创新基地和协作平台，不断拓展对外合作的深度和广度，将协同创新发展推到新的高度。2017年下半年，四川局将与中国测绘科学研究院联合举办科技成果发布与应用大会，推介合作研发的重大科技成果，打通产品和产业这块短板。

3.多渠道增加经费投入

高效的协同，需要高效的管理，高效的管理更需要足够的经费保障。一要充分利用好系统内的各种资源，优化使用内部资金；二要充分发挥好协同

创新系统的优势，以更有竞争力的姿态，向外部争取更多经费保障。建议有关部门加大对协同创新平台的支持力度，建立专项资金支持重大协同创新成果的研发和推广应用。

4. 不断壮大科技人才队伍

协同创新，不同于原始创新、集成创新和引进消化吸收基础上再创新，更加需要一支强劲的人才队伍予以支撑。一方面，要充分利用好已有的人才队伍，构建更加合理的人才结构，充分发挥现有的人才优势；另一方面，要更加重视培养具有战略眼光、系统思维和整体观念的科技领军人才，着力培养科技管理和创新创业人才。

参考文献

［1］李健：《大力推进产学研协同创新的思考》，《中国高等教育》2013 年第 1 期。
［2］洪银兴：《关于创新驱动和协同创新的若干重要概念》，《经济理论与经济管理》2013 年第 5 期。
［3］程晓农：《面向需求，协同创新，提升为国家地方科技经济发展服务的能力》，《高校教育管理》2012 年第 4 期。
［4］杨继瑞、杨蓉、马永坤：《协同创新理论探讨及区域发展协同创新机制的构建》，《中国高校社会科学》2013 年第 1 期。
［5］陆梅琴、熊伟、孙靖等：《地理信息产业创新能力指标体系的设计与分析》，《测绘通报》2015 年第 5 期。
［6］段宝岩：《实现协同创新的关键是体制机制改革》，《中国高等教育》2012 年第 20 期。

B.14
测绘地理信息部门信息化
建设的有关思考

乔朝飞*

摘　要：　本文分析了信息化和测绘地理信息部门信息化的内涵，总结
　　　　　了测绘地理信息部门信息化的发展现状，分析了面临的形势，
　　　　　提出了"十三五"时期测绘地理信息部门信息化的主要任务
　　　　　和建议，包括：构建"政务云"，构建基于"天地图"的地
　　　　　理信息时空大数据体系，探索适应信息化时代特点的基础测
　　　　　绘新型分级管理模式，提升信息化时代测绘地理信息公共服
　　　　　务水平，推进测绘地理信息信息化军民深度融合，切实加强
　　　　　网络信息安全等。

关键词：　测绘地理信息部门　信息化　"十三五"

测绘地理信息行业是高技术行业。新中国成立后，我国测绘历经传统模
拟测绘阶段、数字化测绘阶段，如今已进入信息化测绘阶段。测绘在自身发
展的同时，也在很大程度上受到信息技术的影响。例如，测绘由模拟测绘进
入数字化测绘，其前提是计算机和数字化技术的发展。在当前信息化时代，
信息技术对各行业的促进作用越发显著，"互联网＋"、大数据、云计算等
先进技术和理念深刻地改变着各领域各行业的运行模式。测绘地理信息行业

＊　乔朝飞，博士，副研究员，国家测绘地理信息局测绘发展研究中心。

是高技术行业，其信息化水平应随着信息技术的发展而"与时俱进"。本文以我国测绘地理信息部门（国家测绘地理信息局及其所属单位）的信息化为研究对象，总结其发展现状与面临的形势，提出未来一个时期测绘地理信息部门信息化的主要任务和建议。

一　信息化与测绘地理信息部门信息化

（一）信息化

"信息化"的概念起源于 20 世纪 60 年代的日本，而后被译成英文传播到西方。信息化是指"培育、发展以智能化工具为代表的新的生产力并使之造福于社会的历史过程"。信息化并非仅仅是一个技术的进程，更重要的是，信息化是一个社会发展和演变的进程。信息化不仅仅具有生产力发展的内涵，更是生产关系的变革。

（二）测绘地理信息部门信息化

1997 年召开的首届全国信息化工作会议指出，信息化包括 6 个要素：开发利用信息资源、建设国家信息网络、推进信息技术应用、发展信息技术和产业、培育信息化人才、制定和完善信息化政策。依据此定义，测绘地理信息行业信息化工作包括以下六部分内容：一是开发利用基础地理信息资源；二是完善电子政务网络，也可称为政务信息化；三是推进信息技术在测绘地理信息行业的应用；四是发展地理信息产业；五是培育信息化人才；六是制定和完善信息化政策。本文的研究对象是测绘地理信息部门的信息化，因此，后文的分析主要是前三部分内容，不涉及地理信息产业、人才培养和信息化政策。

二　测绘地理信息部门信息化发展现状

"十二五"时期特别是党的十八大以来，测绘地理信息部门坚持以信息化推动各项业务工作的开展，通过加快推动信息化测绘技术体系建设，加强基础地理信息数据库建设、更新与整合，开展第一次全国地理国情普查和地理国情监测试点，推进地理信息公共服务平台——"天地图"应用，加强对外对内门户网站建设，测绘地理信息部门信息化建设取得显著成效。

（一）信息化测绘技术体系初步建成

测绘地理信息部门聚焦国家战略需求，瞄准国际科技前沿，围绕事业发展大局，大力强化基础研究和原始创新，大力推动核心与关键技术攻关，形成了一批重要创新成果，信息化测绘技术体系基本建成，信息化测绘基础设施更加健全，形成了空天地一体化的数据获取能力。2015 年国家测绘地理信息局印发了《信息化测绘体系建设技术大纲》，作为未来一个时期全国信息化测绘建设的指南。

（二）适应信息化时代要求的新型业务布局全面铺开

信息化时代测绘地理信息部门面对的需求发生巨大变化。"五位一体"总体布局和"四个全面"战略布局对测绘地理信息工作提出了新的需求和更高要求。为更好地适应新的发展需求，国家测绘地理信息局预先谋划、统筹规划，提出了新型基础测绘建设、地理国情常态化监测、应急测绘建设、航空航天遥感测绘和全球地理信息资源开发五大新型公益性业务，并将其纳入《测绘地理信息事业"十三五"规划》。"五大业务"的相关探索性工作均取得初步成效。

（三）基础地理信息资源建设和公共服务信息化水平大幅提升

统筹建成 2200 多个站组成的全国卫星导航定位基准站网，基本形成全国卫星导航定位基准服务系统。国家和省级基础地理信息数据库实现整合，国家级各尺度基础地理信息数据库实现联动更新。测绘地理信息部门对外服务的统一出口——"天地图"极大地推进了跨管理层级、跨行政辖区、跨行业的地理信息资源共享与协同服务，产生了良好的社会经济效益。在数字

城市基础上，及时启动智慧城市时空大数据与云平台建设，已取得初步成效。圆满完成了第一次全国地理国情普查。应急测绘保障及时可靠。

（四）电子政务建设成效显著

国家测绘地理信息局对外构建"一站式"网上办事大厅，为个人、企事业单位和省、市、县级测绘地理信息主管部门提供"一站式"服务，实现"统一身份认证、按需共享数据"和"单点登录、全网通办"；国家测绘地理信息局全部行政审批事项实现网上办理。国家测绘地理信息局对内搭建统一综合服务门户，集成局机关办公等8个应用系统。

（五）测绘地理信息军民信息化深度融合取得新进展

地理信息资源共享方面，国家和省级基础地理信息数据已成为军队相关部门重要的军事保障资源；军地相互无偿提供应急地理信息数据资源的机制正在形成。测绘卫星共建共享方面，军民测绘卫星及相关基础设施建设不断推进，卫星数据需求通报、观测计划协调等工作机制基本建立，卫星数据等量等价交换与共享正在实施。测绘基准共享与管理方面，国家现代测绘基准体系基础设施成果提供给军队有关部门使用；军地共同实施卫星导航定位基准站安全风险评估和管理；2项基准站国家标准立项。

（六）存在的主要问题

测绘地理信息部门信息化虽然取得了较好成绩，但是仍然存在一些问题和不足。一是信息化建设的顶层设计和统筹协调不足。无论是数据资源建设，还是装备设施建设，均存在整合不足、重复建设的问题。数据种类较多，包括基础地理信息数据、地理国情监测数据、应急测绘数据、航空航天遥感数据等，这些数据相互之间缺乏一致性，标准未统一。国家测绘地理信息局各直属局下属的各生产单位重复配备软硬件设施，重复建设现象突出。

二是生产服务方式依然采用工业化时代的模式。基础测绘生产仍然遵循纸质地形图按比例尺划分的模式。这种模式下生产的地理信息数据是静态的，更新周期较长，往往需 1 年甚至更长时间。信息化时代条件下，地理信息是数字式的，是动态的、可以流动的。例如，手机导航地图中，可以实时显示交通拥堵状况，而纸质地图是无法实现的。测绘地理信息公共服务方式也没有完全跟上信息技术的发展形势。虽然"天地图"实现了公共服务与互联网的结合，但是与国际同类产品（如谷歌地球）相比，"天地图"的功能仍差距较大。

三是生产单位布局仍然遵循模拟测绘时代的生产工序，同质化竞争现象严重。国家测绘地理信息局各直属局所属的生产单位多数是按照航摄、大地、航测、制图等工序设置。随着技术的进步和装备成本的下降，各生产单位的业务逐渐趋向雷同，以往比较清晰的分工界限逐渐模糊，都可以承担各类生产任务，造成同质化竞争。前文中已阐明，信息化带来的不仅仅是生产力的进步，更是生产关系的变革。当前测绘地理信息生产单位的布局显然已经不适应信息化时代发展的需要，亟待进行转变。

三 测绘地理信息部门信息化面临的形势

从国际上看，"十三五"时期，全球信息化发展面临的环境、条件和内涵正发生深刻变化。经济、人口、资源环境等全球性问题和挑战不断增加。新一代信息技术与各行业、各领域深度融合，正在深刻地改变各行业的面貌。世界各国都在抢占信息化制高点，积极谋求掌握发展主动权。

从国内看，党中央、国务院高度重视信息化。习近平总书记指出，"没有信息化就没有现代化"。党中央、国务院先后印发了有关文件，推动信息化加快发展。

从测绘地理信息事业自身发展看，信息化已成为测绘地理信息事业转型升级的重要驱动力。国家发展改革大局要求测绘地理信息事业必须转型升级，更好地满足经济社会发展需求。加快推进测绘地理信息事业布局、服务方式、技术体系、管理模式等的转型升级，需要信息化提供强大推动力。

四 "十三五"时期测绘地理信息部门信息化的主要任务

信息化对某个行业的推动最终会导致该行业的业务流程发生重构。"十三五"时期，测绘地理信息部门信息化的总体目标，是按照信息化时代的特点来重构测绘地理信息生产服务体系，按照信息化思维改造测绘地理信息行业生产、服务和管理方式，进而提高全行业信息化水平。主要任务包括以下六个方面。

（一）构建测绘地理信息部门"政务云"

按照国家有关电子政务建设的相关规划要求，打造测绘地理信息部门"政务云"，为用户提供统一、便捷、高效的政务信息服务。

1. 加强网络基础设施建设

建设测绘地理信息部门办公业务专网。国家测绘地理信息局在现有内部办公网、中国测绘网基础上，建成办公业务专网，该网与互联网物理隔离，覆盖范围为国家测绘地理信息局及所属单位。各地测绘地理信息部门也应加快完善满足内部办公和生产业务需要的网络基础设施。

建设测绘地理信息系统电子政务网络。按照国家电子政务"十三五"规划的有关要求，依托国家电子政务内外网资源，构建国家、省、市互联互通的测绘地理信息电子政务网络，部署各类政务应用系统。适应新技术发展趋势和应用模式，在确保安全的前提下，构建移动电子政务平台，以电子政务的灵活便捷满足工作需要。

2. 加强政务管理决策信息资源库建设

开展公文档案库、人力资源库、统计信息库、项目目录库、规划计划信息库等各类政务信息资源的整合和建设，形成政务管理决策信息资源库，并在测绘地理信息部门办公业务专网上运行。

（二）构建基于"天地图"的地理信息时空大数据体系

按照国家实施大数据战略的要求，适应云计算、大数据发展趋势，以及政府部门、企事业单位、社会公众的应用需求，基于"天地图"构建统一开放、分工协作、服务共享的地理信息时空大数据体系，实现地理信息时空大数据的开放共享和广泛应用。

1. 构建地理信息时空大数据资源体系

整合测绘地理信息部门现有的各类数据资源，按照统一标准进行集成，构建地理信息时空大数据体系。用户无论在何处，都能够方便地获取各类地理信息时空大数据。

2. 构建地理信息时空大数据服务平台

综合利用云计算、大数据和物联网等信息技术，基于"天地图"构建地理信息时空大数据服务平台，统一管理地理信息时空大数据资源，提供数据开放共享服务，促进地理信息时空大数据资源跨部门、跨行业和跨层级的开放共享利用，全面服务于公众需求，并带动其他行业和部门的地理信息资源开放共享。

3. 丰富地理信息时空大数据服务

"天地图"通过按需服务、主动服务、前置服务等多种服务模式，对外提供地理信息时空大数据开放目录服务、地理信息大数据云服务、属性数据空间化服务、地理信息时空大数据分析挖掘服务等多种服务。以地理信息时空大数据为基础，整合自然资源、社会经济、生态环境等各类多源信息，服务于政府管理决策、城市建设、资源环境承载力评估、生态保护等综合性应用。积极开发个性化服务，变一般数据服务为精细信息服务，不断推进地理信息时空大数据应用服务的广度和深度。

（三）探索适应信息化时代特点的基础测绘新型分级管理模式

积极探索符合数字地理信息特点的基础测绘分级管理模式，逐步建立按区域划分事权的基础测绘分级管理模式。

1. 探索建立按区域划分事权的基础测绘分级管理模式

国家和省级基础测绘生产任务按区域进行划分，避免重复测绘。国家级基础测绘经费主要负责航空航天遥感影像的统一采购和分发、后期基础地理信息数据的集成整合、跨行政区域基础地理信息数据获取、全球基础地理信息资源获取。省级基础测绘经费主要负责本省区域内基础信息数据的获取，遵循"应采尽采"原则，统筹基础测绘、地理国情监测、应急测绘等不同业务对地理信息的采集要求，一次性采集所需信息。国家测绘地理信息局统筹各省基础测绘生产任务，按计划推进。

2. 按照"五大业务"调整生产单位布局

国家测绘地理信息局所属各直属局和其他各省级测绘地理信息部门要按照开展五大公益性业务的需要，改革现有生产服务机构的构成。除保留少数生产单位开展原有的基础测绘生产任务外，根据各生产单位的实际，调整其业务方向，使生产单位的主营业务分别围绕新型基础测绘、地理国情监测、航空航天遥感测绘、应急测绘、全球测图等进行。根据各单位业务的实际，统筹调配人员和装备设施。通过对生产单位布局的调整，既避免同质化竞争，又能够充分发挥各生产单位的集团优势。

（四）提升信息化时代测绘地理信息公共服务水平

1. 丰富地理信息产品

根据需求丰富地理信息数据库产品类型。增加地名地址、水下地形、企事业单位、重要目标和兴趣点、城市三维等地理信息产品。创新地理信息系统技术，开发地理信息产品快速生成软件，形成按需生产地理信息产品能力。

2. 提升地理国情监测信息化水平

充分利用有关部门的各类政府公开信息，以及互联网上的各类公开信息，丰富地理国情监测信息种类。运用云计算、大数据、知识挖掘等技术，提升地理国情信息挖掘水平，开发多样化的地理国情监测成果。

3. 强化航空航天遥感影像应用服务

丰富航空航天遥感影像产品种类，加大倾斜摄影影像产品、三维实景影像产品等新型产品的开发力度。加快研发和发射重力卫星、激光测高卫星等新型测绘卫星，提高卫星测绘基础设施支撑能力。加快航空航天遥感影像产品分发服务系统建设，方便公众获取各类遥感影像。

4. 强化应急测绘综合保障

加强国家航空应急测绘能力，在全国范围合理布设国家航空应急测绘保障区，在每个区域内配备专业应急测绘队伍，装备高性能无人机航空测绘应急系统、应急测绘数据快速处理平台等专用设施。

5. 推进智慧城市时空信息云平台建设

一是建设时空基准。测绘地理信息部门要在 2018 年将所有地理信息数据统一到 2000 国家大地坐标系，为各部门数据共享、基础平台搭建等提供统一的坐标系统；要统筹利用各地各部门建设的卫星导航定位基准站，建设卫星导航定位基准服务系统，探索便捷高效的服务模式。二是建设城市时空大数据。利用信息化测绘、政务信息交换共享、物联网感知、智能设备接入等手段，构建包括时序化的基础地理信息数据、公共专题信息数据、智能感知实时数据等的城市时空大数据；将时空大数据部署到城市云中心，提升时空大数据服务能力，扩大服务领域。三是建设时空信息云平台。以云环境为支撑，依托泛在网络，开发面向不同需求的通用平台、公众平台和专题平台。四是推动广泛应用。深化时空大数据和时空信息云平台在城市建设与管理各领域的应用，推动智慧化、智能化服务。

（五）推进测绘地理信息信息化军民深度融合

深入贯彻国家有关军民深度融合的精神，完善测绘地理信息信息化军民深度融合的体制机制，推进基础设施共建共享，加快信息化技术双向转化。

1. 建立健全信息化军民融合机制

加强统筹规划与顶层设计，做好信息化相关规划、项目的对接，推动军民信息化力量整合、信息融合。推进测绘地理信息信息化建设项目贯彻国防

要求联审联验。

2. 加快军民信息化技术双向转化

形成军民兼容的测绘地理信息技术标准体系。鼓励开展相关核心地理信息技术科研项目联合攻关。支持一批具有重大潜在军事应用价值的信息化项目。

（六）切实加强网络信息安全

高度重视网络信息安全的重要性，按照分级保护和等级保护的有关要求，健全管理体制机制，加强技术防护能力，强化安全监管力度。

1. 进一步健全管理体制

充分发挥国家测绘地理信息局网络安全和信息化领导小组对全系统网络安全重大问题、发展战略、长远规划及重要事项的统筹协调作用，加强部门网络安全工作联络员队伍机制建设，确保信息畅通、上下协同。

2. 强化技术防护能力建设

适时筹建测绘地理信息行业信息安全等级保护测评中心。加大网络安全投入，加强专业技术队伍建设，按照等级保护标准配齐网络安全设备。建立覆盖全系统的网络安全信息通报和预警机制，以及重大网络安全事件报告机制和应急处置机制。建立覆盖全国"1+31"节点的地理信息安全监控模式，实现地理信息采集、生产、管理、服务与应用等各个环节的安全隐患检查和监控，构建"国—省—地"多级联动的地理信息安全监控与管理体系。

五 结语

测绘地理信息部门信息化建设，要加强组织领导，强化顶层设计，国家测绘地理信息部门各有关单位要协同并进，避免各自为战。要注重加强科技驱动，依托各类创新平台，充分发挥企业技术创新主体作用，深入研究地理信息时空大数据资源体系、新一代信息技术在测绘地理信息行业的应用。要加强人才培养，培养和引进大数据、云计算、物联网、人工智能、虚拟现实等领域的人才和专家。要加大信息化建设经费保障力度，把信息化建设和运行维护所需经费纳入年度预算。最后，要加强评估考核，制定测绘地理信息信息化评价指标和评估办法，国家测绘地理信息局定期对各地信息化推进工作情况进行检查评估。

参考文献

［1］百度百科，信息化，http：//baike. baidu. com/link？url＝_5Uen9HUMBvSOaQ1Ht1VnvJU8DcZE6r6UaoYcug39vp9pasqvfFtr4JrGTdAZtc8euNyTedQC_qtbXWjzCr63ZJB5Hs6rI8kuQjnuC6tM8HsIpgrBiP8CqlPW3Mnn_HU。

［2］周宏仁：《信息化论》，人民出版社，2008。

［3］国家发展改革委、国家测绘地理信息局：《测绘地理信息事业"十三五"规划》（发改地理〔2016〕1907号），2016。

［4］《测绘地理信息政务信息化建设研究报告》，国家测绘地理信息局，内部资料，2016。

［5］陈常松、徐坤：《军民融合深度发展的深层之意及其在测绘领域的落实和影响》，《测绘地理信息调查、研究、建议》（国家测绘地理信息局测绘发展研究中心内部期刊）2016年第28期。

［6］《国务院关于印发"十三五"国家信息化规划的通知》（国发〔2016〕73号），2016。

［7］《习近平：把我国从网络大国建设成为网络强国》，新华网，2014，http：//news. xinhuanet. com/politics/2014－02/27/c_119538788. htm。

［8］《国务院关于加快推进"互联网＋政务服务"工作的指导意见》（国发〔2016〕55号），2016。

［9］李维森：《攻坚克难，开拓创新，全力推进智慧城市建设迈上新台阶》，在智慧城市时空大数据与云平台建设推进工作会上的讲话，2016年11月29日，浙江省嘉兴市。

B.15
测绘地理信息科技创新
评价指标体系构建

熊 伟*

摘 要： 本文结合新时期国家关于深化科技体制改革的相关要求，从创新的内涵出发，进一步梳理了测绘地理信息科技创新的内涵，并以此为基础阐述了建立测绘地理信息科技创新评价指标体系的必要性和重要性，从科学性、整体性、可操作性等原则出发设计了测绘地理信息科技创新评价指标体系，重点对各项评价指标的数据可获取性进行了深入分析。

关键词： 测绘地理信息 科技创新 知识产权 高技术企业

《中共中央关于全面深化改革若干重大问题的决定》指出："建立产学研协同创新机制，强化企业在技术创新中的主体地位，发挥大型企业创新骨干作用，激发中小企业创新活力，推进应用型技术研发机构市场化、企业化改革，建设国家创新体系。"这是我国深化科技体制改革的关键和重要内容，其改革运转的血液中充分融入了经济运行规律等元素。对于测绘地理信息领域而言，在推动事业转型升级发展的进程中，特别是构建五大公益业务体系和大力发展地理信息产业，需要更为全面、深入地理解和认识测绘地理

---

* 熊伟，副研究员，国家测绘地理信息局测绘发展研究中心。国家测绘地理信息局 2016 年青年和学术技术带头人科研计划资助。

信息科技创新的基本内涵，准确把握测绘地理信息科技创新状况，为作出正确、有效、可行的科技创新政策提供有力支撑。

一 创新的基本内涵

"创新"一词起源于拉丁语，主要内涵是：相较已有的东西作出改变，并创造新的东西。在经济学、管理学和社会学等不同学科领域，国内外学者对创新有不同的理解。1912 年，美国著名经济学家约瑟夫·熊彼特在《经济发展概论》一书中首次提出"创新理论"，将创新定义为"建立一种新的生产函数"。20 世纪 60 年代，美国经济学家华尔特·罗斯托将"创新"的概念发展为"技术创新"，且在"创新"中居主导地位。1962 年，《石油加工业中的发明与创新》的作者伊诺思（3. L. Enos）从行为集合的角度，将技术创新定义为包括发明的选择、资本投入保证、组织建立、制订计划、招用工人和开辟市场等在内的几种行为综合的结果。著名经济学家林恩（G. Lynn）认为，技术创新始于对技术商业潜力的认识并终于将其完全转化为商业化产品的整个行为过程。英国著名学者弗里曼（Freeman）在 1982 年出版的《工业创新经济学》一书中提到，技术创新是指新产品、新过程、新系统和新服务的首次商业性转化。1984 年，美国管理学大师彼得·德鲁克（Peter F. Drucker）在其经典著作《创新与企业家精神》中指出，"创新是通过改变产品和服务，为客户提供价值和满意度"。随后，他首次正式提出了"国家创新体系"这一概念，又将创新理论研究推向纵深。

我国自 20 世纪 80 年代开始技术创新方面的研究。在国家层面上，2015 年出台的《中共中央、国务院关于深化体制机制改革　加快实施创新驱动发展战略的若干意见》（中发〔2015〕8 号）明确提出今后一个时期创新的总体要求。

总的来看，（技术）创新不仅仅是指科学技术上的突破，而且与经济社会发展密切相关，涵盖了新技术产品的商业化过程。换句话说，能否称得上（技术）创新，最终是要以实际生产力的提升以及产值效益的增加为标准来衡量。

二 对测绘地理信息科技创新的理解

测绘地理信息是技术密集型行业，同时其生命力在于应用，科技创新及其与事业发展的结合程度非常重要。基于上文的分析，对测绘地理信息科技创新的理解，不能只停留在基础理论研究和技术突破层面上，应转换至经济学的角度来考虑，更多地关注由技术突破而引发的产业化应用，才能称得上真正意义上的科技创新。因为有的技术突破是盲目的，和实际需求不匹配，甚至脱离实际，无法实现产业化应用，经济价值很低。

因而，围绕国家实施创新驱动发展战略的总体思路，结合测绘地理信息事业转型升级发展的现实要求，测绘地理信息科技创新可理解为测绘地理信息领域的基础理论创新、技术突破及由此带来的新技术产品的商业化全过程。

三 测绘地理信息科技创新评价指标体系的设计

（一）构建测绘地理信息科技创新评价指标体系的重要性和必要性

从宏观管理的角度来说，构建评价指标体系能够准确摸清不同时期测绘地理信息科技创新状况，对于客观评估测绘地理信息科技创新现状，剖析存在的问题，找到政策缺失和不足，出台有效的政策措施，具有重要现实意义。

关于如何衡量或评估测绘地理信息科技创新能力或水平，是一个持续性的研究课题。长期以来，测绘地理信息科技工作者更多地关注测绘地理信息科技进展情况，包括测绘地理信息各细分领域的基础理论和技术发展等方面，并没有与产业经济和事业发展进行紧密对接。根据本文对测绘地理信息科技创新内涵的理解，有必要将科技创新评价工作的重心转移至产业经济视角，并形成常态化的运行管理机制。

从另一个角度来看，测绘地理信息领域尚未形成一套完整科学的评价科技创新能力或水平的标准。无论是从贯彻落实中央关于深化科技体制改革、加快实施创新驱动发展战略的要求出发，还是从切实加强测绘地理信息科技创新、制定更有针对性的测绘地理信息科技体制改革措施、推动测绘地理信息科技与事业（产业）有效对接的角度出发，都十分有必要加快构建测绘地理信息科技创新评价指标体系。目前，较为科学的创新能力评估方法，主要是从创新产出以及创新经费投入、创新支撑等角度出发，建立相应的统计分析指标，综合考量创新能力或水平。其中，创新产出直接反映了科技创新的实际成效，创新经费投入、创新支撑等因素很大程度上决定了科技创新能力的发展。

本文在充分吸收借鉴国家及有关部门衡量企业自主创新能力方法的基础上，结合测绘地理信息行业自身特点，提出了一套评价测绘地理信息科技创新能力或水平的指标体系。

（二）构建测绘地理信息科技创新评价指标体系

1. 设计原则

（1）科学性。设计的各项指标应能够科学地反映测绘地理信息全行业在科技创新经费投入、创新产出、创新支撑等方面的实际情况。

（2）整体性。以全面反映测绘地理信息科技创新能力为目的，能够形成一个相对完整的指标体系。

（3）可操作性。以便于实际统计调查工作的顺利开展为宗旨，尽可能细化各级各类指标。

2. 指标体系的构成

基于以上原则，本文系统设计了科技创新产出、科技创新经费投入以及科技创新支撑 3 个一级指标，研究与试验发展（R&D）经费投入、科技创新平台、专利、科技奖励等 15 个二级指标，测绘地理信息 R&D 经费投入强度、以地信企业为主体建立的创新平台占总数的比重、测绘地理信息类专利申请数量等 36 个三级指标（见表 1）。其中，测绘地理信息科技创新产出主要反映测绘地理信息类专利、计算机软件著作权、科技成果奖励、高新技术产品和技术标准成果等数量和变化情况；科技创新经费投入包括测绘地理信息单位的政府科研经费投入、研究与试验发展（R&D）经费投入以及研发人力资本投入等内容；科技创新支撑是指推动和保障测绘地理信息领域科技创新活动开展的内外部环境及条件，主要包括科技创新平台、科研实体、政策制度环境、科技基础设施、金融支持、市场竞争程度等方面的发展情况。

表1 测绘地理信息科技创新评价指标体系

序号	一级指标	二级指标	三级指标
1	科技创新经费投入（A）	政府科研经费投入	测绘地理信息部门年度科研经费投入
2		研究与试验发展（R&D）经费投入	测绘地理信息R&D经费投入强度
3			测绘地理信息R&D经费投入占全国科研经费比重
4			测绘地理信息研发设备投入
5		研发人力资本投入	研发人员总收入占单位产值比重
6	科技创新支撑（B）	科技创新平台	测绘地理信息类科技创新平台的总数
7			以地信企业为主体建立的创新平台占总数的比重
8		科研实体	全国所有测绘资质类单位设立研发部门的数量
9			测绘地理信息高技术企业数量占全国高技术企业数量比重
10			全国测绘地理信息类高等院校总数
11		科研人力资源	测绘资质单位中测绘地理信息科研人员数量
12			全国测绘地理信息科研人员数量占所有从业者总人数比重
13		金融支持	地理信息产业发展基金数量及规模
14			地理信息企业的融资总数额
15		市场竞争程度	地理信息产业各细分领域的龙头企业所占市场份额
16			地理信息产业各细分领域的单位数量
17		政策制度环境	测绘地理信息主管部门的科技创新活动
18			测绘地理信息科技成果转化政策
19			测绘地理信息科技创新绩效奖励政策
20		科技基础设施	测绘地理信息大型科研仪器的拥有数量
21			测绘地理信息大型科研仪器设施年均有效使用次数
22			测绘地理信息特定科研场所的数量
23			测绘地理信息特定科研场所年均有效使用次数

序号	一级指标	二级指标	三级指标
24		专利	测绘地理信息类专利申请数量
25			测绘地理信息类专利授权数量
26			万名测绘地理信息从业人员的专利申请数量
27			万名测绘地理信息从业人员的专利授权数量
28		计算机软件著作权	测绘地理信息类计算机软件著作权登记数量
29	科技创新产出(C)	科技成果奖励	获得国家科技进步奖数量
30			获得国家科技发明奖数量
31			获得省部级科技进步奖数量
32			测绘地理信息系统内省部级科技进步奖的占比情况
33		高新技术产品	测绘地理信息类高新技术企业的年度高新技术产品数量情况
34			通过科技部鉴定的测绘地理信息高新技术产品年度收益
35		技术标准成果	测绘地理信息标准成果数量
36			地理信息企业自主制定的标准数量

该指标体系之所以要设置三级指标，就是为了实现实际调查统计分析的可操作性，力争保证每项指标都能通过实践调查工作获得准确可靠的数据，切实反映测绘地理信息科技创新状况。

在指标数据的可获取性方面，本项研究设计的关键指标均可借助问卷调查、网络调查、电话调查等多种手段完成。一是可通过电话调研、实地调研和座谈调研等方式获取测绘地理信息部门年度科研经费投入情况，通过问卷调查与电话调查相结合的方式调查测绘资质单位的测绘地理信息研究与试验发展（R&D）经费投入情况、研发人员总收入占单位产值比重情况。

二是可登录国家和地方科技、发展改革、教育等部门网站调查其主管的测绘地理信息创新平台情况，登录中国博士后网站博士后设站单位查询平台调查全国测绘地理信息类博士后科研工作站和流动站的情况，登录国家和各省市的高技术企业管理平台和各测绘地理信息高技术企业网站查询其高技术产品情况，向教育管理等部门获取全国设置测绘地理信息类专业的高等院校本科、硕士和博士学位情况以及招生、毕业生和在校生数量情况，通过问卷调查与电话调查相结合的方式调查测绘资质类单位设立研发部门的数量和测绘地理信息科研人员总数，通过测绘资质和信用管理平台以及问卷调查和座谈调研等方式调查地理信息产业各细分领域的龙头企业所占市场份额及单位数量，通过电话调研和实地考察等方式了解测绘地理信息大型科研仪器的拥有数量及年均有效使用次数、测绘地理信息特定科研场所的数量及年均使用次数等。

三是可登录国家知识产权局专利检索平台调查所有测绘资质单位的专利申请和授权情况，登录国家版权保护中心计算机软件著作权登记查询平台调查所有测绘资质单位的专利申请和授权情况，通过网络搜索下载历年来国家科技奖励和中国测绘地理信息科技进步奖励情况，通过测绘地理信息标准化组织搜集标准成果情况等。

参考文献

［1］贾宝余：《企业何以成为技术创新的主体》，《中国科学报》2014 年第 4 期。

［2］〔美〕约瑟夫·熊彼特：《经济发展理论》，商务印书馆，1990。

［3］〔美〕彼得·德鲁克：《创新与企业家精神》，机械工业出版社，2007。

［4］《国家统计局提出衡量企业自主创新能力的 4 大指标》，新华网，2005 – 11 – 6，http：//news. xinhuanet. com/fortune/2005 – 11/06/content_ 3740422. htm。

［5］http：//www. chinapostdoctor. org. cn/WebSite/program/QueryCenter_ SZDW. aspx? INFOCATEGORYID = website005.

［6］http：//www. pss – system. gov. cn/sipopublicsearch/portal/uiIndex. shtml.

［7］http：//www. ccopyright. com. cn/cpcc/notice/soft/softRegisterNotice. jsp.

B.16
大数据时代的地理信息
——特征、问题及启示

贾宗仁　常燕卿*

摘　要： 大数据时代的来临给测绘地理信息带来了深远影响。本文从大数据定义、思维方式出发，对大数据进行了再认识，并阐述了大数据、云计算、人工智能的内在联系。结合测绘地理信息领域实际，分析了地理信息的大数据特征，指出了地理信息大数据的应用问题，从思维、技术、管理等方面总结了大数据时代测绘地理信息工作的启发。

关键词： 大数据　思维　价值　服务

一　对大数据的再认识

（一）对定义的再认识

自"大数据"诞生以来，科技界对"大数据"尚无一个统一、准确的定义。《大数据时代》作者维克托·迈尔·舍恩伯格认为：大数据，不是随机样本，而是所有数据；不是精确性，而是混杂性；不是因果关系，而是相关关系。IT研究和咨询公司高德纳（Gartner）给出的定义为："大数据"是

---

* 贾宗仁，国家测绘地理信息局测绘发展研究中心助理研究员；常燕卿，国家测绘地理信息局测绘发展研究中心研究员。

需要新处理模式才能具有更强的决策力、洞察发现力和流程优化能力，来适应海量、高增长率和多样化的信息资产。涂子沛将大数据定义为：那些大小已经超出了传统意义上的尺度，一般的软件工具难以捕捉、存储、管理和分析的数据，认为一般应该是"太字节"的数量级。以上三种定义都是相对受到认可的定义，但都只是描述了大数据的部分特征。从字面上看，无论是"big data"还是"大数据"，其核心关键词是"big"（大）。从1998年"big data"（大数据）一词诞生之至今，"big"（大）的内涵一直在变化，从单纯的形容数据体量大，到2001年提出的3V① 特征，再到IBM公司提出的5V② 特征，甚至有人提出6V、7V③ 特征。不难看出，大数据并没有一个独一无二的概念，而是一个比喻式的称呼。从时间维度来看，大数据概念之所以近年来被不断提及并在全球产生重大影响，显然有其时代特征，关键在于人类进入信息时代各类电子设备、计算机的记录与储存能力得到极大突破④。但大数据的时代特征并不代表大数据仅是现代的产物，几千年以来人类的各项活动所产生的数据，无论是已有的还是未被记录的都是大数据的基础。从空间维度看，如果把大数据比作水，对于个体数据而言算不上大数据；对于一般企业而言，大数据可以汇聚成一个小池塘，能从中获得一些小鱼小虾；对于大型企业或国家来说，大数据就是一个湖泊，可以从中钓到大鱼；而对于整个人类社会而言，大数据是一片蓝海，孕育着不可预知的资源。目前的大数据发展仍然处于初级阶段，随着人类产生的数据总量爆发式增长以及技术的不断创新，大数据蓝海的边界将不断外延，其内涵、特征也将不断发生变化。

① 2001年麦塔集团（META Group）分析师莱尼（Doug Laney）提出大数据将朝3个方向发展，即数据即时处理的速度（Velocity）、数据格式的多样化（Variety）与数据量的规模（Volume）。
② IBM提出的"5V"指Volume（海量）、Velocity（高速）、Variety（多样）、Value（价值）、Veracity（真实）。
③ 指可视性（Visualization）、合法性（Validity）等。
④ 李金昌：《从政治算术到大数据分析》，《统计研究》2014年第11期，第3~12页。

204

（二）大数据是新的思维方式

大数据是时代的创新，它不仅是一种技术、工具，更是思维的革新。舍恩伯格认为，大数据时代人们对待数据的思维方式会发生如下三个变化：一是人们处理的数据从样本数据变成全部数据；二是由于是全样本数据，人们不得不接受数据的混杂性，放弃对精确性的追求；三是人类通过对大数据的处理，放弃对因果关系的渴求，转而关注相关关系。舍恩伯格的观点概括而言就是总体思维、容错思维、相关思维。此外，大数据带来的新思维方式并不只有舍恩伯格上述三个观点，还包括价值思维、智能思维等。

1.总体思维

在研究事物的总体特征时，由于人们记录、处理、分析数据的局限性，传统的数据思维是建立在"以偏概全"的基础上，不得不采用抽样、采样的方式获得样本，并用样本的特征代替事物的总体特征。大数据的出现，人们可以得到远多于过去量级的数据，甚至是与之相关的全部数据，从而对事物产生更加全面的认识。

2.容错思维

在传统的数据思维中，由于样本数据量小，必须通过各种统计手段剔除和减小误差，确保数据的精确性，否则分析出的结论也会出现较大偏差。在大数据时代，数据是混乱的，绝大多数的数据是非结构化的，且许多数据本身并不精确，按照传统的精确思维这些数据都无法使用。容错思维就是在拥有海量数据时，适当忽略微观的精确度和混乱，从而追求解决问题的更高效率。

3.相关思维

以往的数据分析中，人们试图通过样本数据来剖析事物的内在因果关系，也就是通过找到原因而推理结果。由于大数据的海量以及数据类型的混乱，无法在大数据中分析出因果关系。大数据更加关注的是相关性，即面对一个问题，通过复杂、海量的数据只需要分析出与什么有关、相关性如何，而不需要知道为什么与之相关。相关思维推翻了从古至今人们思考科学问题

的方式，对于大数据而言，就像是处在"上帝视角"① 下，问题必然会有一个与之相关的趋势，追求因果关系显然与现实效率不符。

4. 价值思维

价值是 IBM 提出的大数据"5V"特征之一，由于大数据体量庞大，对于整体而言是低价值密度的。过去在使用数据时，往往关注的是数据有什么功能和作用。在应用大数据时，关注的却是数据价值，价值含量、数据挖掘成本比数据量本身更为重要。假设将数据比作矿场，不同的矿场储量和开采难度均不同，经济价值也是不同的，通常情况下都会选择去开采储量高且开采难度相对低的矿场。例如，消费领域是最早应用大数据的领域之一，其应用价值是驱动大数据发展的重要因素。目前在许多行业虽然拥有很多数据，却没有开展大数据应用，其原因就在于当前技术手段的数据挖掘成本与其蕴含价值不符。

5. 智能思维

过去的数据是被动的，需要人根据目标进行操作。物联网、云计算、可视化、人工智能技术的快速发展，机器的感知、记忆、计算能力已经赶上甚至超越人类。大数据的出现，使得机器拥有的智慧正在追赶人类，它能够预测未知事物的可能性，可以将信息个性化地推送给每个人，甚至比人更了解人。大数据是主动的，是具有"生命力"的，它可以自动搜索调用所有相关数据信息，类似于"人脑"一样分析数据、作出决策。

二 大数据与云计算、人工智能

通过观察近十年来 Gartner 公司发布的年度技术成熟度曲线②（The Hype Cycle）发现，云计算、大数据、深度学习（人工智能）分别在 2009 年、2013 年、2017 年达到或接近曲线的顶峰（媒体曝光度达到最高，即最

---

① 指如同上帝俯视世界一般，能够看清楚事物的全貌的视角。

② 技术成熟度曲线是指新技术、新概念在媒体上曝光度随时间的变化曲线。

受瞩目的技术），且相隔时间均为 4 年。三者存在显著的递进关系。从出现时间看，云计算出现最早，为大数据的发展奠定了基础；大数据则是在云计算的应用落地后出现的；而人工智能①则是在云计算发展成熟、大数据应用逐步落地的情形下出现的。从技术发展角度看，云计算是大数据"施展拳脚"的平台；大数据的应用是云计算价值的实现；人工智能的基础是计算性能和大数据，也是实现大数据应用的最佳方式。从商业应用角度，2006年亚马逊（Amazon）首次提出"云计算"概念至今十年时间里，云计算已经实现了成熟的商业化应用，云计算市场已经形成，亚马逊的 AWS、微软的 Azure、谷歌的 GCE、IBM 的 Softlayer、阿里巴巴的阿里云等占据了国际市场绝大多数份额；大数据的应用大约始于 2008 年，大规模应用爆发于 2012～2013 年，2013 年也被称作大数据元年，现已广泛应用于金融、交通、医疗、消费等领域，并逐步在其他领域落地；以深度学习为核心的人工智能从 2013 年开始迎来高潮，2016 年 Google 公司的 Alphago 战胜人类围棋世界冠军李世石开启了人工智能元年，目前在语音识别、图像识别领域人工智能已经实现了成熟的商业应用。

时间脉络下云计算、大数据、人工智能的递进式发展，充分证明了三者间存在紧密的联系，三者关系是无法割裂的，且界线也越发模糊。任何一个缺失，其余都将成为一潭死水，失去实际应用价值。从系统思维的角度，云计算、大数据、人工智能必将实现"三位一体"融合。云计算、大数据、人工智能以及近年来其他受到瞩目的物联网、虚拟/增强现实等技术可统称为"智能技术"，所组成的系统可称为"智能系统"，这些都标志着智能时代的来临。

三　地理信息的大数据特征

（一）海量（Volume）

多年以来，测绘地理信息领域已经积累了大量地理信息数据。仅以

---

① 指以深度学习为代表的人工智能。

2016 年统计数据为例，测绘地理信息系统全年累计向社会各界提供各种比例尺地形图 24.77 万张，提供 4D 成果数据 245.97TB，提供测绘基准成果 20.55 万点，提供航摄成果 254.66TB，提供卫星影像 179.55TB[①]。从以上数据不难看出，地理信息系统内总体数据量早已达到 PB 级别。随着近年来地理信息对社会民生的影响力扩大，以及地理信息产业的快速发展，测绘地理信息行业积累的数据量也呈现高速增长的态势。除传统测绘手段采集数据外，通过各类传感器、移动终端、网络行为、消费记录、众包数据等采集的数据都可能成为大数据时代的地理信息，而这个数据量级将远超目前的数据规模，甚至达到 ZB 级。从总量来看，地理信息数据量已经远远超过单机处理能力，从技术上来说，若要实现全部数据的存储、调用、分析，必须使用大数据系统。

（二）多样（Variety）

地理信息内容丰富、类型繁多，传统测绘采集的数据包含点位坐标、点云数据、地形图、DEM、DOM、DLG、专题图、航空影像、卫星影像、属性数据、文本、图片等多种类型。其中结构化数据包括点位坐标、点云数据、属性数据、矢量图等，非结构化数据包括各类影像、专题图、文本、图片、视频等。随着智能设备、传感器等技术的飞速发展，更多非专业性、实时性的地理信息将不断涌现，这些数据隐含在各行各业中，内容包括自然资源、社会动态、商业信息、政务信息、人口流动等，且这些数据大多为动态的、半结构化或非结构化的。能够表达地理信息的数据类型复杂，其中非结构化数据占大多数，丰富的非结构化数据将成为测绘地理信息领域亟待挖掘的"钻石矿"。

（三）高速（Velocity）

高速分为两个层面。一是数据产生得快。在传统测绘时代，由于数据采

---

① 2016 年测绘地理信息统计年报，国家测绘地理信息局，2017。

集手段单一，外业采集效率低，地理信息生产、更新的周期长达几个月至几年。随着 GPS、遥感卫星、三维激光扫描仪的出现，短时间产生的地理信息数据量已非常庞大。

二是数据处理得快。在地理信息领域，矢量数据由于其数据结构简单，能够进行快速处理。非矢量数据的高速处理尚未实现。例如，卫星影像和航摄影像，虽然已接近实现全自动化处理，但对于海量的遥感影像处理，仍须花费几天甚至几个月时间。未来在大数据技术的支持下，遥感影像等的非结构化数据也将实现高速自动化处理。

（四）真实性（Veracity）

地理信息都是现实位置信息的真实记录，不论是坐标点位还是遥感影像，都是在大地基准框架下，对某真实点、线、面的真实记录。此外，测绘地理信息生产有严格的工艺流程，对于精度、质量有严格的控制，地理信息数据都是真实有效的。

（五）价值（Value）

地理信息是有价值的，且海量地理信息数据中蕴含着巨大的价值。地理信息的价值包含经济价值、社会价值、民生价值、生态价值等：经济价值体现在能够为地理信息自身蕴含的价值变现，且越来越将地理信息视作资产进行管理；社会价值体现在能够为城市规划、管理决策等方面提供依据；民生价值体现在能够为灾害监测、应急保障提供支撑；生态价值体现在广泛应用于环境保护、资源普查等领域。

（六）可视化（Visualize）

可视化是地理信息提供服务的重要内容。随着科技的发展，地图的媒介从传统的纸质地图、沙盘到电子地图，再到近年来的全息显示地图、虚拟/增强现实，地图的形式更为多样，内容也越来越丰富。

（七）个性化（Personalized）

大数据时代，地理信息是"以人为本"的，这里蕴含着两层含义。一是地理信息将由主要描述地理要素转向描述人与地理要素间的联系。不同个体是存在普遍差异的，因此产生的地理信息是个性化的。二是随着地理信息跨界融合的深入，服务对象从专业部门、专业人士转向社会大众，不同个体对于地理信息的需求存在差异，地理信息服务也必将是个性化、定制化的。

（八）动态（Dynamic）

传统的地理信息注重对地表要素的静态表达，即使对地表要素更新只能反映不同时态下地表要素的变化，这种变化是非连续的。而大数据时代，地理信息更多关注移动对象，如人、车辆等，注重其几何位置的连续变化和其他社会属性（交通状况、人口密度、物流等）的实时变化。

四 大数据时代测绘地理信息领域存在的问题

1. 以比例尺为生产划分标准在大数据时代难以为继

长期以来，在测绘生产实施层面，一直以比例尺作为划分生产任务的标准。这是由于传统测绘是以制图为核心，在测绘设备和力量有限的情况下，按照比例尺划分能够便于生产任务的管理和组织。但无论是何种比例尺，都是对地表要素的一次抽样并概括反映在图里，图上信息均为样本。在大数据时代，地理信息的获取主要由卫星、物联网、各类传感器等设备完成，新的测绘手段能够在短时间内采集详尽的地理信息，对于地表要素的描述已接近现实。按比例尺划分的生产作业方式已无法满足人们对于地理信息的现实需求。

2. 追求成果的精度与大数据的容错思维相悖

传统测绘生产方式中测绘活动全过程与精度控制密不可分，测绘成果必须经历严格的"二级检查、一级验收"。在追求成果精度的同时，也降低了成果的时效性。例如，大比例尺地形图的更新，从获取影像到最终成果验收常常需要几个月甚至数年时间。在大数据时代，人们更加追求效率，对于地理信息成果提供的要求往往是即时的，且少量的误差对结果的影响是微乎其微的，因此追求成果的精度往往不是必需的。此外，各类传感器、网络记录、众包等渠道获取的地理信息数据通常本身精确性各不相同，要将这些数据汇集起来分析使用必须牺牲一些精度的要求。

3.成果服务的内容无法满足大数据时代的用户需求

长久以来，测绘系统内为社会各界提供的成果包括地形图、专题图、4D产品、系统等。这些成果都是按照测绘的标准形成的成果，成果的价值往往不能贴近用户的需要。在大数据时代，地理信息服务对象扩大，服务社会公众的比例逐渐上升。在价值驱动下，当前的测绘成果服务已无法满足用户的需求，用户更加需要有价值、个性化的测绘成果。

4."信息孤岛"使得地理信息大数据难有作为

随着新技术新装备的不断发展，测绘的生产效率得到了极大提高，测绘的门槛逐步降低。一方面，由于测绘分级投入机制，不同测绘部门之间存在一个个"信息孤岛"，互不流通。另一方面，国土、农业、林业、海洋等部门都有能力、有意愿获取与本部门业务相关的地理信息数据，在数据价值和部门利益的驱使下，部门与部门间难以形成信息共享，测绘部门的数据"走不出""进不来"，部门与部门间也形成了一个个"信息孤岛"。在大数据时代，只有汇集各行各业的数据才能体现大数据的价值，地理信息的共建共享是大势所趋，"信息孤岛"是制约地理信息大数据发展的难题之一。

5.半结构化和非结构化的地理信息应用尚存技术难题

地理信息种类繁多、类型复杂，且半结构化、非结构化数据占大多数。以各类地形图数据、4D产品、遥感影像以及用户地理轨迹、图像声音、视频、文本等为内容的地理信息大数据应用仍然存在技术难题。主要包括以下几个方面：一是传统建立在制图基础上的地理信息建库思路无法满足大数时代地理空间实体位置、形态、结构、关系、行为等信息的全方位表达；二是遥感数据应用效率低下，现有的处理能力主要针对单一传感器设计，没有考虑多源异构遥感数据的协同处理要求，导致对遥感数据的利用率低，造成"大数据，小知识"，甚至大量闲置数据得不到有效利用的局面①；三是非结构化地理信息数据分析自动化程度低，在追求效率的情况下，海量非结构化地理信息必须实现自动化分析处理；四是多源异构数据的空间位置关系、空间参考、拓扑关系和语义表达不一致问题，造成数据融合的质量和可用性较差。

五　启示

（一）加快转变思维

任何思维都是在对实践进行抽象、总结、升华过程中形成的。传统的测绘思维是建立在以制图为核心的测绘实践基础上，如今的测绘生产方式、服务模式已发生了深刻变革，"生产即服务，数据即价值"的理念已逐步显现。物联网、云计算、大数据、人工智能等技术给测绘地理信息带来了巨大的冲击，思维方式的转变显得尤为迫切。思维的转变并不是对传统测绘思维的摒弃，而是思维上的拓展。例如，容错思维并不是对精确思维的否定而放任数据误差，而是为提高处理效率而容忍一些误差和噪声且不会对结果造成影响。要深刻理解地理信息大数据的内涵，可以从微观、中观、宏观三个层面把握。微观层面，地理信息大数据是人类记录与地理环境要素有关的物质的数量、质量、性质、分布特征、联系和规律的海量数据的汇集；中观层面，地理信息大数据是国家和企业重要的资产，是地理信息产业的重要生产力，是改造测绘地理信息领域落后生产方式的基础性力量；宏观层面，地理

---

① 李德仁、张良培、夏桂松：《遥感大数据自动分析与数据挖掘》，《测绘学报》2014 年第 12 期，第 1211～1216 页。

信息大数据是认识论与方法论的变革，从样本到总体、从精确到容错、从因果到相关的思维方式，是信息化时代人类认识、掌握地理环境要素变化规律的一次升华。

（二）聚焦关键技术

大数据技术要解决的问题就是将数据快速流转，支持多种数据类型和海量数据规模，并从中提取出一些有价值的信息[①]。基于上述问题，地理信息大数据重点需要解决的关键技术包含以下几个方面：一是多源异构数据信息汇集和融合的技术手段，能够有效地将地图数据、物联网、众包地理信息、网络爬虫数据等多种途径的信息进行汇集融合，为空间信息智能服务提供数据支撑；二是地理信息数据实时处理技术，需要建立 CPU – GPU 协同处理机制，解决海量遥感影像的处理难题；三是地理信息数据挖掘技术，特别是基于遥感影像的大规模深度学习数据挖掘技术；四是全息位置地图技术，以位置服务为核心满足全方位、多层次、多粒度的地理信息表达及可视化要求。这些技术是当前地理信息大数据应用亟待解决的重点难点问题，也是制约地理信息大数据发展的关键因素。

（三）创新体制机制

在转变思维的基础上，为适应大数据时代需求，测绘地理信息现有的管理体制机制也需要进行革新。重点有以下几个方面内容。一是满足"生产即服务"的生产管理制度要求，包括地理信息获取和测绘成果质量管理等相关制度，需要对"二级检查、一级验收"等不适应大数据时代的制度进行重新评估并修订。二是大数据时代的地理信息安全监管。重新审视地理信息安全保密制度，充分利用高新技术手段对安全监管工作进行创新，重视众包地图、无人驾驶等给地理信息安全带来的新问题。三是地理信息共享制

---

① 李建成院士在 2017 年"中国空间大数据产业高峰论坛"上的报告：《大数据时代的测绘地理信息发展机遇》。

度。尝试建立地理信息数据确权制度，保障地理信息数据产权归属者的使用、出卖等合法权益，建立政府间、政府与市场间地理信息数据交易制度，为解决"信息孤岛""数据烟囱"问题提供新的思路。四是市场监管制度。需要对测绘资质管理进行革新，放宽准入、公平市场秩序，促进地理信息产业跨界融合，为地理信息大数据营造良好的政策环境。

B.17
对地理信息安全保密若干问题的思考

徐　韬*

摘　要： 本文简要回顾了我国开展地理信息保密活动的历史，分析了
当前存在的问题，指出地理信息保密要突出重点、与时俱进、
符合国情等。结合 2017 年修订的《测绘法》提出的要及时调
整、公布测绘成果的密级和范围的规定要求，指出我国地理
信息保密政策的调整必须根据当前世界科技发展与进步、地
理信息安全监管重点的转移、地理信息产业发展等新形势，
客观地审视、分析和评价地理信息保密现有法规、规章及一
些技术处理方法的科学性、合理性和可操作性，以前瞻性思
维、大局意识为指导，采取行之有效的措施，建立符合我国
国情的地理信息保密技术标准和安全体系。

关键词： 地理信息　保密政策　技术标准　信息共享　政策研究

一　引言

　　2017 年修订的《测绘法》针对地理信息安全监管、地理信息共享应
用、地理信息市场监管等方面的突出问题作了重要修订，明确了"测绘
成果的秘密范围和秘密等级，应当依照保密法律、行政法规的规定，
按照保障国家秘密安全、促进地理信息共享和应用的原则确定并及时调

---

* 徐韬，浙江省测绘与地理信息局，教授级高级工程师。

整、公布"。"地理信息生产、保管、利用单位应当对属于国家秘密的地理信息的获取、持有、提供、利用情况进行登记并长期保存，实行可追溯管理。"结合当前世界科技发展与进步、地理信息安全监管重点的转移、地理信息产业发展等新形势，客观地审视、分析和评价现有地理信息保密法规、规章及技术处理方法的科学性、合理性和可操作性，以前瞻性思维、大局意识为指导，采取行之有效的措施，建立符合我国国情的地理信息保密技术标准和安全体系，是贯彻执行新《测绘法》的重要举措，也是当务之急。

二 简要回顾

笔者自1975年起从事测绘工作，较长时间在测绘资料分发管理、地图管理、测绘成果管理、地理信息共享协调管理等岗位工作，对测绘成果保密管理的历史有一定了解和亲身体验。

（一）保密大检查活动

新中国成立初期，我国即对测绘成果安全管理给予高度重视。国务院批准成立国家测绘总局之初（1956年），就授权其"负责政府部门及机关、学校所需要的基本地形图的配发，及所需测绘成果资料的供应，并对地图资料的保密进行监督"。1960年7月，国家测绘总局下发《关于测绘资料保密大检查的通知》，部署对全国各机关、学校、地质、煤炭、水电、冶金、城建等部门和单位测绘成果使用与保管的检查行动。检查以订立制度、清理账册、查处失泄密事件为重点，采取单位自查和测绘管理部门重点检查、抽查的形式进行。这种形式的专项检查活动随后成为测绘管理机构的日常管理工作重点之一。以浙江省为例，在20世纪60年代分别组织了3次全省性的"测绘资料保密大检查"（1960年、1963年、1965年），直至"文化大革命"开始后中断。

改革开放初期10年间，测绘成果的保密监管工作面临新的考验。国家测绘总局于1981年发文通知开展全国测绘资料保密检查（国测〔1981〕测发 181 号）。1989 年 9 月国家测绘局再次下发《关于组织开展全国测绘成果保密检查的通知》，开展保密检查。这两次大检查活动，由于全国各省（自治区、直辖市）测绘管理机构都已成立或恢复，检查工作的规模、力度、深度和覆盖面远超 60 年代。

（二）法律法规与制度建设

进入 21 世纪，测绘成果的品种、载体和服务方式等与改革开放初期相比发生了大的变革，测绘成果保密管理工作面临新的挑战。2003 年，国家测绘局和国家保密局联合印发了《测绘管理工作国家保密秘密范围的规定》，2004 年联合下发《关于开展全国测绘成果保密检查的通知》，部署了新一轮保密大检查活动。经过多年、多轮的保密检查活动，大大提高了测绘成果使用单位和人员的保密意识，上下建立了较为完整的保密管理制度，测绘管理机构也积累了丰富的管理经验。此后，各省测绘管理机构都将测绘成果检查活动纳入年度考核，大部分省（自治区、直辖市）测绘管理机构每年组织开展一次保密大检查。

随着导航电子地图和互联网地图等的广泛应用，国家相继出台了一些重要的政策和技术标准，主要有《测绘管理工作国家秘密范围的规定》（2003）、《公开地图内容表示若干规定》（2003）、《公开地图内容表示补充规定（试行）》（2009）、《导航电子地图安全处理技术基本要求》（2006）、《关于导航电子地图管理有关规定的通知》（2007）、《基础地理信息公开表示内容的规定》（2010）、《遥感影像公开使用管理规定（试行）》（2011）等。这些文件要求，在制作和发布公开地图、导航电子地图、公众版网络地图时，必须按地形图保密技术处理软件和有关规定进行"坐标脱密处理"和"内容过滤"，为地理信息的安全保密和公共服务提供了适时的政策支撑。

（三）阶段性特点

在 1975 年之前，我国覆盖疆土的基本地形图比例以 1∶50000、1∶100000 为主，一些大中城市测有 1∶10000 地形图，多由总参测绘局测制，为秘密级以上测绘成果。地方经济建设要用图，由各省负责测绘管理工作的部门向国家测绘主管部门或军事部门申请小批量调拨、代管和分发。那时主要的用户为地质、水利、林业、交通行业等机关或事业单位，分发量小也很少有与国外境外接触的机会。

1975 年左右，全国各省份先后成立省级测绘部门，开始批量生产民用 1∶10000 地形图，定"秘密"级，供图量也大有增加。改革开放初期，为适应城市对外开放需要，采取了一些临时措施。例如，浙江省测绘局就杭州市区范围出版过一批公开版 1∶10000 地形图，考虑到空间位置保密要求，将原按国际分幅要求的地形图改为矩形分幅，横坐标偏移一个常数，常数不公开。遇有单项涉外工程或项目需要提供地形图而没有公开版地形图时，则对原定密级的单幅或多幅地形图作一些简单处理（如把图四边的坐标注记和图中某些要素涂掉等）经审批后提供。由于缺少保密处理标准，主要以审批者的理解为主，很难统一。

进入 21 世纪，我国出台了一系列有关地理信息安全监管的法律、规章和文件，地理信息保密管理更加规范化。

（四）存在的问题

随着我国数字城市建设、地理信息公共服务平台建设、地理信息产业的快速发展，地理信息的应用越来越广泛，互联网、GPS、卫星遥感、谷歌地图等技术和成果在全球普及应用，我国的地理信息保密管理与地理信息共享应用之间出现了新的矛盾，最为突出的是现行地理信息保密政策与日益发展的地理信息公共服务和地理信息产业成长不相适应，地理信息的生产方、开发方和使用方要求改进我国地理信息政策的呼声强烈。我国出台的一系列关于地理信息保密的规章、政策和技术处理规定，形成于不同的历史时期，地理信息保密在成果管理、质量管理、地图出版管理、基础测绘管理、遥感影像管理、导航电子地图管理、地理信息公共服务平台管理等专项规定中都有要求，但因出台的背景、解决问题的侧重点不同，存在不衔接甚至矛盾、尺度不一致、依据不充分等问题。有些政策制定比较仓促，条件和要求不相适应，可操作性、可追溯性等存在不足，有些保密规定施行了十数年没有再行修订，一些试行规定出台了六七年仍在试行，法制建设滞后，亟待梳理和更新。

三　几点认识

陈常松（2003）、张清浦（2008）、闵连权（2010）等针对地理信息共享政策研究和地理信息产业发展中的问题，就我国地理空间信息保密政策进行了研究，形成了重要成果，一定程度上推动了我国地理信息保密相关政策的改进。这些成果形成距今已有多年，但其中许多观点和建议仍然对现今我国地理信息保密政策的持续改进有重要参考意义。同时，笔者也注意到，上述大部分研究是从地理信息共享、地理信息产业发展、公众地理信息服务等角度出发，未能具备一定规模的组织形式、人力物力条件，未能从"保障国家秘密安全、促进地理信息共享和应用"双向驱动原则的高度组织开展系统、全面的国家地理信息保密政策研究，对一些现象或者案例也未能进行更深入的挖掘、剖析或以更翔实的科学数据来举证、辨析和作出结论。

目前，有关各方对问题解决方案尚未达成一致认识，对问题的研究与讨论不够深入（如停留在"该保的要保住，该放的要放开"等浅层次讨论），缺乏深入细致、科学、客观的分析，对地理信息保密政策的调整缺乏明确的目标与规划。笔者认为：地理信息的安全监管与广泛应用同样重要，如果没有从建立我国地理信息政策完整体系的高度来展开研究和探讨，要求"严控"或"放宽"两种对立观点将会继续僵持，或者因事因时而产生"摇摆"，关键仍是统一认识。

（一）地理信息保密要突出重点

制定我国地理信息保密政策的主要依据是《保守国家秘密法》和《测绘法》，要结合对《保守国家秘密法》《测绘法》的学习和深刻理解，进一步研究地理信息保密的特点，弄清楚地理信息的保密与应用、空间位置与属性、尺度（分辨率）与面积范围、必要性与可操作性之间的制约关系。我国自古就有"凡主兵者，必先审知地图"的传统，直至科技发达的今天，地理信息、地图仍然是战争或恐怖活动对立双方利用的重要工具，其重要性和敏感性不言而喻。但地理信息载体的产生环境和使用环境与其他秘密载体有很大差别，由于其存在极为广泛的接触范围，并不是所有生产、采集的地理信息都适宜纳入保密范围。对于这一点，大家都已有共识，难度和分歧是在细化指标和把握尺度上。测绘从业人员人数众多，普通作业员在作业时，除了对地物地貌的坐标测定外，并不具备对其他有关国家秘密部位、物体与性质的知情权和采集权，更不宜在以民用为主要用途的基础地理信息载体上附加秘密信息。如果定位为密级的基础地理信息载体使用极为广泛和受众过大，就不再是秘密，也难以像其他秘密载体那样能够在各环节实行严格的管理和追溯。要正确理解《保守国家秘密法》的定义："国家秘密是关系国家的安全和利益，依照法定程序确定，在一定时间内只限一定范围的人员知悉的事项"，对那些应该保密并能保得住的重点敏感地理信息作出界定。只有抓住重点，才能严格按照《保守国家秘密法》"积极防范、突出重点，既确保国家秘密又便利各项工作的方针"和《测绘法》"保障国家秘密安全、促进地理信息共享和应用的原则"，去管控好那些不应该向国外、境外提供和泄露的、只宜在一定范围内知晓的地理信息，更好地防范泄露国家秘密的风险。

（二）地理信息保密要与时俱进

《测绘法》规定要及时调整、公布测绘成果的秘密范围和秘密等级。笔者认为，这种调整不但包括解除一些已经不起保密作用或已实际失效的要求，也应包括根据新形势制定加强某些地理信息管控的要求。

全球定位卫星系统、卫星遥感技术的广泛应用，以及国外已经拥有或者公开的测绘成果和地理信息，使得原制定的一些保密规定或保密处理要求不再适用：国外一些著名地图网站的全球地图定位精度已经达到 10 米以内甚至更高；美国已获得 SRTM1 和 SRTM3 高程数据，其中已公开发布的 90 米格网 SRTM3 高程精度优于我国的 1∶250000DEM 精度，据报道称德国的 TanDEM – X 全球高程模型在大部分地区高程精度可达到 4 米以内；公开出售的 1 米分辨率卫星影像已能识别出极大部分军用设施的分布和空间位置；卫片无控测图的地面裸露物体空间位置平面精度已能达到小于 20 米；国外建站的众包地图 OSM（Open Street Map）在我国一些城市已能详细标示胡同那样细小的地物，平面位置也达到较高的精度。以此看来，现行的"公开地图位置精度不得高于 50 米，等高距不得小于 50 米，数字高程模型格网不得小于 100 米""大型水利设施等位置精度不得高于 100 米"等规定已经不适用了。笔者基于在测绘成果保密管理中的困惑，曾组织了一次谷歌地图精度测试，结论为：从谷歌地球读取所求点的经度、纬度、海拔高，大多数点的平面误差和高程误差为 ±5 米，所有检测点位误差和高程误差均在 ±10 米以内。我们所制定的地理信息政策或技术处理手段如果不根据科技发展和时代进步及时作出调整，无异于"掩耳盗铃"，对真正需要防范的起不到作用，反而限制了国产地理信息数据的广泛应用。

在新形势下，地理信息的保密重点应该有新的侧重。例如，加强对某些敏感地物地貌的属性保密，减少一般用户不太使用但对战场、战役、战术起重要作用的要素的标示，或者将此部分数据从基础地理信息中剥离出来控制使用等。新中国成立初期的地形图技术规范系在苏联的基础上引进和改编，对地图上具有军事行动帮助或阻碍作用的地物地貌标示较为强调（如一二类方位物、有滩陡岸还是无滩陡岸、淤泥滩还是沙滩、通行还是不能通行、悬崖与陡坎的比高、区分可通行沼泽地还是不能通行的沼泽地等），但在民用基础地形图使用中，只有极少部分用户关心或涉及这种需求，可以考虑加强对这部分地理信息的管控。

（三）地理信息保密要符合我国国情

地理信息在战争、国家安全、反恐方面的作用为世界各国所重视，许多国家制定了有关的保密或限制政策。但基于包括地理信息在内的信息产业发展对本国经济的影响及军事、反恐方面战略、战术的特点，各国分别采取了不同的数据政策。一般说来，发达国家在制定相关政策时，制约、限制的要素较为集中，较多考虑社会价值与国家安全之间的利弊关系，较多权衡安全成本的付出是否符合整体利益等。例如，美国制定了地理信息安全评估程序，对敏感地理信息的使用提出限制时，要按照严格的程序评估。进入大数据时代，美国也采取了更为开放的信息政策，带动了信息产业的发展。这些做法可以作为借鉴和参考。但是我们也应该清醒地看到，美国作为世界上军事和经济实力最强大的国家，在信息技术领域具有优势，常常采取"先发制人"的安全战略，另外也有其体制的羁绊。我国虽是世界大国，但还属于发展中国家，国防安全形势十分严峻，在目前阶段，要求地理信息管控政策与发达国家完全一致，提出过高、步子过快的要求是不现实的。地理信息的保密期限相对较长，一旦放开，再收是困难的，安全因素在未得到正确评估之前的仓促之举，应该绝对避免。我们应该采取积极而稳妥的做法，按照我国国情，先从一些已经形成共识的、具有较大安全系数的方案着手，逐步完善。任何操之过急的做法都可能会带来隐患和损害，更有可能是欲速而不达。

（四）地理信息保密要完善相关技术标准

我国相继出台的一些有关地理信息保密的技术标准或具有技术标准性质的规定，目前仍是在指导和操作层面的主要依据，但从实践效果和体系框架来分析研究，亟待进一步修订、补充和完善。除了如上文所指出的一些标准不适应形势发展和"滞后"等缺陷外，现有的标准和规定还存在体系不完整、条文内容不科学、可操作性较差等问题。需要从地理信息保密技术标准框架体系来通盘考虑，增加或重订、修订地理信息安全保密系列技术标准，其中包括：测绘地理信息发布和使用安全风险评估技术指南、测绘地理信息管理工作国家秘密范围、测绘地理信息保密技术处理标准、涉密测绘地理信息使用与追溯管理技术标准、测绘地理信息延长保密期限与解密程序等。同时应对所有现行标准和规定作一次全面的清理或梳理。

（五）地理信息保密要靠体系保障

地理信息保密涉及理论研究、政策研究、技术研究、政策法规制定、实施管理、监督防范等各环节，需要从组织机构和管理体系、法律法规体系、技术标准体系、技术手段、规划与战略研究等各方面通盘考虑。由于地理信息保密的特殊性，在制定有关政策、法规过程中要涉及大量的新科技知识，地理信息保密涉及与军事部门及其他相关部门的协调，需要做大量调研论证和协调工作。在制定了政策和有关技术方案后，要进一步贯彻和监督实施，对保密成果的使用进行追溯管理，并评估政策执行过程中的问题、适时调整密级与保密范围等，其工作量很大，需要有专职机构和稳定的专职人员来承担，不应兼任。要花大力气建立地理信息安全防控体系，形成科学、全面、各个环节互相衔接、反应灵敏的体制机制，全面推进我国地理信息保密政策的进步。

四　结束语

建立地理信息安全管理制度和技术防控体系，建立涉密生产、利用情况可追溯制度，明确监督检查职责，完善相关法律法规政策与标准，是当前重要而急迫的大事，首先是要做好测绘成果的秘密范围和秘密等级的调整研究，相关的工作要点主要如下。

一是做好规划。地理信息保密管理是一项系统工程，要根据新形势和阶段性特点做好有关规划，确定目标、任务和时间要求，分阶段实现地理信息安全监管与信息共享应用的总体目标。

二是筹建地理信息安全保密专门机构。在相应的行政管理机构下设地理信息安全保密研究机构，开展日常性的专题研究。

三是充分发挥军地融合优势。发挥军地融合优势，与军事测绘部门加强协调，建立协调和协商机制，共同制定和评估有关政策。

四是完善地理信息保密有关规定和技术标准。首先从制定《测绘地理

信息发布和使用安全风险评估技术指南》着手，确定基本方针、原则和办事程序，进而修订测绘地理信息保密范围和密级期限等其他系列技术标准和规定。

新《测绘法》明确赋予测绘主管部门在地理信息安全监管和地理信息共享应用方面的职能，地理信息产业正迎来前所未有的政策机遇，测绘部门应该勇于担当，积极探索，克服等、靠、推诿和不作为，积极稳妥地开展课题研究、科学试验和试点，为维护国家地理信息安全、促进地理信息产业发展做出新的贡献。

参考文献

［1］张清浦、苏三舞、赵荣：《地理信息保密政策研究》，《测绘科学》2008 年第 1 期。

［2］闵连权等：《我国地理空间数据的安全政策研究》，《测绘科学》2010 年第 3 期。

［3］地理信息产业政策研究组：《中国地理信息产业政策研究》，测绘出版社，2007。

［4］何建邦等：《对制订我国地理信息共享政策的建议》，《地理信息世界》1999 年第 3 期。

［5］国家测绘局政策法规司编《国外测绘法规政策选编》，测绘出版社，2009。

［6］陈常松：《地理信息共享的理论与政策研究》，科学出版社，2003。

［7］张文辉、许天泽：《加强互联网地图监督管理　维护国家主权和安全》，库热西·买合苏提主编《测绘地理信息供给侧结构性改革研究报告（2016）》，社会科学文献出版社，2016。

［8］郭卫红、龚健雅、李柱林：《军事地形图与民用地形图的比较研究》，《地理空间信息》2006 年第 4 期。

［9］李曦沫主编《当代中国的测绘事业》，中国社会科学出版社，1987。

［10］《浙江省测绘志》，中国书籍出版社，1996。

河南测绘职业学院服务行业发展及地方经济的战略规划研究

孙新卿*

摘　要： 河南测绘职业学院结合传统优势和行业需求，定位于培养测绘类高等技能型人才。学院树立人才为先、特色发展、素质提升的理念，以社会满意为目标，全方位凸显测绘特色，在持续发展中形成特色。为实现办学目标，学院实施优化重组、强化人才队伍建设、借力内外合作等一系列战略规划，努力为行业发展和地方经济建设提供人才服务。

关键词： 测绘专业　战略规划　河南测绘职业学院

一　河南测绘职业学院的战略定位

河南测绘职业学院是在整合郑州测绘学校部分资源的基础上，于2017年3月经河南省人民政府批准成立。学院相对于河南省其他144所高校（含11所成人高等学校）的独特之处在于突出的、不可模仿的专业特色，并建立起自身独有的教育培养模式。学院以测绘地理信息专业为主体，以深化教育教学改革为先导，以社会认同度高、服务行业发展及区域经济建设效果好为最终目标。学校办学历史悠久，且紧密结合行业和地方经济发展的要求，

---

* 孙新卿，河南测绘职业学院党委书记，博士，教授。

深化教学内容、教学方法等各方面改革，培养的人才受到测绘地理信息行业及地方相关单位广泛欢迎。在新的历史条件下，河南测绘职业学院既面临"优先发展教育事业""加快发展现代职业教育"的大好机遇，又面临高等教育生源减少、学院基础设施压力加大等严峻挑战。要想抓住机遇，实现跨越式发展，成为服务行业发展和地方经济、具有较大影响力的高等职业院校，需要重新对办学水平、质量、效益和学风、教风、校风等系统性标准进行规划，对教学科研、校企合作、服务管理、技能教学和学生就业等方面已有的特色进行全面审视和深入思考。

职业教育是现代国民教育体系的重要组成部分，培养技术技能人才和高素质劳动者离不开职业教育，走中国特色新型工业化、信息化、城镇化、农业现代化道路离不开职业教育。就测绘地理信息行业而言，政府决策、国土资源监测、区域经济规划、农牧林业建设、水利建设、能源交通、环境保护等离不开测绘地理信息技术，自然地理要素需要测绘地理信息技术，高质量地形图依赖于准确翔实的测绘资料。人才是行业发展的战略资源。就测绘职业教育而言，其价值在于为测绘地理信息事业、为测绘地理信息行业企业培养和输送掌握现代化测绘地理信息技术的技术技能人才。随着经济社会对测绘地理信息成果需求的日益增长，发展测绘地理信息职业教育是当务之急。测绘地理信息职业教育的发展有利于加快经济发展方式的转变，有利于推进测绘地理信息教育的协调发展，对满足经济社会发展对测绘地理信息人才的需求具有非常重要的实践意义。

河南测绘职业学院坚持教育教学与行业需求相融合，以行业单位人才需求为导向，在对行业人才需求情况充分调研的基础上，优化专业结构与布局。学院开设工程测量技术、测绘地理信息技术、摄影测量与遥感技术、地籍测绘与土地管理等专业，每个专业都建有专门的实验室，并配有与生产单位作业水平相当的仪器设备和软件系统，做到了教学内容与生产实际同步。学院实行开放式办学模式，完善校企合作体制机制，开展有组织、有计划、全方位、多渠道、多形式的交流与合作，推动人才培养质量、科学研究和社会服务水平持续提升。学院以重点专业建设为引领，制订和不断完善"专业设置与行业企业相衔接，课程开发与岗位能力相衔接"的人才培养方案。基于这一方案，学院深入行业企业调研，抓住人才培养的核心能力，充分利用教学设施和人力资源，鼓励教师开展横向课题研究，并大力推动科研成果转化，不断拓展校企合作的深度与广度，形成技术研究、技术服务、社会培训、技能鉴定等多元服务的良好态势。

河南测绘职业学院的内在本质是结合行业和河南省经济社会发展的特点办出自己的特色，在满足产业政策和教育政策要求的前提下，理清"教育超前"的办学思路，并结合当前经济社会跨越式发展对高技能人才的迫切需要，积极适应产业发展和产品升级换代，以及由此带来的技术体系与作业方式的转变，确立与企业需求对接的人才培养方式方法，切实担负起人才培养的重任。这就要求我们要有改革创新的精神，做好专业建设和课程改革，创建校企合作双赢的平台，并加大专业教师培养力度，形成教育教学质量高、用人单位评价好、毕业生岗位适应能力强的测绘地理信息职业教育发展的良好局面。

二　河南测绘职业学院战略规划的优劣势分析

从 2007 年至今，测绘服务业、遥感产业、地理信息系统产业、导航定位产业等年均 20% 的增长速度显示测绘产业正在实现高速发展。河南测绘职业学院毕业生就业领域最广泛的就是城市规划部门和城市管理部门，因为地面人工设施的位置、形状以及属性等都需要测绘技术来提供，城市规划的管理、审批需要信息化测绘体系提供更有针对性、更翔实的服务，测绘资料中含有各个等级控制点坐标地形图和各种比例尺，为城市信息化管理提供了依据，全球定位系统技术和遥感技术的发展加快了空间信息的处理和更新速度，以城市规划为目标的信息组织、数据建库和应用都需要进行研究和开发。外部需求的大量增加为学院发展提供了良好的外部环境。

河南测绘职业学院根据行业企业对技术技能人才的需求，构建教育教学与产业对接、与职场一体的"校企共建"专业建设模式。在专业建设上，把测绘地理信息产业结构和人才需求作为主体框架建设的依据，通过校企合作专业建设指导委员会对地方、对测绘地理信息行业人才需求情况进行调研，制订专业建设方案，缩小学院教育与用人单位人才需求之间的差距。

河南测绘职业学院尽管有自己的专业特色，但在专业设置、课程设置、人才培养模式等方面相对滞后，专业调整与优化不足，相关教学文件缺乏系统化，与专业建设配套的实训条件和校企合作等方面还不够成熟，专业基础课、专业课、文化基础课的设置不完善。总之，学院还缺乏真正的职业教育特色，适应行业与地方人才需求的专业特色还不够明显。

建好测绘地理信息专业首先应有一支名师带领的教学团队。作为职业院校，要强化"双师型"教师队伍建设——要注重培养和引进学术大师，更要注重培养和引进技术大师，这是职业教育的性质所决定的，也是职业院校专业建设的需要。河南测绘职业学院作为新建高职院校，在面向全国引进高技能、高素质名师和专家学者方面缺乏力度；学校提升办学水平和推进教学改革的力度不足；从认识到实施教育教学的实践尚有许多薄弱之处，实践性教育教学设计与实施没有很好地凸显；在教书育人、教育管理、科学研究、社会服务等方面注入新活力还存在一定差距。

在上述优劣势分析的基础上，河南测绘职业学院应当发挥内部优势，利用好外部环境，利用政府高度重视测绘地理信息工作的机会，抓住全国基础测绘中长期规划纲要实施等机会，加强沟通协调，争取优惠政策，完善组织内部各项制度，利用既有的组织队伍，大力引进优秀人才，不断提升队伍的服务保障能力，顺应政府及社会各部门对测绘地理信息成果的持续需求，为满足经济社会发展的需要做好人员组织上的充分准备。河南测绘职业学院可以通过各级行业主管部门积极呼吁、沟通协调，以引入战略合作伙伴的方式，尝试与有关高校或企业合作，弥补办学经费的不足，做到未雨绸缪；同时，注重学习和吸收先进的管理模式与管理经验，减少单位组织内部劣势，规避外部环境的威胁，对人员进行科学配置、优化组合，使人才效益最大化。

结合上述优劣势分析，河南测绘职业学院应当实施优化重组、整合人才队伍、强化内部治理、加强内外合作，实现包括人力、资产、文化等资源的快速整合，改善组织的硬件条件，改善组织结构、完善制度建设，加强人才培养和人才引进力度，形成人才竞争的优势，弥补测绘高尖人才匮乏、高技能型人才不足的缺陷。

三　河南测绘职业学院战略规划理念

第一，树立人才为先的理念。校长是河南测绘职业学院实施发展战略的核心，因为校长的办学思想、办学理念会渗透到学校教育教学、行政管理、后勤服务等各个方面。校长在办学中要汇集广大师生的智慧，凝聚广大师生的力量，总结教育教学经验，构建学校办学特色，力争优异的办学成绩。教师是学院实施发展战略的主体，是决定学院教育教学质量的关键，因为教师是知识与技能的传授者，是学生职业实践、应用性研究、自主学习的典范。另外，校园文化以及校风、教风、学风对学生的成长成才起潜移默化的作用，而这些学院发展"软环境"的营造主要依靠教师来完成。教学大师是学院实施发展战略的重要力量，他们对同事具有强劲的带动力，对开设相关专业的院校具有强大的辐射力，对社会具有广泛的影响力，因此，学院要把"教学大师"的培养作为一项重要工程并抓好实施。学生作为人才的培养对象，在教育教学中处于主体地位，是学院实施发展战略的重要参与者和受益者。学院实施发展战略时一定要把技术技能人才培养方案的制订摆在突出位置。具体说来，学生的知识结构、知识基础要以"实用、够用、适用、管用"为主，要根据职业教育的特点，着力培养学生的职业能力特别是动手能力，使他们成为测绘地理信息生产一线的高级技术技能人才。在专业课教学上，要紧跟测绘地理信息科技发展的步伐，主动与行业企业接轨——可以安排学生到企业进行实践锻炼，或邀请企业专家、技术能手到校为学生讲规程、做示范；要"引企入校"，突出职场氛围，并不断完善校企合作、共生共赢的办学机制，为学生展示自我、施展才华搭建平台。

第二，树立特色发展的理念。特色是一所学校发展的生命力，没有特色学校就不可能取得很好的发展。河南测绘职业学院的专业设置具有独特性、优质性和稳定性等特征，这是学院特色发展的重要基础。河南测绘职业学院要办出特色，必须坚持"以服务为宗旨、以就业为导向"，走产学研结合的发展道路。要创新办学体制机制，吸引社会力量参与办学，实现合作育人、合作就业；要牢固树立质量意识，深化教育教学改革，提高教育教学质量；要优化专业课程的结构和内容，并按照测绘地理信息行业企业的岗位要求，整合教学资源，更新教学内容，促使学生知识与能力的协调发展；特别是要加强实践性教学环节，建立符合现代职业教育发展要求、符合测绘地理信息行业需求的实践性教学体系，着力培养学生的动手能力和创新能力。

第三，树立素质提升的理念。河南测绘职业学院围绕培养德智体美全面发展的测绘地理信息事业建设者和接班人这一根本任务，在确保学生具备扎实理论知识和良好专业技能的同时，大力推进素质教育，促进学生全面发展。一是加强测绘精神教育。要把"热爱祖国、忠诚事业，艰苦奋斗、无私奉献"的测绘精神贯彻到教育教学的各个方面，牢固树立学生的专业化思想和为测绘地理信息事业不懈奋斗的价值观念。二是加强职业道德教育。结合测绘地理信息事业对从业者的要求，教育和引导学生熟知测绘职业道德规范，积极践行测绘职业道德规范，为他们日后从事测绘地理信息工作打好基础。三是加强文明礼仪行为规范与法治教育。要搭建好教育平台，并将相关要求融入学生日常学习和生活的方方面面，通过教育和引导，不断规范学生的行为，增强学生的法制观念。四是加强就业创业教育。要端正学生的就业态度，树立正确的就业观念，提高学生服务奉献测绘地理信息事业、服务测绘地理信息行业的意识；要开办好职业生涯指导课程，开展好创业指导，提升学生的创业能力。在做好就业创业教育的同时，要搭建好学生的就业平台，拓宽学生的就业渠道，提高学生的就业率和就业质量。

四　河南测绘职业学院战略规划策略

河南测绘职业学院战略规划体现在为实现办学目标而实施诸多工程的各

个方面，是办学目标和实施工程的有机结合。

第一，科学定位测绘特色。河南测绘职业学院的特色办学是学院各项工作的总开关。学院要树立素质是基础、能力为本位的观念，培养测绘地理信息生产、管理、服务第一线需要的实践能力强、具有良好职业道德的高素质劳动者和专门人才。河南测绘职业学院下决心办一所具有鲜明测绘特色的一流职业院校。测绘特色主要体现在办学理念、治学方略、办学思路上，体现在教育模式、培养目标、培养方案上，体现在课程体系、教学方法、实践环节上，体现在管理机制、运行机制、办学效益上。上述特色必须建立在行业需求的基础上。在"测绘特色"的引领下，强调各专业可以有自己的特色。

第二，全面贯彻测绘特色。河南测绘职业学院充分发挥与国家测绘地理信息局相关部门（单位）合作共建的机遇，大力推进特色建设。"以测绘为本"是确定办学思路的重要原则和基本出发点，具体体现在以测绘为本的发展、管理、课程、研究、培训等方面。其中，以测绘为本的发展是长远目标，以测绘为本的课程是重要载体，以测绘为本的研究和培训是基本途径。以测绘为本的管理则是联结以测绘为本的课程、以测绘为本的研究和以测绘为本的培训的纽带，起着组织、协调、保证作用。

第三，持续延伸测绘特色。河南测绘职业学院在数字化测绘的基础上不断扩展，对信息化测绘系统、信息化测绘服务体系、基础地理信息的获取和更新、网络化管理与分布服务、地理空间资源的融合、信息化测绘功能服务化、信息沟通网络化和基础设备公用化等不断延伸专业领域。河南测绘职业学院在多维度考虑特色的同时，集中优势力量，设计并准备好配套的后续措施，全面推进学校的测绘专业特色建设。全体教职员工通过学习、讨论，统一认识，将测绘的科学理念和风格深植于学校文化之中。

五　河南测绘职业学院战略规划措施

第一，实施优化重组。河南测绘职业学院在原来专业的基础上，围绕测绘生产信息化、成果管理信息化、应用服务信息化、后台监管信息化开展教学和科研，重点建立起科学、标准管理测量数据库，研发人性化、国产化、智能化测绘硬件设备，实施网络化、社会化、多元化的测绘数据传输与应用，并不断优化工程控制网与监测网，自动、实时采集和处理数据，推动应用空中摄影测量技术、GPS 技术和遥感技术，突出当前急需的技能型人才和对未来有较大影响的学科专业，调整学科力量配置，加大学科建设力度，组建一批新兴、边缘、交叉学科专业和适应测绘地理信息技术发展要求的学科群。

第二，建好师资队伍。紧紧围绕办学目标，大力推进人才强校战略，做好人才的引进和培养工作。做好师资结构的调整工作，做到多种师资有机结合，促进师资的合理分布。建立科学的人才评价体系，促进人才成长。突破原有的薪酬体系，通过多种方式，引进紧缺的教育专家和核心技术人才，优化师资队伍结构。着眼发展、着眼未来，重点做好青年教师的培养工作，重视遴选和培养学术技术带头人，建立与测绘地理信息事业发展相适应的人才可持续发展的保障体制机制。

第三，借助外力发展。比如，在师资培养上，可以采取委托培养的方式，选派师资由武汉大学等相关高校培养，提高师资的专业素养；也可以定期邀请专家名师来校授课或举办专题讲座，介绍测绘地理信息发展的新动态、新成果等，扩展教师的视野。在专业建设上，可以通过与企业或兄弟院校开展项目合作、学术交流等，共同完善专业建设方案，促进技术技能人才的培养；还应当积极与政府相关职能部门沟通协调，进一步融洽与行业企业的业务关系，促进专业建设。

总之，河南测绘职业学院刚刚成立，尽管有自身的文化背景及不同的专业特色，但由于职业教育管理理论的欠缺，以及高等职业教育的专业建设及教学管理本身的复杂性，探索一条适合学院发展的道路没有既定的模式，许多问题有待进一步研究。定位于测绘特色，精心打造测绘专业，走产学结合之路，提供特色专业建设制度保障，深化测绘专业建设理论，是学院全体教职工共同的使命，学院将为之付出不懈的努力。

参考文献

［1］孙孔懿：《学校特色论》，人民教育出版社，2007。

［2］王荣德：《学校管理新策略》，科学出版社，2007。

［3］刘兰明：《高等职业技术教育办学特色研究》，华中科技大学出版社，2004。

［4］刘春生、徐长发：《职业教育学》，教育科学出版社，2002。

［5］熊君彦：《新世纪测绘事业改革之我见》，《测绘软科学研究》2001 年第 2 期。

［6］测绘发展战略研究项目组：《中国测绘事业发展战略研究报告》，测绘出版社，2005。

［7］《国务院关于加强测绘工作的意见》（国发〔2007〕30 号），2007。

［8］《测绘法》，2017。

［9］《关于印发〈测绘地理信息科技发展"十三五"规划〉的通知》，2016 年 10 月 29 日。

［10］中国职业教育网，http：//www.chinazy.org。

［11］中国职业教育信息资源网，http：//www.tvet.org.cn/html/index.html。

国 际 篇

International Level

B.19
测量师在房地产市场规范化中的作用

Chryssy A Potsiou *

摘　要：　本文分析了测量师在规范房地产市场中的必要性，指出测量
师可以给开发商和政府部门提供服务或产品。列举了房地产
市场非规范性的主要表现，包括非正式的权利、非正式的建
筑和非正式的商业交易等。分析了测量师在规范房地产市场
中所起的主要作用：向社会提供可靠的、基于证据的、开放
的或低成本的数据，以便政府和企业进行正确的决策，以及
为决策实施提供监测；设计适合特定政府具体需求的地籍系
统；处理房地产非正规性问题；开展房地产评估等。

关键词：　测量师　房地产市场　规范化

＊　Chryssy A Potsiou，博士，国际测量师联合会（FIG）主席。

一 引言

2015 年 9 月，150 多个国家通过了《2030 年可持续发展议程》（以下简称《议程》），承诺在保护地球的同时，努力促进世界繁荣。世界各国领导人承诺消除一切形式的贫困，消除不平等现象，处理气候变化问题，并确保在此进程中不让任何一个人掉队。《议程》确定的目标中提到，到 2030 年，各国将确保所有人类，无论男女、穷人还是弱势群体，在经济、社会、文化上都享有平等的权利，其中包括享有经济资源的权利，获得土地以及作为财产、遗产、自然资源等其他形式的土地的所有权和控制权，获得相应的新技术和小额金融服务等基本服务权利；同时，各国政府应确保人人都有机会获得充足、安全和可负担的住房和基本服务，并改善贫民窟；所有国家在城市化发展进程中应加强包容性和可持续性，并加强各国的参与能力、人类居住区可持续发展的规划和管理能力；鼓励各国政府将应对气候变化的措施纳入国家政策、战略和规划。

上述大部分内容直接关系到土地及其资源的良好发展和房地产市场的良好运作。有效、包容、透明和高效的土地和房地产市场，被广泛认为是健康民主的国家经济乃至全球经济的一个关键组成部分。

如今，房地产市场有很多种形式。有些是正规的，但仍然存在大量非正规或者非结构化的市场形式。经济学家所使用的术语经历了从"发达或成熟市场"（即所有权对国外开放、资本流动的便利性和市场机制的效率得到保证）到未来具有发展潜力或一定地位的"新兴市场"，再到主要存在于经济发展较为缓慢的通常是经济转型国家的"前沿市场"的变化。事实上，前沿市场是政府和投资者之间的关系比规则更重要的一种市场，它们是被产权不清、主要土地使用条例不清和官僚作风所困扰的市场。由于规则和条例透明度的缺乏，主要还是因为各国政府未能制定有连贯性、一致性的经济发展战略，私营部门很难全面参与到这个市场中。私营部门需要有产权清晰的可用土地、获得资金的优惠政策及许可法规和许可相关程序的透明度。

为实现 2030 年可持续发展目标，我们从转型经济体以及受经济危机影响的发达国家和发展中国家的房地产市场中吸取了房地产市场的前沿经验。与此同时，土地测量师利用他们的专业知识，在帮助社会实现这些目标方面也发挥了关键作用。

20 世纪 80 年代末至 90 年代初，欧洲及高加索地区许多国家在实现国家控制市场经济的经济转型之后，土地和房地产在行政和管理方面发生了重大改革。在这一时期，国际测量师联合会、联合国和世界银行积累了大量经验，特别是在所有权保障、财产所有权和建立现代财产登记制度等领域。然而，尽管人们早就认识到稳定和透明的交易框架对转型期经济发展至关重要，但有关部门还是采取各种策略影响私营部门的参与。其中一些决策导致了房地产市场责任和风险方面的不确定性，其中包括高度不规范性，这阻碍了这些国家的经济发展。

过去十年间，全球金融危机影响了一些国家，包括那些拥有发达房地产市场的国家，但同时也积累了许多经验。可以看出，许多受金融危机影响的国家是房地产和金融市场监管不足造成的。房地产价值虚增，而消费者未能评估他们购买通胀的房地产时所承担的风险；与此同时，许多不能被投资者正确理解的复杂金融工具被开发出来，对抵押贷款的监管不足，使得政府无法充分评估模拟信贷风险。

国际测量师联合会通过对全球房地产和金融市场的快速变化以及随之出现的新挑战进行了长期和深入思考，制定了土地管理范例。房地产部门及与其相关的工作，如房地产融资（通过抵押获得资本）和良好的土地管理，可以对一个国家的发展起到决定性贡献和作用的同时，产生有效的社会、环境和经济效益。范例见图 1。

经济的进步要求国家从经济增长的提供者转变为推动者的角色。国家与私营部门及公民共同制定土地政策，落实国家战略，制定体制框架和规章，以规范土地管理和房地产市场的有效运作。国家应确保执行机构和管理框架方面实现透明、公平和平等；此外，建设具有"适宜用途"的空间基础设施，以促进房地产市场的平稳运作，其中包括全球扶贫和创造就业机会，从

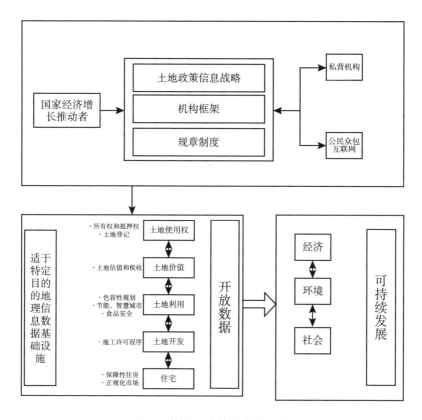

图1 优秀土地管理范例示意

而有助于实现可持续发展目标，以造福全球。真正的全球化"目的"是及时、可靠和可行地实现这些目标，而这个关键时刻就是2030年。

该空间基础设施应提供以下方面的便捷可靠信息：a. 所有权和产权（所有权、抵押权等）的担保；b. 房地产估价和税收；c. 土地使用管制和限制；d. 土地发展管制（规划、建造和运作许可程序）；e. 住房（住房融资和经济适用住房供应）。

这一基础设施和所有相关的土地工具（如土地规划、规划和建造许可、资产评估和税收、土地整理、土地调整、不规范房地产的规范化等）应由测量师及其他土地专业人士设计，测量师和专业人士利用现代技术及新兴科技（包括众包技术、BIM、物联网、无人机等）、政府服务和开放的数据设

施，能够实时、便捷、经济地提供可靠的地理信息数据，并使所有人尤其是穷人能够轻松和平等地获得地理信息数据。这类基础设施的特点是"与目的相匹配"，旨在为可持续发展目标服务。

二　房地产市场的非规范性

房地产投资者认识到房地产资源的供应不足。为满足企业的需求，在许多中央商务区地段开发现代化建筑，其中包括写字楼、酒店、商业中心和住宅地产。然而，在发达市场，城市扩张的空置土地供应是有限的，在棕色地带（指被弃置的工业或商业用地，可以被重复使用的土地，译者注）和农田地区建造房屋的费用更高。其结果是，这些市场中的土地价值和建筑成本都在增加。地价和建筑成本的上涨造成了房地产市场成本的大幅上涨。私营部门、外国投资者和跨国公司为降低在发达市场的房地产成本，它们尝试更有效地利用房地产资源，如提高区域的容积率。然后，它们将资本转移到价格和成本较低的发展中新兴市场，为的是在新兴市场中扩张资金。要做到这一点，它们必须通过分析某些与财产有关的参数来预估风险。

确定市场动态为发达市场且与财产相关的重要参数包括：经济和政治稳定程度、市场透明度和规范程度、产权登记（易于拥有或租赁财产、交易速度快、成本低）、官僚主义和腐败程度。

一些新兴市场国家面临着越来越大的政治风险，因此失去了投资者的青睐。全球股票投资者总是对风险的变化很敏感。最近的全球动荡有助于提高人们对新兴市场风险的认识。风险较大的房地产市场导致了更高的融资成本（抵押贷款和贷款），受住房成本膨胀影响最大的是低收入者。

发展中国家城市化发展迅速的地区，国家行政当局无法通过公共服务和经济适用房等政策来满足市场对城市土地的需求，大多数低收入家庭最终都住在非规划地区甚至住在贫民窟等非正规住宅区。

许多国家前沿房地产市场的主要弱点是存在大量的"非正规"房地产，主要是住房单元。非正式性是指非正式的权利、非正式的建筑和非正式的商业交易。非正规房地产是指未按规定的许可程序建造的单位，或不符合依法发放的建筑许可证的建筑，或从开始就对合法建造的单位非法增建，或在无产权的土地上，或在公共用地或市政用地上，或在占用人无所有权的土地上建造的建筑。这种建筑通常不在国家地籍文件中列出，这意味着它们不能被转让（包括继承），也不能抵押。此外，由于这些建筑在相关公共文件中未记录，技术上也不支持，所以市政府或州将无法对其进行财产税征收。其结果是一种通常被称为"死资本"的情况，由于国家失去了征税收入，而这是土地所有者/占有者的信贷来源，进而剥夺了获得资本用于进一步投资或增进财产的机会。非正规建设和交易也意味着大量的非正规和高风险的工作职位涉及其中，导致非正规经济产生，使国内生产总值（GDP）每年大幅下降并产生严重的国家腐败问题。

这些非正规性是由各种各样的情况造成的，包括缺乏灵活性、官僚主义的规划和许可制度以及条例，这些制度和条例不明确，有时自相矛盾，导致总体上缺乏透明度，鼓励个人绕过规划/许可证程序。在抑制新建筑的公共政策中，还缺乏对经济增长的热情。

开发商也可能面临缺乏可靠的地理空间信息的问题，如地形细节、土壤信息、公用设施、分区和环境问题等。进一步抑制市场发展的可能是产权信息的缺乏，包括转让、抵押、税收数据和公共记录中的留置权。最后，由于缺乏从开始到完工和入住都受到严格监控和适用简易的许可证制度，住房有可能被非正规建造。

上述因果关系的产生，不仅是由于缺乏规划政策或规划短浅所致，这种情况也是由于政府一级对土地管理职位缺乏了解且缺乏专业知识，而这些职位有助于政府制定条例和提出要求，他们为制定规划政策的政府记录和提供这些土地的细节信息。

如今，所有用于良好土地管理和监测的技术工具都可供使用，包括现代3D和4D地籍册、节能系统、建筑信息建模（BIM）技术以及无人机、低成本地图和移动应用程序。最重要的是，由一批受过良好教育和训练的年轻专业人员（土地测量师）构成现成的资源，其服务或产品不仅可以提供给开发商，而且也提供给政府部门，以防止非正规行为产生。

三 土地测量行业

土地测量行业是私营部门以及商业界在土地和房地产市场方面的重要组成部分。

作为技术专家,测量师支持房地产市场的建立和运作。如今,可供测量人员使用的3D工具数量众多。现在激光雷达和全球定位系统/全球导航卫星系统不仅应用于地形制图,而且还应用于建筑、采矿、变形监测、规划、建筑/BIM、受保护土地的监测以及许多更实际的用途。

长期以来,测量人员致力于向社会提供可靠的、基于证据的、开放的或低成本的数据,以便政府和企业进行正确的决策以及为决策实施提供监测。作为地理空间领域的专家,测量师应将各种形式的结构化和非结构化数据与现有的土地工具进行智能结合,以便促进对土地工具的最佳理解和应用,从而实现可持续发展目标。可靠的统计数据(人口统计资料等)结合地点信息和房地产市场数据(交易、价值、贷款相关数据,所有权、抵押数据等),对房地产市场的可持续有效运作至关重要。测量师还制定了监测可持续性的指标,这对地理空间信息进行一致性和可重复性的更新,提供了一种战略方法和机制;将有助于对比和监测社会进步情况,并证明他们处理和使用信息的能力,以优化实现可持续发展目标所需的活动。

土地测量师是土地管理方面的专家,从事与土地所有权、位置、使用和土地价值有关的活动。因此,专业测量有助于在审查和解释土地所有权和使用权的过程中保障财产的所有权,同时有助于公众在合法状态中建立符合要求的地理空间基础设施。

在新兴的区块链技术中,财产交易可以按时间顺序呈线性关系记录在"区块"中,以便通过"分布式分类技术"更好地管理数据和信息,从而降低跨境交易成本。未来是否有"虚拟土地地籍册"来支持房地产市场?测量人员正在调研区块链技术在风险管理、信贷获取和房地产管理方面的潜力。

通过土地地籍册登记系统记录的资料，保障和规定土地和财产的所有权。土地地籍册是测量师的主要成果，它解释并对标题信息进行合理化处理后提交给二维制图系统（有时是三维的制图系统），它不仅保障了土地所有权的安全性，而且为用于所有权转让和抵押贷款的土地市场提供重要的支持。

作为顾问，测量师设计适合特定政府实体具体需求的地籍系统，设计二维或三维地籍、法定地籍和多用途地籍系统，目的是满足公众需要、土地规划和一般土地管理实践活动的需要。

房地产非正规性是土地测量人员在土地位置、土地所有权、土地权属和土地价值等方面面临的土地管理方面的问题。测量人员对非正规住宅区的鉴定作出贡献，并按照规定的方式和规章条款对这类房地产的规范化进行指导。这将是迈向房地产市场规范化的重要一步。

财产税制度是政府政策和政府工作的重要部分。估价是一门专业的测量学科，它基于公平、准确的估价技术和位置规定，直接影响所有公共和基础设施的价值。测量人员已为发展中经济体制定了财产税的简要指导方针，并正在努力开发一种评估未注册土地的工具，以造福弱势群体，同时为各地的土地市场提供支持。

分区和建筑条例必须解释为建筑设计细节被转化为与财产限制、环境敏感性和公共基础设施相关的内容。测量人员不仅将建筑师和工程师的计划转化为施工阶段的具体实际情况，而且在整个施工周期中维持施工控制，包括建筑设施的位置确定和认证。测量人员正在努力建设国家和区域空间数据基础设施，并提供和记录有关信息。

四　相关政策

在《议程》的具体目标中，包括鼓励各国政府在国家、区域和各级国际组织中，建立响应扶贫和性别敏感问题发展战略的政策机制，目的是为加快消除贫穷行动投资提供支持。

测量师通常不会制定政策，但会在使用和开发方面解释和应用政策。但并不是所有的大学本科和研究生项目的毕业生都能作为实施者进入测量行业。欧洲典型的学位授予方案除了关注传统的测量和数据收集操作外，还关注上述定义的土地管理的所有要素的操作情况。

考虑到当前土地政策的趋势和原则，特别是涉及有关扶贫问题，以及对性别问题敏感的发展战略、可持续城市化、能源效率和经济适用住房的有关问题。在土地管理方面，测量人员还在努力更新和修改现有的土地管理工具，如规划、土地管理和国家空间数据基础设施、非正规房地产的规范化、土地征用和土地调整。

现代测量项目的毕业生非常适合作为土地管理者进入政府。他们在土地管理和管理方面的教育经历使他们具备了土地所有权、使用权和估价方面的专门知识。他们最终将晋升到制定研究政策的管理职位，将在政府的政治层面上颁布制定的政策。

B.20
国际地理信息产业科技
创新现状与分析

薛　超*

摘　要：　本文主要介绍了近年来国际地理信息产业在地理信息获取、处理、分析、服务环节中涌现的科技创新技术和代表创新产品，分析了国际地理信息产业科技创新的主要特点，并对我国地理信息科技创新发展提出了简要建议。

关键词：　产业　科技创新　国际　地理信息

　　近年来，在全球经济普遍低迷的大背景下，国际地理信息产业一直保持逆势发展态势，社会需求不断扩大，新兴力量不断出现。在科技创新引领下，与其他技术的融合发展越来越多元，产业产值也飞速增加。2017年发布的《世界地理信息报告》指出，全球地理信息产业收入达到5000亿美元，比2013年公布的数据增长接近100%，并将以15%～20%的年增长率飞速增长。可以看出，当今地理信息产业不管是体量还是增长速度都已不容小觑。摸清掌握国际测绘地理信息科技创新发展现状，对于认清我国地理信息发展的国际定位、发现短板和瓶颈具有重要意义。

＊　薛超，国家测绘地理信息局测绘发展研究中心，研究实习员。

一　国际测绘地理信息产业科技创新现状

（一）地理信息数据获取技术创新

1. 移动测量（mobile mapping）

移动测量技术诞生于 20 世纪 90 年代初，它是一种集成了 GPS、视频系统、位置姿态系统、惯性导航系统等多种仪器的传感器设备，可以以汽车、无人机等作为移动平台，采集事物时景的点云数据。目前的移动测量系统能够将激光扫描仪、组合导航系统和 CCD 相机集成，并朝着小型化、集成化、民用化发展，实现移动中直接获取目标物绝对坐标和纹理信息等数据。

全球范围内，奥地利瑞格（Riegl）、美国天宝（Trimble）、美国 Velodyne、加拿大 LYNX、日本拓普康（Topcon）等垄断了移动测量的高端市场份额。Riegl 激光测量系统公司有四十多年的激光产品研发制造经验，其成熟的三维激光产品技术水平一直处于世界领先地位。公司的 VMX 系列移动测量系统是一款可以在高速行驶状态下获取高精度、高密度三维点云数据的扫描系统。VMX - 1HA 系列产品的线扫描速度高达 500 线每秒，精度达到 5 毫米，代表了世界顶尖水准。VMX 系列产品可以为公路、港口测图以及自动驾驶地理信息数据采集提供基础数据。天宝公司是移动测量系统领域的老牌企业，天宝 MX 系列移动测绘解决方案可以为用户提供丰富完整的地理信息产品。MX 系列移动测绘传感器可搭载在不同的测量平台上，以满足对范围和精度的测量需求。系统可同步获取具有精准定位信息的高分辨率影像和激光点云数据，获取的海量数据通过智能化的数据处理软件加工，可对各类地物要素进行自动提取。拓普康公司生产的 IP - S2 系列移动测量系统可以利用双频双星 GNSS 数据、惯性测量单元（IMU）和车轮编码器在时速 100 公里的车辆上完成百万点测量的站点数据采集，此移动测量系统包含了 64 线 LiDAR 扫描头，测程长达 100 米。美国 Velodyne 是 1983 年在硅谷创立的激光雷达公司，Velodyne 公司的 HDL 系列产品凭借着合理的价格和较小的体积越来越多地在移动测量、自动驾驶等领域得以使用。更多公司愿意使用 Velodyne 激光雷达产品组建移动测量系统。TomTom 的地图核心团队就利用 Velodyne 激光雷达相机、一台 360 度全景相机、两台 SICK 雷达以及兼容 GPS 和 GLONASS 的高精度天线搭建了自己的移动测量系统。Velodyne HDL – 64E 激光雷达目前可以每秒采集 2200 万点云数据,其 64 线雷达传感器可以获取 120 米范围内精度高于 2 厘米的点云数据。此外,徕卡 Pegasus Two 系统、加拿大 LYNX SG&4 移动激光测量系统、英国 Street Mapper IV 移动测量系统也占据了一定的市场份额。

2. 近景摄影测量

近景摄影测量是指对物距不大于 300 米的目标物进行的摄影测量。随着用户对建筑立面、室内外地理信息的需求越来越高,以及建筑物变形监测、遗产文物三维重建、工业摄影测量等领域的发展,近景摄影测量仪器利用率越来越高。全球范围内,Faro、海克斯康、天宝、徕卡等传统仪器厂商已经捷足先登,凭借在制造工艺和创新驱动方面的巨大优势,占据了近景摄影测量的市场。Trimble SX10、Trimble TX8、FARO LASER SCANNER FOCUS、Leica ScanStation P16、Leica ScanStation P30/P40 是近景测量领域科技创新的代表。以 Trimble SX10 为例,其可用于收集密集 3D 扫描数据,每秒可测量高达 26600 个点的高精度数据,测程可达 600 米。Trimble SX10 能够捕获点云数据,然后在测量工作流程中自动配准,实现了测量工作的自动化。除此之外,挪威 Metronor 系统、加拿大 PhotoModeler 系统、AICON 3D 公司 DPA – Pro 系统也各具优势。

3. 卫星遥感

当前,全球卫星遥感正在向"三多"(多传感器、多平台、多角度)、"四高"(高空间分辨率、高光谱分辨率、高时间分辨率、高辐射分辨率)的方向发展,卫星组网和全天时、全天候观测成为主要发展方向。全球卫星遥感产业呈现以小卫星群为主体、商业卫星遥感计划不断增多的格局,传统龙头企业和初创卫星遥感公司在此领域展开了激烈竞争。世界商业遥感卫星巨头美国数字地球(Digital Globe)公司 2012 年成功收购另一商业遥感巨头

GeoEye，几乎垄断了美国高分辨率商业影像市场。公司于 2016 年底发射了 WorldView – 4 卫星，这颗卫星无论从空间分辨率（0.31 米）、卫星影像收集和储存能力（每天采集 68 万平方千米、3200GB 机载存储）到带宽下行速率（800Mbit/s）等均处于世界顶尖水平。在微小卫星领域，Planet 公司近年来异军突起，成为微小卫星星座领域的领头羊。Planet（原星球实验室）公司是 2010 年成立的卫星遥感初创企业，目前已经收购了谷歌旗下的 Terra Bella 对地影像公司和德国 Black bridge 影像公司。2017 年 2 月，Planet 公司借助印度 PSLV 火箭单次发射了 88 颗"鸽群 – 3p"U 级微型卫星。每颗卫星的重量仅为 4 千克，功率 20 瓦左右，并配备有可以达到 3 米分辨率的摄像机，可以看出其制造工艺十分先进。"鸽群"微型卫星的寿命普遍较短，迭代速度和生产周期非常快。目前，公司共有上百颗在轨运行的微型卫星，可以实现全球每天一次的重复观测。Planet 公司凭借其鸽群卫星和收购的其他在轨卫星，已经在亚米级等多种分辨率的商业遥感卫星领域体现出无法比拟的优势。

在雷达卫星遥感领域，德国空客防务空间公司设计并正在生产的 TerraSAR – X NG 雷达卫星空间分辨率将达到 0.25 米，在标准模式下的无控制点测图精度将达到 1 米，精度最高可能达到 2 厘米。卫星将搭载高达 8TB 的储存空间，并拥有 450Mbps 的数据下传带宽，设计寿命达到 10 年，代表了目前全球雷达卫星领域的科技创新水平。TerraSAR – X 可以利用 X 波段进行全极化近实时测量，排除了天气等因素对成像的影响。此颗卫星可与现有 TerraSAR 系列卫星组成星座，非常适合用于海上监测、重点监控等工作，TerraSAR – X 也是未来十年内 X 波段雷达卫星的领头羊。日本宇宙航空研究开发机构生产设计的 ALOS – 2 是唯一利用 L 波段频率的高分辨率星载合成孔径雷达。ALOS – 2 上搭载的 L 波段合成孔径雷达 PALSAR – 2 能够准确地观测陆地变化，分辨率可达 1~3 米。此外，加拿大最大对地观测卫星信息公司麦克唐纳·迪特维利联合有限公司（MDA）生产设计的 RADARSAT 星座利用先进的 C 波段激光雷达传感器，可以覆盖世界 95% 的面积。RADARSAT 星座将主要用于海上监视、国家安全和资源管理领域。

4. 机载激光雷达

目前，我国的机载激光雷达仪器和技术落后国外较多，而国外 LiDAR 技术起步较早，理论研究和产业化应用已经非常成熟。目前国际先进机载 LIDAR 已经具有良好的应用基础：在 1600～5000 米工作高度范围内可以达到 2～5 厘米精度，且测量速率不断提升、激光重复频率高（激光重复频率可高达 500kHz）、横向扫描角度大，LiDAR 和光学相机融合发展不断加快。目前，徕卡、加拿大 Optech、天宝、TopEye 和 Riegl 等传统测绘仪器公司占领了机载激光雷达领域的大部分市场。加拿大老牌激光雷达公司 Optech 的 Galaxy、Pegasus、Titan、Orion 等系列激光雷达平台凭借在固定翼无人机和大飞机等不同平台上的灵活硬件配置、工作流程的高度自动化以及先进的三波段激光雷达传感器配置，加快了地理信息数据获取的工作进程，在国内外得到了广泛应用。徕卡公司的 ALS80 装备了业界脉冲频率最高的 1.0MHZ 激光器，还整合了一体化的后处理工作流程，具备了超高点云生产能力。Riegl 公司长距离机载激光雷达扫描仪 LMS－Q780 具备多时相（MTA）处理和全波形数字化分析技术，测距精度达到了 2 厘米，可以在高海拔区域作业，特别适合对复杂地形区域进行测绘。

5. 室内导航定位系统（IPS）

室内导航定位系统（IPS）是使用无线电波、磁场、声信号或移动设备信息来定位建筑物内物体位置的系统。目前主流室内定位技术主要有超宽带无限通信技术、Wi-Fi 接收信号强度的三边定位法、Wi-Fi 接受信号强度的指纹定位法、惯性传感器辅助定位、蜂窝网络辅助定位、基于低功耗蓝牙 BLE 的定位技术、硬件定位、磁场定位、LED 室内定位等。随着基于位置服务（LBS）的商业价值逐步显现和消费级室内定位技术的发展，以及以 UWB 技术为首的厘米级超精度定位技术的市场化，室内定位技术在客户关系管理、生活服务、监狱管理、人流管理等方面的应用价值越来越大，各大互联网巨头和地理信息公司都在室内定位领域激烈竞逐。苹果公司在 2013 年以 3000 万美元收购硅谷小型室内定位公司 WiFiSLAM，该公司开发的技术能够通过 Wi-Fi 信号侦测室内以及其他建筑的定位数据。谷歌毫无疑问也是目前国外室内地图的领先者。早在 2011 年，谷歌就对外发布了室内地图 Google Indoors，覆盖的建筑物包括商场超市、机场、车站等。安卓市场规模的扩大和谷歌地图的广泛应用，加速了谷歌在室内位置领域的推进速度。谷歌已经具备了一个可观的数据积累。微软公司长期关注室内导航定位领域，并借助其在云计算、物联网等方面的优势以及长期通过子公司领英、SharePoint、Yammer 收集的海量数据为室内导航提供了基础数据。微软公司从 2014 年每年都举办室内定位竞赛，提供平台邀请学校、企业代表在室内导航定位领域角逐。2017 年，微软亚洲研究院推出"微软寻路"软件，提供低成本、即插即用的室内导航服务。在"领路人"的带领下，用户可以跟随前人的移动轨迹在室内找到通向某地的正确路线。除上述公司之外，美国 Senion 公司也在此领域异军突起，利用低功耗蓝牙等多种技术的融合为世界第一大购物中心迪拜购物中心、银座六区等大商场提供了室内导航定位方案。

（二）地理信息数据处理和分析创新

1. 地理信息软件平台

在地理信息软件平台方面，国外行业巨头 Esri 一直处于领头羊位置。Esri 公司的最新软件平台 ArcGIS 10 可以为用户在桌面、服务器、Web 和移动设备上使用 GIS 提供完整、可伸缩的框架。ArcGIS 10 平台支持海量数据和丰富的 GIS 数据模型，支持多用户、时态、版本、分布式数据库，可以轻松实现 PB 级空间数据的存储、编辑和管理。ArcGIS 还允许用户使用 ArcGIS Online、亚马逊云、微软云和其他私有云平台的数据。在运算能力方面，ArcGIS 支持先进的 GPU 并行云计算模式，能有效地提高空间大数据处理效率。在空间分析方面，ArcGIS 利用强大的空间分析工具集，基于云计算技术，实现了多维海量空间数据的高效分析。同时分析过程及结果还可以用各种图表形式展现，有助于更深层次上挖掘分析蕴含在空间数据中的重要信息。除 ArcGIS 等商业软件平台以外，非商业性质的地理资源分析支持系统（GRASS GIS）和 QGIS 软件平台也凭借在三维数据处理、软件体积、软件性价比等方面的相对优势占据了一定的市场份额。

2. 遥感数据综合处理

在遥感数据处理方面，PCI 公司旗下的 PCI Geomatica、海克斯康公司旗下的 ERDAS IMAGINE 和 ESRI 公司的 ENVI 软件平台等传统遥感数据处理软件仍然凭借着自动化处理能力和软件性能、稳定性方面的优势占据了主要市场。以 ERDAS 为例，它可以在统一平台中处理遥感、正射影像、激光雷达和基础矢量数据，并可以在软件中完成高级图像处理、动态建模、三维可视化等工作。

3. 地物信息自动提取

在遥感数据自动提取和处理领域，PCI GXL 和像素工厂等海量影像自动化处理系统实现了遥感数据的大规模并行处理和高度自动化处理，具有对各种数据的高效快速处理能力，稳定、可靠的空中三角测量加密能力，高适应性的自动滤波能力。空客公司的像素工厂（Pixel Factory）可以支持多种传感器，并减少手动编辑达到了产业化生产，像素工厂还可以无缝与第三方软件工具进行接口通讯。像素工厂中嵌套的街景工厂（Street Factory）软件具有各种高精度传感器模型和基于 GPU 的并行处理能力，支持快速、全自动化处理倾斜摄影影像。德国 Definiens Imaging 公司以 Ecognition 为代表的基于目标信息的遥感信息提取软件自动化提取效率非常高，人机交互工作量较少，但受影像质量、数据量等因素的限制，小面积区域范围内解译精度尚可，不具备普适性。

（三）地理信息数据服务创新

谷歌地图、谷歌地球、英国军械测量局 OS MasterMap、开放街景地图（Open Street Map）、众包地图网站 WikiMapia、街道级众源影像平台 Mapillary 凭借着创新性的多元化、个性化服务，收获了大量用户群体。谷歌地图和谷歌地球作为用户超过 10 亿的地图软件，允许用户在地图上抓取地理信息数据，并开放了丰富多样的地图 API 接口。同时，谷歌地图还拥有 22 级无极缩放可视化和较高的影像更新频率。地图界的"维基百科"开放街景地图通过志愿者制图方式绘制了海量时效性极强的地图，利用众包测绘方式在印度尼西亚应急救灾、欧洲各城市规划中发挥了巨大的作用。众包地图 WiKiMapia 也利用网络爬虫捕捉了网络数据，同时利用众包方式丰富了地理信息库。英国国家制图机构、国有企业军械测量局生产的 OS MasterMap 平台依靠背后强大的数据库支撑，建立了覆盖全部要素的地理实体数据库，每个要素背后都有自己独特的"身份证"。瑞典街道级众源影像公司 Mapillary 通过众包的方式提供了智能版的"谷歌街景"，鼓励用户利用手机摄像头、行车记录仪收集街景数据，并利用电脑视觉处理方法对用户采集的数据进行处理，试图超越谷歌公司的专业街景车辆生产的专业街景数据。目前，Open Street Map、Mapillary 的用户数量已经爆炸式增长，用户上传了海量的数据，Mapillary 甚至收集了朝鲜的部分街景。

除传统地理信息服务模式外，也出现了多元化、个性化的地理信息服务模式。室内地图、全息地图、混合现实地图、三维近实时建模等多种地理信息服务使得地理信息从静态走向动态、从独立走向融合。

（四）地理信息综合集成应用方面的科技创新

1. 全球地理信息资源建设

目前，全球数字高程模型（DEM）产品相对丰富，越来越多的企业加入全球高程模型的商业化获取行列，并凭借技术优势和资源优势走在领域尖端。2014 年，空客防务与空间公司和德国宇航中心（DLR）利用最先进的 TanDEM－X 和 TerraSAR－X 雷达卫星，完成了 WorldDEM 全球高程模型采集，实现了覆盖全球两米精度的模型绘制，总数据量达到 500TB。WorldDEM 全球高程模型现在每八天更新一次，在军用与民用航空、油气田管理以及国防安全相关领域发挥了重要作用。日本遥感技术中心于 2016 年联合日本 NTT 公司共同发布了全球数字化 3D 地图 AW3D，利用先进陆地观测卫星（ALOS）拍摄的三百万张卫星影像与高精度 DEM 模型贴合，生产了世界上首款达到 5 米分辨率的 3D 地图，覆盖了包括南极洲在内的全球陆地范围。AW3D 是目前世界上最精准的全球 3D 地图服务，在主要城市区域三维地图的精度达到了 0.5～2 米。

2. 地下和水下测绘

我国海洋地质和海地探测技术体系及相关工作可以说还处在填补空白阶段，而国外这一领域早已开展相关探索。国外水下测绘尤其是多波束水下测绘领域无论测量深度还是测量幅宽等都远超我国技术水平。Kongsberg 公司生产的多波束测深仪 EM122 最高测深可达到 11000 米、幅宽可达到 30 千米，达到了世界先进水平。Teledyne 公司的 HydroSweep 产品同样可以测得 11000 米深度的海底地形，同时最大距离分辨率可达 6 厘米。随着计算机软硬件技术的发展，深水多波束声呐显控系统的实时数据处理能力得到了提高，可以利用人机对话窗口进行安全的声呐设备操作，高效稳定地采集声呐探测数据，对海量实时探测数据进行实时可视化表达，快速准确地提供探测成果以及增强现场处理能力，成为新一代深水多波束声呐显控系统的重要发展方向。Kongsberg EM122、SEA – Bat7015、SeaBeam3012 等著名深水多波束声呐设备的随机显控系统都在试图引入更多的实时数据展示方式，其中 Kongsberg 公司的新一代多波束声呐显控系统能够以多视图实时显示多源探测信息，同时还能以 2D、3D 方式实时绘制海底探测地形，现场数据处理能力很强。

在地下测绘领域，英国雷迪 RD9000 金属管线探测仪、日本富士 PL1000 金属管线探测仪、各种探地雷达通过精准滤波技术、超强抗干扰技术、精准定位密集管线等技术创新占据了大量的市场份额。

3. 自动驾驶汽车和车联网

近年来，Here、Zenrin、TomTom 等测绘地理信息企业，Google、Uber 等互联网服务公司以及特斯拉、奥迪、戴姆勒等传统汽车厂商纷纷涉水无人驾驶汽车领域，利用诸多地理信息科技创新成果开展高级驾驶辅助系统（ADAS）的研发设计，自动驾驶汽车对动态物体辨别、车道级导航定位、决策规划、场景感知的强烈需求也推动了企业在自动驾驶汽车领域的科技创新。在地理信息企业自动驾驶科技创新方面，TomTom 发布了全球首个商业高分辨率三维地图，覆盖全长 24000 千米的德国高速公路。TomTom 还与高通公司开展合作，将自动驾驶技术与高清地图有机结合，利用高通驾驶数据平台（Drive Data Platform）支持高清地图众包，智能采集并分析来自不同车辆传感器的数据，通过确定其定位、监控并学习驾驶模式、感知周围环境，使车辆更加智能。互联网企业方面，Google 从 2010 年开始就利用激光雷达技术开展了高精度导航电子地图（HaD Map）的制作，并开展了针对自动驾驶的深度学习、图像识别技术的研究。谷歌从卡耐基梅隆大学机器研究所搜罗了大量激光雷达人才着力开发激光雷达技术，研究出可以探测远方和近处的两款固态激光雷达，使得设备成本降低了九成，设备体积大大减小，并可以直接嵌入车体。Uber 公司收购加州地图位置服务初创公司 DeCarta，与商业高分辨率影像供应商数字地球公司（Digital Globe）、微软必应、TomTom 展开合作，获取了第三方提供的海量地理信息数据。汽车公司方面，宝马、奥迪、戴姆勒公司利用顶置 360 度激光雷达、两侧激光雷达、顶置高精度 GPS、前后置毫米波雷达、超声波雷达收集了空间位置信息，并采取高精度地图结合激光雷达的技术路线实现自动驾驶。

二　国际地理信息产业科技创新特点剖析

通过以上对国际地理信息产业科技创新的全面梳理，可以总结出国际地理信息产业科技创新有以下特点。

第一，企业作为测绘地理信息科技创新主体凸显。纵览地理信息获取、处理、综合应用服务全过程，企业都走在了科技进步的尖端领域，并真正成为科技创新的主体。部分企业的科技创新水平、经费投入甚至超过了官方机构和科研院所。从微小卫星星座、固体激光雷达到 VR 卫星、街道众包影像，企业科技创新的维度更加多样，对地理信息与新技术融合的关注度更高。企业更加愿意与高校、科研院所实验室开展合作，发掘专业人才，并主动投入大比例科研经费进行面向市场需求的科技创新项目研究。有些企业通过投资、并购的方式获得了科技创新专利、服务和研发团队，凝聚成科技创新的合力。市场机制催生科技创新的模式十分成熟，经济发展与科技创新之间的良性循环已经非常完善。

第二，传统企业持续领跑，初创企业异军突起。从地理信息科技创新的企业结构来看，传统巨头企业凭借强大的科研团队和充足的经费支出在相关领域继续领跑。一方面，测绘仪器制造传统巨头凭借在光学仪器制造工艺、芯片集成度等多方面的优势继续领跑移动测量、机载激光雷达等前沿领域，少有中小企业能够在前沿领域通过科技创新获得用户市场；另一方面，谷歌等传统互联网企业通过团队自主研发和投资并购获得了大量科技创新成果，利用技术优势与地理信息技术进行完美融合，敏锐把握市场需求，在众包地图、无人驾驶、地理信息大数据等多个创新领域占领了先机。此外，Planet、Open Street Map、Waze等初创企业凭借在微小卫星、无人机、众包地图等新兴领域的优势，获得了大量融资。从产业结构看，国外测绘地理信息科技创新主要集中在高端仪器制造、综合软件平台领域，低端产品的科技创新并不多见。海克斯康、Esri、谷歌等龙头企业的引领，辐射、带动了一批中小企业在新领域的探索。中小企业的科技创新经常可以成为龙头企业科技创新的补充，共同形成较为健全的科技创新布局。

第三，地理信息获取、处理、服务能力不断增强，地理信息泛在化特征明显。在国际市场上，得益于仪器制造新工艺不断进步、计算能力快速提升以及大数据、云计算、物联网等新兴技术与地理信息技术的融合发展，地理信息获取、处理、服务的能力不断增强。具体来说，传感器体积减小和精度提升、移动互联和物联网的发展使得地理信息获取更加泛在，专业地图制作者和用户之间的界线越来越模糊，用户在使用数据的同时也逐渐成为数据的生产者。另外，计算资源的普及为地理信息处理能力的增强打下了基础，适合遥感地物识别的多层卷积神经网络，支持向量机、遗传算法、决策树等多种机器学习方法在地理信息领域的成功应用使得地理信息处理和深度分析如虎添翼。在科技创新的引领下，国际地理信息正逐步从特定专业应用演化成具有普适特征的泛在化服务，成为像水、电、网络一样无处不在的公共基础设施。

三　结语

测绘装备和各类传感器的科技创新和改进，导航定位、三维地图、大数

据挖掘等地理信息服务的多元发展，加上移动互联、大数据、云计算等助推地理信息科技创新，使得地理信息的价值空前膨胀，地理信息的价值被不断发掘。在科技创新引领下，国际范围内测绘地理信息移动化、智能化、泛在化发展飞速。

在我国地理信息企业大力"走出去"参与国际竞争的今天，认清国际地理信息产业科技创新情况，对于国内企业更好地发挥自身核心优势、认清自身定位有一定参考意义。对于测绘主管部门来讲，在国际地理信息产业创新飞速发展的同时，更应深化科技体制改革，创建促进科技创新发展的良好政策环境，鼓励政府采购测绘地理信息高精尖自主技术产品服务；激发企业作为市场主体的科技创新活力，发挥好政策导向和市场监管作用，健全科技创新激励制度；通过技术支持、政策支持、人才支持等方式重点鼓励高端领域测绘地理信息装备、平台的自主研发制造，培育一批龙头企业引领地理信息产业发展。

参考文献

［1］ https：//www. geospatialworld. net/article/where－is－the－money/.

［2］ http：//airbusdefenceandspace. com/wp－content/uploads/2015/08/201506_ terrasar－x－ng_ datasheet_ final. pdf.

［3］ http：//www. asc－csa. gc. ca/eng/satellites/radarsat/Default. asp.

从联合国及其机构相关实践看测绘
地理信息科技创新与可持续发展

徐　坤*

摘　要：　科技创新在推动测绘地理信息发展中具有不可替代的重要引领和推动作用。笔者在联合国可持续发展司挂职工作期间，深刻感受到联合国在推动当前最重要的工作——可持续发展工作过程中对科技创新工作的重视，专门建立机制，推动各成员及各类创新主体加强关于可持续发展科技创新的交流与推广。测绘地理信息在推动可持续发展中具有重要作用。这在联合国具体事务中也得到了体现。为增强我国测绘地理信息科技创新的前瞻性和实用性，建议加强与可持续发展需求的对接，完善创新政策和机制，优化测绘地理信息科技创新环境，让更多主体参与到创新中来。

关键词：　联合国　科技创新　可持续发展

科技创新是推动经济社会发展的重要动力。《国务院关于印发"十三五"国家科技创新规划的通知》指出，"科技创新在应对人类共同挑战、实现可持续发展中发挥着日益重要的作用"。笔者在联合国经济与社会事务部

---

* 徐坤，副研究员，国家测绘地理信息局测绘发展研究中心。

可持续发展司工作期间，接触了推动可持续发展相关科技创新的工作，在此结合测绘地理信息科技创新谈一点感想。

一　联合国推动科技创新相关工作

（一）联合国可持续发展司关于促进可持续发展目标创新的推进机制

2015 年，联合国大会通过《2030 年可持续发展议程》，提出 17 个可持续发展目标（SDGs）。同年，联合国可持续发展司着手推进建立科技创新促进机制（Technology Facilitation Mechanism，TFM）。机制建设的主要内容包括成立 10 人专家组、举办年度科技创新论坛、建立在线平台等。其中，10 人专家组的主要作用是对整个论坛的主旨、讨论内容及成果进行总体把握。联合国可持续发展司主办一年一度的科技创新论坛，作为推动可持续发展科技创新机制的一项重要内容，组织技术推动方面的对话和提供其他建议。此外，还计划整合可持续发展农业、水、气候等领域的科技创新数据库，建立一个科技创新在线平台，促进科技创新应用与需求的对接，推动科技创新成果转移。

2017 年 5 月，联合国召开第二次可持续发展科技论坛，会议主题是"不断变化世界中的科学、技术和创新"。各领域专家包括地理信息领域的专家在论坛上就促进实现可持续发展目标（SDGs）的能力建设等展开了广泛讨论。

（二）其他

在可持续发展司工作期间，笔者参加了与 Maker Faire 推广人员开展的座谈，考虑推动 Maker Faire 在可持续发展科技创新方面的应用。

Maker Faire 实际是提供一种公众创新平台，使所有有兴趣的公众都能参与到创新中来。政府在其中可以作为发起者、支持者，为所有创新者提供资源、空间及政策。2014 年，美国白宫首次举办了创客嘉年华（Maker

Faire），集结了利用新工具或技术来开发业务、想学习科学/技术/工学/数学（STEM）等重要技能、代表美国创新先驱的学生、创业家及一般民众。活动中宣布了由白宫主导的推动创客运动的整体措施。①支持由创客（Maker）创立的初创企业及新型雇佣关系。超过13个政府机构以及Etsy、Kickstarter、Indiegogo、Local Motors等企业会向创客提供一系列的支持服务，包括国防部为支持耐热金属零件的低成本制造方法等提出提案，公开了30种制造技术；农务部为了激励农业相关及Maker相关学校与大学，实施了2个新的创意竞赛，并督促农业相关创业以及食品问题的配套措施。②美国教育部及5个机构将与150所以上的大学、130间以上的图书馆以及Intel、Autodesk、Disney、Lego、3D System、MAKE等主要企业一同参与创立更多的创客空间（Maker Space），大幅提升学生成为创客的机会。③邀请创客解决大众的迫切问题，等等。由此可见，政府在推动Maker Fairy中可以发挥很大作用。

二　从联合国相关机构看测绘地理信息技术在可持续发展中的重要性

　　测绘地理信息是可持续发展的重要支撑。可持续发展即要实现社会、经济和环境三个维度的平衡发展。通过联合国《2030年可持续发展议程》提出的17个可持续发展目标以及相应的300多个指标可以看出，可持续发展各领域与地理信息均直接或间接相关，通过地理信息技术可以对可持续发展相关规划、设计、决策直接提供支撑；同时地理信息还是可持续发展总体情况评估的重要数据来源和重要平台，通过地理信息及技术可以对国家、区域乃至全球的基础设施、水资源、森林资源等的可持续发展情况进行综合监测和评估。

　　联合国可持续发展司（UNDESADSD）、联合国全球地理信息管理委员会（UNGGIM）、联合国外层空间事务办公室（UNOOSA）、联合国培训与研究中心（UNITAR）等相关机构认识到并高度重视地理信息的重要作用，正着力推动利用测绘地理信息科技促进可持续发展。

（一）联合国外层空间事务办公室（UNOOSA）

UNOOSA 是联合国负责促进国际上在和平利用外层空间方面合作的办公室。UNOOSA 利用空间技术在许多与可持续发展相关的主题领域开展相关工作，包括农业研究和开发、生物多样性、沙漠化、干旱、洪水、渔业和水产养殖、灌溉和水、土地利用、自然灾害减少、农业生产监测、植被火灾和天气预报等。在笔者工作期间，联合国外层空间事务办公室曾专门与可持续发展司所在的经济和社会事务部就如何促进空间技术在可持续发展方面的应用等开展会谈。在 2017 年 GGIM 大会上，也专门召开边会，交流讨论空间技术应用方面的工作。

（二）联合国培训与研究中心（UNITAR）

UNITAR 的卫星应用项目——UNOSAT 的使命是人类的安全、和平和社会经济发展，向联合国大家庭和世界各地的专家提供卫星解决方案和地理信息，从而减少危机和灾害的影响，帮助各国制定可持续发展计划；此外，还通过培训和技术援助提高相关机构和国家的能力，在人道主义救援、人类安全、战略领土和发展规划等关键领域发挥作用。UNOSAT 还创建了一个公共和私人合作伙伴的扩展网络，与大多数联合国机构、空间机构以及一些与卫星技术地理空间信息相关的国际倡议活动开展合作。

（三）联合国全球地球空间信息管理倡议（UNGGIM）

2011 年 7 月，联合国经济和社会事务部审议并通过决议，成立了联合国全球地理空间信息管理专家委员会（UNGGIM），目标是在制定全球地理空间信息发展议程方面发挥主导作用，并促进其在应对全球关键挑战方面的应用。目前 UNGGIM 大会集合了来自 90 个国家的专家，共同协调和推进全球空间信息管理领域合作。

专家委员会的工作重点和工作计划由会员国推动。专家委员会经授权，为制定关于建立和加强国家地理空间信息能力的战略，传播国家、地区及国际组织在地理空间信息相关的法律框架、管理模式和技术标准等方面的最佳实践和经验提供一个平台。目前，UNGGIM 专家委员会工作的重点集中在以下方面：全球大地参考系的发展、发展全球可持续发展地图、支持可持续发展和 2015 年后发展议程的地理空间信息、全球地理空间信息社区采用和实施标准、为地理空间信息建立知识基础和地理空间信息管理的国家制度安排的趋势、集成地理空间统计信息和其他信息、制定法律和政策框架（包括与权威数据相关的关键问题）、关于地理空间信息管理原则的共同声明、确定基本数据集等领域。

（四）联合国可持续发展评估

自 2016 年起，联合国可持续发展司组织召开高级别政治会议（HLPF），相关志愿者国家在大会上对本国的可持续发展情况作总体汇报。2017 年的高级别政治会议上，共有 44 个国家提交了评估报告，多数国家均提及在可持续发展评估方面缺少数据的问题。地理信息及技术作为获取众多自然、资源等信息的重要手段，可以在帮助这些国家获取数据方面发挥重要作用。

由此可见，推动测绘地理信息科技创新，进而提升其服务可持续发展的能力是当前全球正在关注的重点问题。因此，笔者在此想进一步讨论的就是如何发挥中国在推动测绘地理信息科技创新、提升测绘地理信息服务可持续发展能力方面的作用。

三　关于推动测绘地理信息科技创新的一些思考

（一）将测绘地理信息科技创新与可持续发展结合起来

当前最重要的是，一方面在政策层面加强地理信息与可持续发展的联系，中国作为全球地理信息管理委员会的成员国和共同主席国，可以积极推动在全球可持续发展相关论坛会议上设置地理信息专题讨论，或者推动地理信息在可持续发展评估方面的实验项目建设；另一方面是加强中国对相关国

家的地理信息技术援助，通过培训等方式，帮助其建立地理信息获取和评估的能力。

（二）推动我国测绘地理信息科技创新能力建设

目前测绘地理信息科技创新存在原创力不够、重大科技成果不多、成果转化率不高等一系列问题，与支撑可持续发展的需求不相适应。

完善测绘地理信息科技创新政策。完善以需求为导向的测绘地理信息科技创新推动政策，根据《中国落实 2030 年可持续发展议程国别方案》等，研究当前测绘地理信息科技创新、应用创新的需求，并进一步加强对测绘地理信息科技创新的引导。健全测绘地理信息科技创新支持和激励制度。

加强测绘地理信息科技创新机制及平台建设。创新的原动力在于人。如何通过有效的机制，让更多的创新主体参与到测绘地理信息科技创新中来，是国家相关政策的指导方向，也是在"大众创业、万众创新"的大环境下推动测绘地理信息科技创新的有效方式。作为政府机构，测绘地理信息部门可以参考联合国 STI online platform、我国科技部绿色技术银行在线平台的构想以及 Maker Fairy 等，尝试构建地理信息技术创新数据库及相应的交流甚至技术交易平台，鼓励企业、专家、创新者将技术创新成果展示出来，让更多的公众参与测绘地理信息科技创新，同时通过平台建立起测绘地理信息科技创新成果与需求的对接机制。有效发挥当前产业园等政策、资源集聚作用，为创新企业提供更好的服务。

参考文献

［1］《国务院关于印发"十三五"国家科技创新规划的通知》（国发〔2016〕43号），http：//www. gov. cn/zhengce/content/2016 – 08/08/content_ 5098072. htm。

［2］http：//maker8. com/article – 1469 – 1. html。

企 业 篇

Enterprises Level

B.22
以基础产品研发创新支撑北斗导航
与位置服务产业自主健康发展

周儒欣　胡刚　王增印　王春华　韩云霞　张密*

摘　要：　随着北斗卫星导航系统建设的推进，北斗产业发展呈现出应
用领域日益增加和产业规模日益扩大的趋势，我国的卫星导
航产业间接产值在 2016 年突破了 2000 亿元大关，产品和服
务的类型也达到了空前的规模，无人机、机器人、驾考驾培、
共享单车等的新应用、新模式如雨后春笋般涌现出来。为适
应这些应用创新，驱动该领域企业规模化发展，需要从基础

* 周儒欣，北斗星通董事长兼和芯星通董事长，北京中关村高新技术企业协会副会长，中国卫
星导航定位协会副会长；胡刚，北斗星通董事、总裁兼和芯星通 CEO，国家北斗专家，科技
北京百名领军人才；王增印，教授级高级工程师，北斗星通副总裁兼研究院院长，国家突出
贡献专家；王春华，北斗星通研究院副院长兼华信天线副总裁、首席技术官，国家科技创新
人才；韩云霞，博士，北斗星通研究院高级方案工程师；张密，北斗星通战略发展中心高级
经理。

产品进行技术创新。基础产品涵盖芯片、模块、板卡、天线、数传电台等多方面，北斗星通集团公司经过多年研发投入和技术积累，在产业链各环节进行布局，形成了具有自主知识产权的系列产品，支撑北斗导航与位置服务产业自主健康发展。

关键词： 北斗导航　位置服务　基础产品　技术创新

一　北斗导航产业发展趋势和特点

根据欧盟全球卫星导航系统管理局 GSA 报告，全球卫星导航市场规模预计到 2023 年可达 2900 亿欧元。从市场结构看，普通精度应用的道路交通（包括 PND、汽车前装/后装导航以及行业市场中的车载导航监控等）与 LBS（移动终端及相关位置服务）占了市场绝大部分比例。《国家卫星导航产业中长期发展规划》提出，到 2020 年，我国卫星导航产业规模将超过 4000 亿元，预测北斗导航市场规模占卫星导航产业市场规模的 60%，届时北斗市场规模将上升至 2400 亿元左右，产业未来增长空间巨大。北斗系统将于 2020 年实现全球服务战略部署，面临"走出去"并为国家"一带一路"战略实施提供保障服务的迫切需求和大力提升的良好机遇。

卫星导航产业有三个特性：寄生性、渗透性、融合性，这意味着卫星导航必然要与其他领域互融互联。首先是技术互联。卫星导航技术和其他技术融合的趋势逐渐明晰，特别是与通信、云计算、物联网、互联网等技术的融合，而且这种融合的进程不断加速。其次是商业模式互联。如今卫星导航产业的商业模式也在发生变化，纵向一体化的趋势越来越明显，软硬件厂商只针对自己的专业领域已经不能适应这种趋势。再次是国内与国际互联。在国家政策大力倡导、北斗系统逐步走向全球的背景下，国内卫星导航企业逐步走向国际，北斗产业国际化发展趋势显著加强（见图1）。

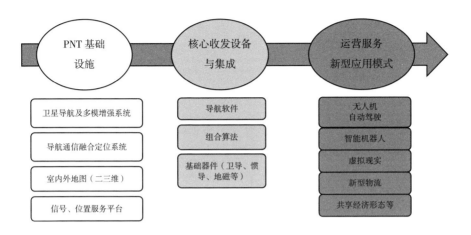

图1　GNSS 产业链发展趋势

为了适应技术融合、商业模式变化、国际化的发展趋势，近些年，北京北斗星通导航技术股份有限公司（简称"北斗星通"）积极实施"北斗＋"发展策略，不断进行技术与应用创新。"北斗＋"包括三个方向：一是北斗＋技术，二是北斗＋行业，三是北斗＋规模。

二　基础产品技术研发创新

基础产品处于 GNSS 产业链的上游，掌握其核心技术至关重要，否则将受制于人，陷于被动。基础产品类别主要有芯片、模块、板卡、天线、电台等。公司以卫星定位和多源融合技术为基础，突破和掌握了高性能卫星定位与多源融合核心算法、高集成度芯片研发，并凭借人才、管理、技术和本土化服务优势，基于自主创新核心芯片，提供包括一站式 GNSS 基础产品在内的时空感知核心产品和服务。产品定位精度涵盖毫米级、厘米级、亚米级到米级，可满足地基增强、测量测绘、智能驾驶、驾考驾培、无人机、机械控制、车载导航、行业授时、手机等智能终端、可穿戴设备、物联网等市场领域对高性能、低成本、低功耗、高品质产品的需求。目前，公司已发展成为世界领先的时空感知传输核心产品和解决方案提供者。

（一）芯片/模块/板卡技术创新

1. 核心芯片研发

公司以卫星定位和多源融合技术为基础，突破和掌握了高性能卫星定位与多源融合核心算法，已先后自主研发了多款高集成度北斗芯片，形成了系列产品，如 Nebulas、Humbird、Nebulas‑II、Mockbird、Firebird、Clover 等（见表1）。北斗核心芯片的研发成果，填补了国内空白，在国内导航芯片中排名第一，连续多年在国内技术比测中居第一位，累计形成了 30 多项发明专利和软件著作权，2015 年底自主"北斗芯"首次获得国家科技进步奖。

表 1　北斗星通自主研发系列芯片

序号	1	2	3	4	5	6	7
名称/型号	蜂鸟 Humbird™ – UC220	蜂鸟 Humbird™ – UC221	星云 Nebulas™ – UC260	星云 NebulasII™ – UC4C0	知更鸟 Mockbird™ – UC6225	火鸟 UFirebird™ – UC6226	四叶草 UClover™ – UC5610
产品							

2010 年 9 月国际首款、国内首创的多系统多频率卫星导航 SoC 芯片"Nebulas"UC260 推出，使用了当时先进的 90 纳米工艺，兼容所有卫星导航系统的所有频点，同时支持最多 6 个频点的卫星信号，打破了高精度测量、导航、授时等多个领域核心部件长期依赖进口的局面。2013 年 5 月，突破并掌握了多项卫星导航芯片研发技术，包括多星座兼容基带架构设计及多系统联合定位、高灵敏度捕获和跟踪、快速定位、深亚微米芯片实现、低功耗等技术，发布我国首颗 55 纳米工艺的北斗导航芯片蜂鸟"Humbird"。Humbird 在北斗办组织的"多模导航型基带芯片"招标比测中，均以绝对优势连续三年获得第一名。在车辆导航前装与准前装市场，已为东风日产启辰、江淮汽车等厂商批量供货。同时积极开展 Humbird 芯片 IP 核研制工作，

并授权给国内知名手机芯片厂商，为手机和消费电子产品等提供北斗/GPS导航/定位/授时功能。2015年5月，推出全球首款完全自主知识产权的全系统多核高精度导航定位芯片"Nebulas – II"UC4C0。该芯片基于55纳米工艺设计，可以实现高精度GNSS测量仪器小型化。2016年5月，基带射频一体化导航芯片"Mockbird"UC6225问世，可提供GPS/BDS/SBAS单芯片接收机解决方案。2017年5月，国内率先支持全球信号的最小尺寸28纳米北斗多模芯片"Firebird"发布，采用巧妙的PMU设计，兼具超低功耗和极致小型化特点，显著提升了用户设备的续航能力。内置Sensor Hub，可接入多种传感器进行融合定位，通过精准的场景及上下文识别，即使在恶劣信号环境下仍能保证更快、更准的定位体验。面向全球应用，支持BDS、GPS、GLONASS、Galileo，可多系统联合定位。高集成度设计节省外围器件及板上面积，QFN40封装符合AEC – Q100可靠性标准。

2. 模块研发

（1）导航型模块。基于研发的系列导航型芯片，和芯星通研发了多款导航型模块产品，主要包括UM220 – III NV车规级、UM220 – INS N高端组合、UM220 – III NB抗干扰、UM220 – III NL低成本、UM220 – III H全功能高性能等型号的GNSS导航定位模块以及UM220 – III L GNSS精密授时模块等（见图2），产品主要面向米级、亚米级导航，实现如车载前装、车载后装、导航、监控、授时、行业手机、个人定位等领域的应用。

图2　导航型模块产品

（2）高精度模块。基于系列高精度定位芯片，研发了全球最小尺寸的UM4B0全系统全频点RTK定位模块、UM482全系统多频高精度定位定向模块等（见图 3）。高精度定位模块系列产品支持全系统多频点，具有小型化高性能等特性。

图 3 高精度定位定向模块产品

3. 高精度定位板卡研发

高精度定位在测绘、航空、工程、导航定位等领域均有广泛需求。基于和芯 Nebulas 系列高精度芯片，公司开发了多款高精度板卡、接收机及模组产品。板卡方面主要包括 UB240 双系统四频高精度 OEM 板卡、UB370 三系统七频高精度 OEM 板卡、UB380 三系统八频高精度板卡、UB280 双系统八频高精度定位定向板卡、UB351 三系统五频紧凑型高精度板卡、UB482 全系统多频高精度定位定向板卡等（见图 4）。

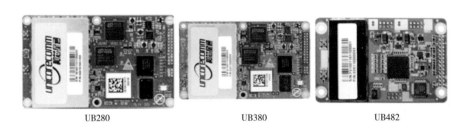

UB280　　　　　UB380　　　　　UB482

图 4 高精度定位板卡产品

（二）天线/电台/终端技术创新

1. 自主研发系列天线

北斗系统（BDS）的发展，使得 GNSS 实现了四大卫星导航系统并立的局面，天线作为卫星导航系统中的关键基础部件，也在向着多系统兼容方向发展。同时随着卫星导航精度的提高，高精度定位（测量）天线的应用领域也越来越广，从传统的测量测绘行业，逐渐发展到驾考驾培、无人驾驶、无人机、精准农业等越来越多的领域，也对高精度天线提出了多功能化、小型化等新要求。

北斗星通旗下深圳市华信天线技术有限公司（简称华信天线）自主开发了 GNSS 系列天线产品（见表 2），取得专利数量位居同业首位。产品按照定位精度和应用场景分为普通导航型、航空、无人机、内置测量、外置测量和基准站等天线。其中，测量型天线占有绝对市场份额，为国家"GNSS 测量型天线"行业标准主导单位，基准站天线在国家北斗地基增强系统占比达 90%。

表 2　北斗星通自主研发的系列天线产品

序号	1	2	3	4	5	6	7
类别/型号	普通导航	航空	无人机	内置测量	外置测量	基准站	SMART
产品							

自主开发的高精度定位天线产品包括普通多功能组合测量天线、参考站天线、无人机天线、SMART 天线等，技术研发创新情况分述如下。

（1）多功能组合测量天线

测量天线通常作为 RTK 使用，要求同时兼容四大卫星导航系统，实现全方位覆盖。因此，研发了工作频率覆盖四大系统的全频天线：采用低损耗、低介电常数、低密度新型微波材料和新加工工艺设计，实现了高增益、高精度定位（定位精度可达 ±2 毫米）（见图 5a）。

随着技术的发展，RTK 设备正在向多功能化发展，普通测量天线已经不能满足需求，因此天线设备必须实现多功能组合。附加蓝牙通信功能的全频段测量天线在实现全方位良好的蓝牙通信的同时，GNSS 天线定位精度完全不受影响（见图 5b）。

由于蓝牙通信距离和功能有限，于是 GNSS + 蓝牙 + Wi-Fi + GPRS 的多功能全频组合天线应运而生。随后在此基础上又设计了 GNSS + 蓝牙 + Wi-Fi +4G 的升级版组合天线，基本满足了现代无线通信应用需求（见图5c 和5d）。

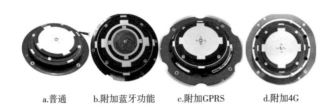

a.普通　　　b.附加蓝牙功能　　c.附加GPRS　　　　d.附加4G

图5　普通测量全频天线

（2）参考站天线

参考站天线通常采用扼流圈天线形式，而传统的扼流圈为平面扼流圈结构，在抗多径能力方面性能有限。现多采用3D 扼流圈结构，相位中心偏差可达到亚毫米级，并且具有良好的增益和波束宽度。华信天线3D 扼流圈天线（HX – CGX601A）与国外几款扼流圈的相位中心稳定性进行对比发现，HX – CGX601A 的相位中心稳定性明显优于其他天线，表明我国该型号天线技术已经达到国际先进水平（见图6）。

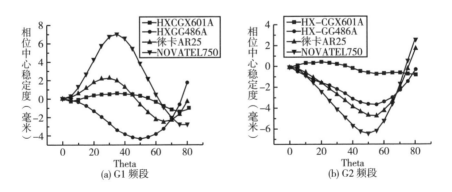

图6　各天线随仰角相位稳定度

但是3D 扼流圈天线体积大（普遍直径大于300 毫米），质量重（8～10 千克），不方便安装和运输。为了克服这些缺点，采用新的扼流圈技术和低仰角增益改善技术，设计了全新的小型化扼流圈，在天线尺寸减小（直径185 毫米）、重量减轻（小于 2 千克）的同时，保证了与 3D 扼流圈相当的性能（见图 7）。

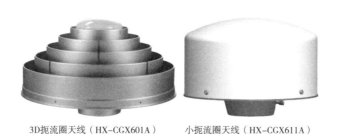

3D扼流圈天线（HX-CGX601A）　　　小扼流圈天线（HX-CGX611A）

图 7　参考站天线产品

（3）无人机天线

无人机领域近几年发展极为迅猛，能够实现高精度定位的 RTK 差分技术逐渐被无人机行业接受和应用。而在成本压力相对较大的农业植保无人机中，使用自主航线飞行甚至是 RTK 厘米级定位技术的产品也越来越多：国内某知名无人机厂商一直在使用基于 RTK 的自主飞行无人机。

实现 RTK 高精度定位的一个重要部件就是无人机天线。在一些大型无人机特别是对高低温等环境适应性要求较高的行业中，常采用轻型航空型无人机天线。公司从原始的航空天线改进，设计了适应无人机应用的轻型航空无人机天线，性能稳定，对高低温、振动等恶劣环境的耐受力强（见图8a）。

a.轻型航空类无人机天线　　　　　　　b.四臂螺旋无人机天线

图 8　无人机天线产品

在对重量要求较高的机型或对低仰角搜星锁星性能有特殊要求的环境中，常采用四臂螺旋形式的无人机天线。该款天线具有尺寸小、重量轻、平面相位中心稳定度较高、波束宽等特点，在有遮挡环境下也能实现精确定位，并经历了从原始的支持双星四频到改进后的支持四系统全频，又到后来的低风阻外形设计，其设计方案越来越适应无人机的发展和应用（见图 8b）。

（4）SMART 天线

目前华信 SMART 天线在国内和海外市场已批量应用（见图 9）。海外 SMART 天线通过和整机厂商配合和测试，在澳大利亚验证 WAAS、在日本验证 MSAS、在印度验证了 GAGAN。通过不断测试和优化定位算法，推出了一套适合农机的 SBAS 和 TDIF 算法，在不需要 RTK 的情况下，仅使用 SBAS 和 TDIF 的功能就可以达到一般用户的定位要求，极大地方便了客户使用，同时和市场主流自动驾驶厂商做了协议的匹配和验证，在海外可以直接替换现有主流的 SMART 天线。未来 SMART 天线将在精准农业和液压控制、传感器技术、拖拉机电子控制等方面进行深度结合，实现更贴近行业需求的解决方案，在海外也会陆续推出单频高性价比 SAMRT 天线，进一步提高市场占有率。

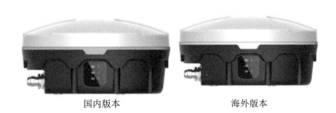

国内版本　　　　　　海外版本

图 9　SMART 天线产品

2. 无线数传电台研发

随着北斗产业的发展，高精度位置服务应用从传统的测量测绘领域，发展到了驾考驾培、精准农业、无人机等新应用领域，对于数传电台的技术发展也提出了新需求。数传电台在这些领域主要用于远距离、实时地传输差分数据，是系统产品的核心模块。华信天线无线数传电台按照客户的安装方式及应用场景分为内置收发、外置、精准农业、驾考驾培、无人机、蓝牙等数传电台（见表3）。

表3 北斗星通自主研发系列电台产品

序号	1	2	3	4	5	6
类别/型号	内置收发	外置	精准农业	驾考驾培	无人机	蓝牙
产品						

通过技术创新，在电台协议兼容性、小型化以及抗干扰能力等方面领先国内其他电台生产厂家，目前可以与国内外主流电台传输协议做到完全兼容。此外，公司还受邀参与国内军用电台数据传输协议标准的起草制定。针对无人机领域对数传内置电台小型化的要求，加大技术创新，研发的最新数传电台尺寸为 $33 \times 26.5 \times 3.5$ 毫米，非常适用于无人机使用场景。在抗干扰能力方面，研发的电台通过软件算法的不断创新，采用了先进的纠错能力算法，极大增强了抗干扰能力。另外，随着外部环境电磁干扰越来越严重，传统电台采用 FDMA 定频方式工作，很容易受到干扰，特别是在精准农业行业，受干扰现象特别严重，影响电台正常工作。为了解决抗干扰的问题，又研发了跳频电台，在抗干扰方面获得极大提升，同时采用 TDMA 工作方式，可以进行数据的接收和发送，满足行业实际使用需求。

3. 终端设备研发

公司基于自主研发的芯片、模块等，根据导航、测量等不同应用领域需求，自主研发了系列终端设备和接收机产品，主要包括 UR240 – CORS 双系统四频高精度接收机、UR370 三系统七频高精度接收机、UR380 三系统八频高精度接收机、UR4B0 四系统十一频高精度接收机等，并批量应用于北斗地基增强系统（见图 10a）。

UR370 是和芯星通支持北斗三频的三系统七频高精度 CORS 接收机产品，采用经过市场充分验证的、具有完全自主知识产权的多系统多频率高性能 SoC 芯片——NebulasTM，可提供毫米级载波相位观测值，具有大容量存储、多个通信接口和多种传输协议。UR380 是全新设计、支持 BDS 和 GPS 三频信号的三系统高精度 CORS 接收机产品，内置大容量存储和长效锂电池，具备串口、网络和无线等多种通信接口，提供友好的人机交互界面和牢靠封装。该系列终端设备产品主要适用于测绘、气象、地震、位移监测、科学研究和其他高精度测量定位的应用领域（见图 10b）。

a.UR370   b.UR380

图 10   终端设备产品

（三）系统集成与创新应用

近年来，公司自主研制的基础产品持续领跑北斗行业应用。研发的世界首颗支持全部现有卫星导航系统的高性能导航 SoC 芯片（Nebulas），以及我国首颗 55 纳米导航型北斗芯片，填补了国际和国内卫星导航领域空白，打破了我国高精度测量、导航、授时等领域长期依赖进口芯片的局面。目前导航型芯片累计出货近 700 万片，率先实现了北斗导航芯片的产业化应用。签订并交付国内首个北斗二代示范应用的批量订单，是首个万以上量级的兼容北斗/GPS 导航模块订单。自主研发的高精度板卡、接收机在北斗地基增强系统、驾校考试、地基增强系统等领域得到规模应用，并率先在无人机、机器人等新型领域实现批量应用。

1. 驾考与驾培

基础产品及系统集成应用主要面向大众、行业领域、政府管理、部队等用户。在个人手机方面，实施了北斗首个面向手机的 GNSS IP 授权；在车载前装方面，为长安、江淮、东风日产启辰、长城等车厂提供产品；在智能交通监管方面，为两客一危监控管理提供产品；在政府监管方面，北斗首次过万量级配备到警用对讲机中，实现公安系统应用示范；在部队应用方面，作为首个批量应用于我军军车和单兵系统的芯片产品，在中国人民解放军总后勤部军交运输部实现了北斗数万量级军用示范应用，通过军民融合、民为军用，有力地支持我国军车及单兵的批量军事应用。在国际化方面，北斗首次走到海外建立监测站（iGMAS），产品率先走进北极、巴基斯坦、巴西、阿根廷等国家。通过产品研发及集成应用，我国高精度测量、导航/授时等多个领域摆脱了对进口产品的依赖，大大推进了我国卫星导航产业的自主化发展进程。以下举例说明应用情况。

2. 北斗地基增强系统

公司基于 UB240 – CORS 板卡提出 CORS 应用整机解决方案。同时，UR380 接收机可跟踪处理 BDS B1、B2、B3 和 GPS L1、L2 和 L5 的三频信号，并支持 GLONASS L1、L2 信号的跟踪处理，具备优异的低仰角信号跟踪性能和多径抑制能力，满足 CORS 应用对数据质量的要求，可实现已有 CORS 系统服务的平滑升级，减少 CORS 运营商的系统升级综合成本。在国家北斗地基增强系统建设中，自主研发板卡的装配比超过 80%。在北斗 iGMAS 国内监测站建设中，在昆明、上海等监测站部署了相关产品。此外，华信 HX – CGX601A 天线凭借其优秀的性能和可靠性在众多竞争产品中脱颖而出，成为国家北斗地基增强系统中基准站天线部件，有效保证了系统建设和运行。

3. 无人机及自动驾驶

随着无人机市场的不断成熟，无人机已广泛应用于航空摄影测量、电力和石油管线巡线、农业植保、空中监视，甚至影视拍摄与家庭娱乐等领域，具有可观的市场潜力。和芯星通公司的 GNSS 高精度板卡 UB280、UB351 可提供从米级、分米级到厘米级的实时定位精度，支持单板卡双天线或双板卡双天线的高精度定位定向解决方案，可实现移动相对定位，满足不同种类无人机飞控系统的需求。此外，国内某知名无人机企业全新升级了其无人机植保解决方案，该系统搭载华信 GNSS 定位天线，可为农田测绘、无人机飞行提供厘米级的高精度定位，使航线规划精度达到厘米级，实现厘米级高精度航线飞行，使无人植保更精准有效。

面向智能驾驶量产需求，和芯星通以"芯片 + 算法"为核心，推出了一系列小型化、高性能、低成本高精度产品，提供领先的抗干扰性能和 20Hz 以上的实时输出结果，并在结果中标识位置速度等精度的置信度，方便智能驾驶系统对高精度传感器的融合应用。产品支持板载惯性导航器件、外部里程计及其他高性能的惯性器件输入与卫星导航捷联解算，为视觉传感器、激光雷达等传感器提供高精度的位置、速度和姿态基准，保证自动驾驶车辆的高可靠性和安全性。同时，结合高精度地图、高速通信及云计算等手段，为车辆的全局路径规划、智能泊车、立体智能交通等需求提供可靠的测量结果。相关产品已服务多家"中国未来智能车挑战赛"参赛队伍，在景区车、巡逻车等方向已有相当应用，参与汽车厂家及互联网企业自动驾驶/智能车的战略部署，建立长期合作关系。

4. 精准农业

和芯星通的多系统多频 RTK 技术可以提供厘米级的定位精度和 0.2 度（1米基线）的定向精度，保证农业自动导航系统所需的直线跟踪和转向精度。目前，已有多家国内外农机自动导航系统集成商采用了和芯星通高精度产品。此外，华信 SMART 天线在精准农业领域得到应用。插秧机的高效率作业一直是一个难题，目前在插秧机上安装北斗自动驾驶系统以后，系统会实现插秧过程中的自动驾驶，提高了作业效率，同时系统还能精确测量工作面积。

5. 共享单车

共享单车作为共享经济的一种形式，搭建了一种新商业模式，解决了公共出行"最后一公里"难题，市场前景较好。2017 年，北斗星通与 ofo 小黄车签署战略合作协议，共同加速北斗走向大众。

三 结语

北斗产业需要以技术创新作为驱动力，不断拓展应用领域，实现产业可持续发展和良性循环。北斗星通因"北斗"而生、伴"北斗"而长，通过不断的技术创新，在国内率先开发了芯片、模板、板卡、天线等系列基础产品，掌握了自主知识产权的核心技术，占据了卫星导航产业链的制高点，并积极推进基础产品创新应用，主营业务已经涵盖卫星导航全产业链。面向未来，公司将抓住北斗全球系统组网建设和国家经济转型升级的重大机遇，加强与国内外导航定位领域知名研究机构的合作与交流，继续进行基础产品技术创新，加快研发成果转化，探索新型应用及服务模式，为北斗产业自主健康发展、实现产业强国的"北斗梦"作出积极贡献。

参考文献

［1］ 周儒欣：《加速推进民营企业参与军品科研生产》，《国防》2014 年第 8 期。

［2］ 《2017 年中国北斗产业发展趋势预测》，中国产业信息网，2017，http：//www. chyxx. com/industry/201708/546868. html。

［3］《北斗导航产业发展呈六大趋势》，赛迪智库，2016。

［4］《2017～2022 年中国北斗卫星导航行业发展研究分析与市场前景预测报告》，中国产业调研网，2016。

［5］ 中投顾问产业研究中心：《"十三五"北斗卫星导航产业发展前景展望》，2016。

［6］ 任超、胡刚、温景阳等：《一种新的导航接收机抑制窄带干扰算法》，《全球定位系统》2014 年第 2 期。

［7］ 温景阳：《资本驱动北斗产业规模化发展》，《中国战略新兴产业》2016 年第11 期。

［8］ 智研咨询：《2017～2023 年中国北斗卫星导航市场深度调研及投资战略研究报告》，2016。

B.23
大数据 GIS 基础软件技术探索

宋关福　李绍俊　曾志明　王丹　秦宝全　蔡文文*

摘　要：　GIS 基础软件技术不断推陈出新，近年来逐渐形成跨平台
　　　　　GIS、云 GIS、新一代三维 GIS 和大数据 GIS 四大关键技术方
　　　　　向，将深刻影响未来数年的 GIS 应用。其中大数据 GIS 的发
　　　　　展相对较晚，有关空间大数据的认识有待进一步明晰。本文
　　　　　从空间大数据相关的几个概念入手，阐述了空间大数据的内
　　　　　涵和外延，以及与海量空间数据的差异，剖析了大数据 GIS
　　　　　技术体系与产品关系。

关键词：　空间大数据　跨平台 GIS　云 GIS　新一代三维 GIS　大数据
　　　　　GIS

在地理信息产业中，地理信息系统（Geographic Information Systems，
GIS）基础软件是通用性支撑技术，是 GIS 软件产业的核心和技术制高点，
也是国家软件竞争力的重要组成部分。不少国家都非常重视发展 GIS 基础软
件，经过长时间的市场竞争和大浪淘沙，GIS 基础软件市场越来越集中到为
数不多的软件品牌。中国 GIS 基础软件起步于 30 年前，至今已发展成为世
界 GIS 基础软件的重要力量，目前，全球还在研发大型商用 GIS 基础软件

＊　宋关福，北京超图软件股份有限公司总裁，教授级高工；李绍俊，北京超图软件股份有限公
　　司副总裁，教授级高工；曾志明，超图研究院基础研发中心总经理，高级工程师；王丹、秦
　　宝全、蔡文文，北京超图软件股份有限公司。

的，只有美国和中国。

当前，云计算、物联网、移动互联网、大数据和人工智能等 IT 新技术发展日新月异。在应用需求的牵引下，通过与 IT 技术的融合，地理信息基础软件技术也在不断创新与发展。

一 当前 GIS 基础软件四大关键技术方向

目前，我国在 GIS 基础软件四个关键技术领域取得重大突破，即跨平台 GIS 技术（Cross Platform GIS）、云 GIS 技术（Cloud Computing GIS）、新一代三维 GIS 技术（Three Dimension GIS）和大数据 GIS 技术（Big Data GIS）。在四个关键技术方向中，跨平台 GIS 是典型的市场需求驱动，云 GIS 技术、新一代三维 GIS 技术和大数据 GIS 技术则由信息技术和市场需求共同驱动。未来一段时间，这四大技术方向还将继续深度影响 GIS 软件与应用的发展。

（一）跨平台 GIS 技术

跨平台指的是跨硬件设备和操作系统。硬件设备包括各种服务器、桌面电脑和移动设备等；操作系统包括服务器和桌面设备采用的 Windows、Linux 和 UNIX 操作系统，以及移动端设备采用的 Android 和 iOS 操作系统等。跨平台 GIS 技术是指基于同一套 GIS 基础内核，同时支持上述多种硬件设备和操作系统。

跨平台要解决支持各种常用和主流的服务器、支持各种端、支持自主可控的硬件与软件三个方面的实际问题。经过多年的技术积累，国内 GIS 基础软件企业通过重构 GIS 内核，构建起了一套高性能的、支持多种操作系统和 CPU 架构的跨平台 GIS 技术体系。

近年来，国家大力发展自主 CPU 和操作系统，涌现了不少自主 CPU（如飞腾、元心、龙芯和申威等）和操作系统（中标麒麟、优麒麟、深度 Linux、凝思磐石等），自主 GIS 基础软件可支持在以上 CPU 和操作系统的

设备上高性能运行，为涉及国家国防、经济和信息安全的 GIS 相关信息系统全面实现自主可控奠定基础。

（二）云 GIS 技术

云计算是通过网络集中计算资源并按需使用，达到节约和经济地利用计算资源的一种技术，可以方便地实现更大规模的计算。云 GIS 技术能够实现 GIS 软件在云上运行，充分发挥云计算环境的优势，提高 GIS 服务和计算的性能。

业界研发出的全新的云端一体化 GIS 技术体系，能够满足多样化、普适化、专业化的应用需求。该体系依托高性能跨平台、二三维一体化、微内核多进程、多层次智能集群、并行空间分析、异构云环境管理运维等关键技术，能够实现对计算资源的集约利用，保障 GIS 服务的稳定可靠；通过提供多种桌面端、Web 端和移动端 SDK 以及 App，实现跨终端的 GIS 应用开发和资源访问，提供丰富的大数据可视化、分析与洞察能力；可借助在线协同、Geo – CDN 加速、二三维矢量/栅格瓦片和异构服务聚合等关键技术，实现多端互联、协同共享的 GIS 应用模式，协助更多用户更快速地搭建高效、稳定的云 GIS 系统。

（三）新一代三维 GIS 技术

国内的三维 GIS 技术经过近 20 年的发展，从最初简单的二三维联动（即通过二次开发在应用层面集成二维和三维）发展到成熟实用的二三维一体化，再到业界逐渐形成的新一代三维 GIS 技术体系，取得了很大进步。

二三维一体化是新一代三维 GIS 技术的基础框架。二三维一体化 GIS 实现了数据模型、软件内核和软件形态的二三维一体化，让三维 GIS 系统从"中看不中用"的"面子工程"走向真正解决业务管理和辅助决策的实用性应用。

除传统手工三维建模以外，新一代三维 GIS 技术还融合了倾斜摄影三维技术、激光点云三维技术、BIM 与 GIS 结合的三维技术等。倾斜摄影和激光点云技术提升了三维的真实感、精度和生产效率；而 BIM 和激光点云技术的结合则让三维 GIS 实现了室内室外一体化和宏观微观一体化，极大推动了三维 GIS 应用向更加广阔和深入的方向发展，得到了业界的普遍认同。

此外，新一代三维 GIS 技术增加了三维实体数据模型，并基于此模型定义了三维实体对象的布尔运算、空间关系、三维空间分析等功能，促进了三维 GIS 技术理论体系的完善。新一代三维 GIS 技术将在很大程度上影响未来 GIS 应用的变革和创新。

（四）大数据 GIS 技术

大数据 GIS 技术不是空间大数据处理的某个环节，而是对空间大数据进行包括存储、索引、管理、分析、挖掘和可视化在内的一系列技术的总称。

近年来，一些企业基于大数据相关技术研发了一些专项软件，解决了大数据处理的一部分问题，如流数据的实时处理等。更多企业结合分布式存储和分布式计算等 IT 大数据技术解决了一些传统 GIS 遇到的海量数据分析处理等问题。这些技术对 GIS 软件技术的应用与发展产生了积极的影响。

另一些 GIS 基础软件厂商将空间大数据存储管理、分析挖掘、实时流处理、可视化等技术与 GIS 基础软件技术深度融合，全面扩展对空间大数据的支持能力。同时，基于 IT 大数据的分布式存储和分布式计算体系，对经典空间数据管理和分析算法进行改造，大幅提升了海量空间数据处理和分析的性能。综合这两方面的技术，形成了全新的大数据 GIS 技术体系。从长远来看，这些系统性技术的出现和发展，对 GIS 应用发展将会产生更加深远的影响。

目前国内大数据技术与 GIS 技术的融合还在不断创新，与空间大数据有关的 GIS 应用粗具雏形，大数据 GIS 技术的潜力和价值将陆续释放。

二 空间大数据概述

（一）空间大数据的概念

大数据浪潮席卷而来，不仅引发了 IT 界的关注，同样也引发了地理信息领域的热情，空间大数据的概念也随之而来。但目前业界对空间大数据缺乏统一的理解和认识，如一些报告和文章把海量空间数据也称为空间大数据，造成了一些误解和混淆，因此有必要明晰界定一下空间大数据的内涵和外延。

空间大数据是带有或隐含空间位置的，具有体量大、变化快、种类多、价值密度低特点的，用传统的常规软件工具无法处理，经大数据技术处理后能带来更强决策力、洞察力和流程优化能力的数字资产。

根据上述定义，手机信令、导航轨迹、车/船/飞机位置信息、微信和微博等社交媒体信息、搜索引擎访问记录、电商交易记录、公交刷卡记录甚至水电表数据等大数据中，都可能带有或者隐含空间位置，因此都属于空间大数据。如用搜索引擎执行的每一次搜索，后台服务器都可以从发起搜索请求的计算机互联网 IP 地址，大致判断请求者所在的大致位置，因此搜索引擎的访问记录也可以纳入空间大数据范畴。

（二）空间大数据与海量数据的关系

地理信息领域十多年前就提出了海量数据（或海量空间数据）的概念，涉及测绘、卫星导航、遥感、三维等空间数据，以及人们常见的资源、环境、水利、国土、统计等应用领域的地理空间业务数据，数据体量都非常巨大。

但是，海量空间数据并不等同于空间大数据，不仅如此，即使海量数据采用大数据相关技术进行处理，如利用 MongoDB、Hadoop 等存储瓦片数据，利用 Spark 进行分布式空间运算，这样的数据仍然不是真正的空间大数据。而且，把这些空间数据贴上大数据的标签，不仅不增值，反而容易贬低了空间数据的价值。

前文提到，空间大数据具有价值密度低的特点，这意味着单位体量的数据能提炼出来的信息知识和智慧相对较少。因此，若把数据比作矿，那么大数据是贫矿，开采难度大！如果把本来价值密度高的"富矿"数据称作大数据，该数据的体量并无变化，无疑降低了数据的品位，贬低了资产的价值，得不偿失。

（三）空间大数据挖掘

业界著名的 DIKW 金字塔表达了数据（Data）、信息（Information）、知识（Knowledge）和智慧（Wisdom）之间层层递进的关系（见图 1）。其中，最基层的数据是原始素材。这些数据经过加工后，得到有逻辑的数据——信息，可以回答 Who、What、Where 和 When 等问题。在此基础上，再经过组织和提炼，得到知识，可以回答 How 和 Why。最后，通过应用可以预测未来，达到智慧的境界。

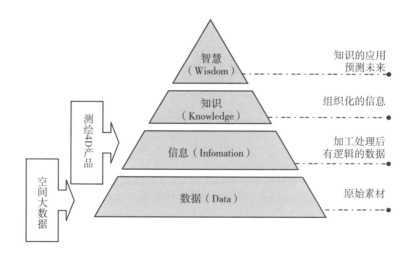

图 1　DIKW 金字塔

在 DIKW 模型中，大数据处于该模型第一层级，是原始素材，而经典的测绘 4D 产品是处于第二层级的信息，是经过加工处理后有逻辑的数据。从

这个意义上来讲，把经典空间数据贴上大数据的标签，也不增值。

而空间大数据挖掘的实质，就是从作为原始素材的大数据中分析和提炼信息、知识和智慧的过程，也就是从 DIKW 模型最底层向上提炼的过程。而实现这一目的的关键技术，就是大数据 GIS 技术。

三　大数据 GIS 技术

管理与分析空间大数据需要大数据 GIS 作为工具，而大数据 GIS 不仅仅可以处理大数据，还可以用来解决海量空间数据的性能瓶颈问题。

全面拥抱大数据的 GIS 技术（见图 2）由三个部分构成：一是空间大数据的管理、处理、分析与可视化技术，二是基于大数据技术升级经典空间数据的能力，三是大数据 GIS 支撑技术。大数据 GIS 是一个庞大的体系，也给传统 GIS 基础软件体系带来深刻改变。

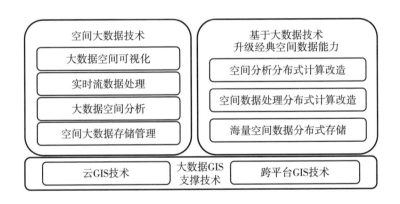

图 2　大数据 GIS 技术体系

（一）空间大数据技术

GIS 空间大数据技术包括空间大数据的分布式存储、大数据空间分析、流数据实时处理和大数据空间可视化等四个方面。

一是提供基于 HDFS、MongoDB 和 Elasticsearch 等分布式存储技术研发的空间大数据引擎，解决传统空间数据引擎无法管理空间大数据的问题，提供空间大数据存储管理能力。

二是提供热点分析、密度分析、聚合分析、区域汇总和 OD 分析（见图3）等十余种大数据空间分析算法。

图 3　重庆出租车数据 OD 分析

三是提供流数据的实时处理技术，包括地址匹配、地理围栏和实时路况分析等。大数据通常具有变化快的特征，不少大数据呈现为流数据，具备顺序、快速、大量、持续到达等特点，快速实时处理这些大数据是大数据 GIS 的一个难点和重点。

四是提供针对大数据的空间可视化技术，包括热力图、连线图、矩形网格和六边形网格专题图等，分别用于表达不同的大数据空间分析结果（见图 4）。

（二）基于大数据技术升级经典空间数据能力

与 IT 大数据技术的结合，不仅让 GIS 基础软件具备处理空间大数据的能力，同时还能解决 GIS 基础软件应对经典空间数据在数据量大幅膨胀后的

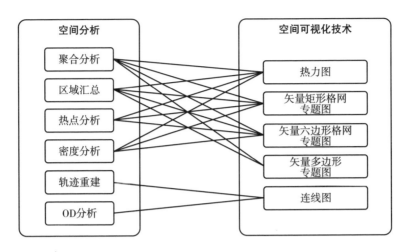

图 4　大数据空间分析与空间可视化之间的对应关系

性能问题。

海量空间数据给 GIS 带来极大的冲击，如瓦片数量巨大，难以管理；海量空间数据单表记录数过亿，访问性能急剧下降；随着数据量增长，矢量数据空间分析耗时呈现非线性增长，海量数据空间分析性能大幅度降低。这些制约了传统 GIS 应用的发展，基于分布式存储和分布式计算等 IT 大数据技术，升级改造 GIS 的经典功能，可以实现数量级的性能提升。

如对某省范围内 2000 多万个多边形的土地利用面数据做叠加分析，基于传统分析算法，采用 32 个 CPU 的计算机耗时 42 分钟；基于新的分布式叠加分析算法，采用 4 个计算节点，每个节点 4 个 CPU，耗时仅需 2.1 分钟。更廉价的硬件设备，却获得了 20 倍的性能提升，这就是大数据 GIS 带来的独特价值。

（三）大数据 GIS 支撑技术

创新的大数据 GIS 支撑技术主要包括云 GIS 技术和跨平台 GIS 技术两方面。

作为计算资源层，云计算提供弹性的大规模计算能力，支撑着上层的大数据处理与分析，没有云计算的大数据只是空中楼阁。因此，云 GIS 也理所当然成为大数据 GIS 的支撑技术。没有云 GIS 提供强大的可伸缩的计算能力，无法满足巨量空间大数据处理与分析的需要。

跨平台 GIS 是大数据 GIS 的另一个支撑技术。Spark、HDFS 和 MongoDB 等大数据技术栈原生于 Linux，加之 Linux 操作系统具有更稳定、更高性能和更安全等特点，大多数情况下均应基于 Linux 构建高可用和高性能的大数据处理环境，相反，Windows 很少作为大数据处理平台，往往用于研究和学习。因此，GIS 基础软件最好原生支持 Linux，充分发挥 Linux 处理大数据更稳定和更高效的优势。

四　超图软件的大数据 GIS 探索和实践

超图软件自从成立之初就致力于 GIS 基础软件的研发，并紧跟技术变革浪潮，持续升级产品，具备了跨平台 GIS、云端一体化 GIS 和新一代三维 GIS 等多项关键技术能力。迎接大数据时代的挑战与机遇，通过超图研究院 500 人年的努力，2017 年 9 月的 GTC 2017 大会上推出了具备大数据 GIS 技术能力的 SuperMap GIS 9D。

（一）大数据 GIS 软件层次结构

大数据 GIS 软件层次结构具体见图 5。在数据存储层，通过在 HDFS、MongoDB、Elasticsearch 和 Postgres – XL 等分布式存储系统中引入空间索引和空间数据管理机制，构建分布式空间数据引擎；在 GIS 组件层，把 GIS 核心组件嵌入 Spark 主流分布式计算框架，实现各类空间数据处理和空间分析算法的分布式改造；在 GIS 服务器层，提供数据目录服务、分布式空间分析服务和实时数据服务，并采用微服务架构，更好地满足云计算和大数据的要求；在 GIS 客户端层，支持桌面端、Web 端和移动端，既有可直接操作使用的 App 应用程序，也有供二次开发的 SDK；另外还提供了服务部署和监控的 GIS 管理器。

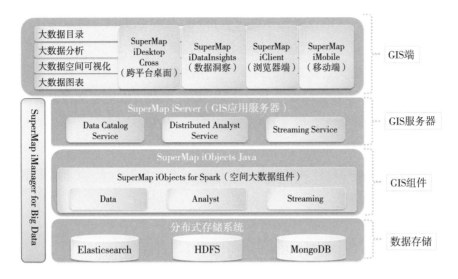

图 5　SuperMap GIS 9D 大数据产品架构

（二）基于 Spark 的大数据 GIS 产品框架

大数据 GIS 是采用 Spark 等分布式计算框架开发的空间大数据处理平台，它提供组件层的大数据 SDK，把全功能组件式 GIS 软件嵌入 Spark 中运行，可利用 Spark 分布式计算框架来提高 GIS 空间分析算法性能，也便于二次开发商结合已有的 GIS 功能和大数据处理技术来定制开发或自底层扩展大数据分析模型。

基于 Spark 大数据框架，扩展 GIS 核心组件的能力，封装了大数据的存储管理、空间分析、流数据实时处理和空间可视化等相关组件，并在云 GIS 应用服务器封装空间大数据服务 GIS 模块，调度 GIS 组件实现大数据能力。而桌面 GIS、移动 GIS 和 GIS Web 客户端则提供交互和可视化能力，通过调用云 GIS 服务器服务模块访问大数据相关功能。此外，云与大数据管理器调度管理大数据处理所需云计算资源，并管理大数据功能服务（见图 6）。

（三）分布式空间分析功能

大数据 GIS 的核心是分布式空间分析功能，既包括针对空间大数据

图6　基于 Spark 的大数据 GIS 产品框架

的空间分析功能，还包括经过分布式改造的原有传统 GIS 功能，具体见图 7。

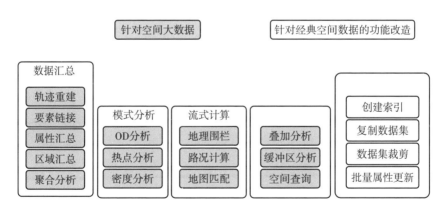

图7　SuperMap GIS 9D 部分分布式空间分析功能

（四）案例实践

基于大数据 GIS 基础软件，结合实际业务需要，可以构建满足空间大数据的实际案例。这里仅以某卫星地面站船舶大数据和出租车大数据助力城市

精准规划两个项目的实践为例进行介绍。

1.卫星地面站跟踪船舶大数据

卫星跟踪船舶大数据项目是以船舶位置为基础，融合谷歌全球地形和影像数据、全球岸基和卫星船舶动态数据的大数据信息服务平台，以提高海上安全航行能力和船舶生产管理效率，使航行更安全、更便捷，可用于海上综合管理和应急处置，也可用于企业船舶日常生产调度和安全管理。

卫星地面站每天接收 280 万条船舶实时位置数据，半年约 16 亿条船舶数据，需要按照时间和空间两个维度快速完成船舶轨迹的回放。时间维度包括每天/每小时，空间维度包括敏感区域和自定义区域两种类型。基于传统的数据库模式存储成本高，无法对大数据量的船舶数据进行快速检索和可视化（见图 8），业务部门无法对船舶位置进行监控。所以必须采用大数据 GIS 技术路线来建设船舶大数据监管系统，以解决上述问题。

图 8　船舶大数据可视化

系统主要实现对海量船舶数据的分布式存储和数据清洗工作，并最终通过 GIS 可视化完成空间位置查询和轨迹追踪，响应时间小于 1 秒。具体实现的功能包括：①最新船舶数据可视化；②分时段的船舶轨迹回放；③船舶分布统计分析等。

2. 出租车大数据助力城市精准规划

出租车数据作为城市大数据的重要来源之一，每时每刻通过 GPS 实时获取位置信息并通过网络上传到服务器。这些数据一方面在地图上实时展示、监控；另一方面，通过历史数据的回放和展示以发现规律，助力城市的精准规划。

基于 SuperMap GIS 9D 产品构建了一个围绕人口移动进行相关分析的平台，用 Elasticsearch 作数据存储，SuperMap iServer 作数据分析和发布的服务器，SuperMap iClient 作前端客户端展现的开发平台，通过出租车数据进行不同空间尺度和不同时间尺度的人口、岗位分布情况分析，并得到各区域范围的通勤交换关系，对主城及市域进行人群移动分析，为城市交通规划提供数据参考和决策支持，提升城市规划的定量化、科学化水平。

本平台实现的分析功能包括：①职住分析；②通勤时间和距离分析；③人流移动分析；④道路拥堵分析等。这里仅以职住分析为例进行阐述。

职住分析首先借助手机信令数据建立该地区的职住表，然后再通过公交刷卡数据、出租车数据、宽带数据来进行补充和纠正。通过职住分析，可以了解该地区的人口分布、岗位分布，还可以通过职住指标来对该地区的职住情况进行相应评价。如图 9 所示，可以看到早高峰时下车的人群主要集中在市中心写字楼密集的区域。

五 结语

GIS 基础软件是空间大数据挖掘和价值提炼的有力工具。大数据 GIS 技术的意义，在于提供空间大数据存储管理、空间分析、挖掘算法和空间可视化能力，降低空间大数据应用的技术门槛，让更多开发者和应用单位能够轻松管理与挖掘空间大数据"金矿"，释放其潜在价值，转化为持续盈利的资产。

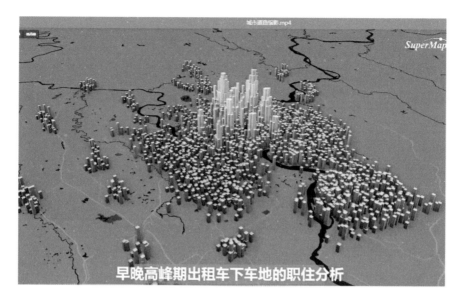

图 9　职住分析效果图

　　未来，随着应用需求的深度发掘，大数据 GIS 还将不断完善和发展，并结合人工智能和深度学习等 IT 前沿技术，进一步变革 GIS 软件技术，开启智能化的全新时代。

高德大数据在交通领域四大创新应用

董振宁　王宇静*

摘　要： 大数据开启了一次重大的时代转型，正在悄然改变我们的生活及重新理解世界的方式，成为创新发明和创新服务的源泉。与此同时，随着中国移动互联网的普及和利用，互联网企业和亿万用户全面成为出行行业主角，而产生的交通大数据和交通资源配置能力呈指数级增长，这为智慧交通产业颠覆性的创新带来无限可能。"互联网＋交通"的全新服务模式和业务体验，基本采用"数据＋应用＋服务"架构体系，是一种基于互联网的自服务，是从线上到线下的互动服务，让政府、企业、公众联动起来，进而实现多方参与、多元互动、协同共治的形态，从而提高全社会智慧交通的管理效率，为大众提供更优更智能的出行服务。

关键词： 交通大数据　交通预测　公交规划　高德

一　引言

高德在全国拥有 7 亿公众用户，专注于地图数据生产及提供地图信息服务已达 13 年，在数据采集、生产、发布和用户反馈方面已形成完整闭环，庞大的交通出行大数据和实时道路信息是核心竞争力。对于交通行业

---

* 董振宁，高德软件有限公司技术副总裁；王宇静，高德软件有限公司数据分析专家。

来说，管理者应该如何借助大数据来提升交通管理水平？同时大数据应用又将如何突出其在交通行业的情报和指导价值呢？这几年，高德地图与交管部门已有深入的创新合作，以搭建互联网与交通两个行业的深度跨界融合，双方以开放、分享为理念，采用"互联网＋"的创新模式，共同创造了城市智慧交通的有效实践，打造更完善的城市交通生态环境。目前，高德地图已经和全国各地100多家政府交通管理部门签署战略合作协议，以期在交通大数据的融合创新应用上发挥更大价值，共同助力城市交通高效有序运转。

高德基于交通大数据在交通行业的创新性代表应用经整理总结有以下四个方面。

二 高德公共信息服务平台赋能交警高效智能化管理

在"互联网＋交通"大背景下，高德利用交通大数据与阿里云计算优势，推出了公共信息服务平台。通过该平台，高德地图从异常交通路况的监控管理到交通大数据研判分析，为各地交通管理部门提供全套数字化解决方案；同时，结合交管部门的权威与调度指挥能力，实时发现并智能高效地处理拥堵路段，缓解了城市整体的交通拥堵，减少了公众的拥堵时间，极大地提升和优化了交管部门的指挥调度效率和智能化管理水平。高德交通信息公共服务平台主要功能如下。

（一）异常拥堵挖掘及警情提示

高德交通公共信息服务平台可智能化挖掘发现异常的拥堵点、拥堵段，并及时发布异常提示预警，管理人员可根据提示位置智能化调度警力第一时间到现场疏堵；同时系统还可回放历史详情辅助管理人员查看调用。与传统派警方式相比，能更有针对性且提升调度速度，有效缩短道路的拥堵时间，提高日常交通疏导效率（见图1）。

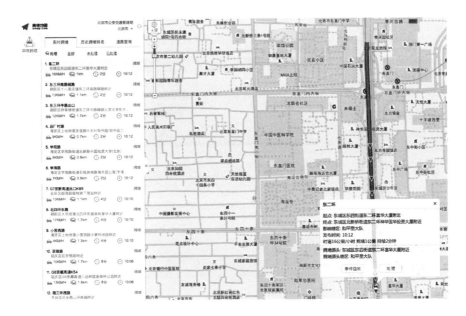

图1　异常拥堵实时监测

（二）大数据研判分析

交通大数据针对城市路网、商圈提供智能化研判分析，协助管理人员了解其拥堵演变规律和未来发展趋势，有效地用于道路路口改造、信号灯调控、政策前后效果评价、大型活动成效分析等领域，大大改善了城市智慧化决策能力，助力城市治堵缓堵（见图2）。

以北京G4、G6高速设置公交专用道为例，2016年10月10日两条高速公交专用道启用。智能化研判公交道设置前后一个月的拥堵变化趋势，显示公交专用道设置后对两条高速的早高峰拥堵缓解初见有效，尤其是G4高速拥堵呈阶梯式下降趋势；而两条高速的晚高峰拥堵指数均出现不降反升现象，拥堵延时指数约上涨50%，通过数据显示，我们可发现晚高峰其共享出行意义其实并不大。政策调控可改变城市拥堵，但利用大数据能清晰把脉，作出更有针对性、合理性的有效决策（见图3）。

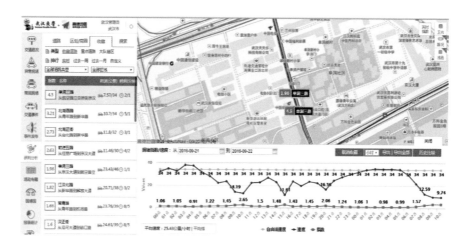

图2 大数据研判分析平台

（三）交通事件

交警可将城市发生的交通事件及时上报信息平台，针对道路封闭、管制施工等事件，高德地图通过客户端第一时间定向发布；在导航推荐路线时也会实时规避这些管制和施工路段，提供更有效、合理的综合出行方案（见图4）。

三　高德交通大数据助力大型活动预测预警

交通管理的工作要前置化，要未雨绸缪，不能等拥堵发生了再亡羊补牢。大型活动吸引和产生的突增交通量会造成周边地区的交通拥挤，把历史路况同重大活动、天气以及突发交通事件进行融合建模，可对场馆周边道路做到时空层面较为精准和全方位的预测，对大型活动布警和疏堵起到决策性的积极作用。图5为2016年某歌星演唱会所在两个体育场馆的全年拥堵趋势，演唱会当天两个场馆拥堵延时指数均大幅上涨。

大型场馆周边道路交通预测及预警。根据大型演唱会周边道路拥堵的时

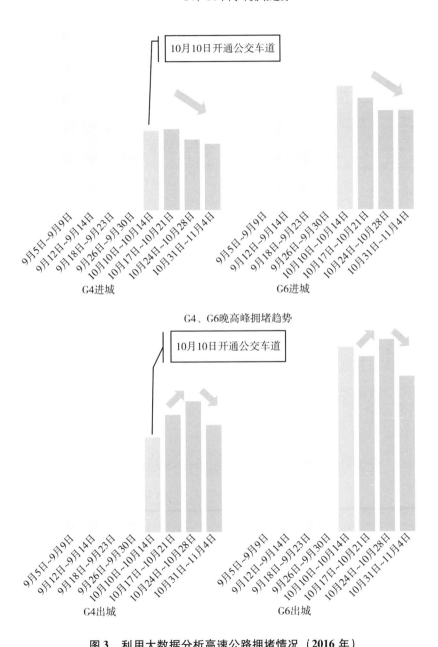

图3 利用大数据分析高速公路拥堵情况（2016 年）

图4　交通事件采集发布平台

空演变规律，结合高德地图历史交通大数据、实时交通路况、天气预测数据、交通事件数据，构建 ARIMA 动态交通拥堵预测模型，预测城市未来一周演唱会场馆周边道路的拥堵变化趋势、易发拥堵路段，并依据实时拥堵数据动态修正，使得预测更加准确。图6是根据演唱会场馆周边未来一周的拥堵排名预测，预测未来活动场馆周边交通拥堵延时指数、拥堵涨幅、出行延误时间等，协助交警进行更精准的警力部署，同时发布热点活动出行提示，引导用户合理出行。

四　大数据挖掘助力城市公交线路优化，辅助宏观规划决策

结合新型互联网大数据是公交路线优化的新契机，新型互联网数据包括用户出行的路径规划、公交查询、地点搜索等数据，挖掘技术可及时获得线路热度、流量、人流方向及驻留时间的统计数据，反映用户直接或潜在的出行需求，是对传统 IC 卡数据的有效补充。结合新型互联网数据，能够洞察传统公交 IC 卡覆盖之外的用户出行需求，提升公交系统的服务水平。在新

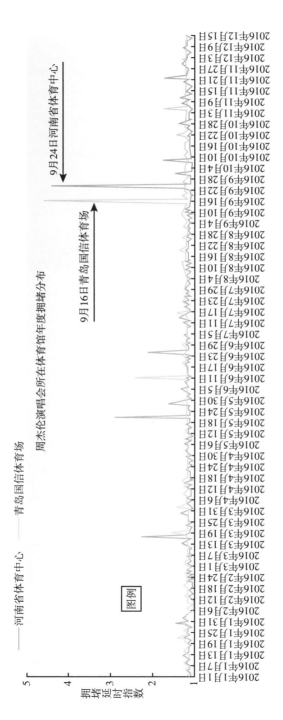

图5 某歌星演唱会所在体育馆年度拥堵分布

图6　演唱会场馆周边未来一周的拥堵排名预测

型互联网数据背景下，将促进新的公交服务形式，如定制公交、微循环公交、旅游定制公交等。

（一）公交线路合理性评价指标——线路客流不均匀指数

要想对公交线路进行合理精确的优化，就必须对城市公交线路有量化的评价体系，评价线路运行现状，可让公众对现有公交线路有直观的认知，也为管理者提供量化的决策依据。我们尝试从客流角度分析公交线路现状及优化的必要性，通过城市公交 IC 卡数据结合高德地图导航、各类规划数据，对人流量、出行分布、时空规律等进行挖掘，并采用"线路客流不均匀指数"来综合评价线路优化的必要性。将该指数按大小分为四个等级，等级（值）越大代表该线路在各个站点客流分布越不均匀，越有优化的必要，指数越小代表线路客流均匀性越高，优化的必要性也越低。

"线路客流不均匀指数"以小时为单位，计算某线路在某时段内各站点客流的方差，然后计算某线路各时段内的各站点客流平均方差，将各线路的方差值进行归一化处理，将每条线路的方差值压缩到［0，1］，即为该线路的线路客流不均匀指数。将指数分为四个等级：Ⅰ级（极不均匀）［0.75，1］、Ⅱ级（不均匀）［0.5，0.75］、Ⅲ级（较均匀）［0.25，0.5］、Ⅳ级（均匀）［0，0.25］。以成都为例（见图7），综合对一千多条公交线路进行指数评价，评价结果显示，15路线路客流不均匀指数高达0.99，排名成都第一位；其次是58路指数高达0.82；多条公交路线呈现极不均匀的状态。

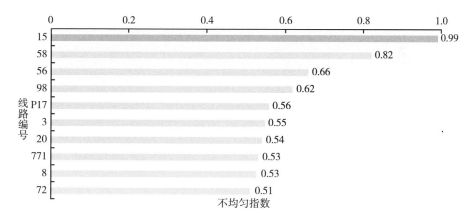

图7　成都公交线路客流不均匀指数 TOP10

通过对多个城市的综合评价分析发现，城市现有部分公交线路客流不均和站点分布不合理等现象突出，很需要依靠大数据进行科学的优化和辅助决策指导。

同时，高德走访了全国10多个城市（如北京、深圳、杭州、成都、济南等）的公交集团，调研其公交线路运营现状，发现不同城市都迫切地希望有一些科学的方法来指导其对现有的公交线路进行优化，提升其公交运营效率。

（二）大数据分析目前公交的痛点及解法

痛点1：早晚高峰拥挤。综合分析成都市公交IC卡刷卡和高德出行大

数据发现，在早晚高峰出行中，分别有 58.6% 和 58.4% 的用户为通勤乘客
（见图8），表明早晚高峰公交出行有很强的通勤需求和趋势。为缓解公交拥
挤状况，可以开设相应的定制公交，这有利于分担常规公交流量，缓解早晚
高峰公交拥挤状况；通过设置和优化定制公交站台，减少出行时间，实现通
勤乘客的快速通勤需求，提高出行效率；对运营车辆较少的公交线路，开设
定制公交可缩短乘客等待时间。

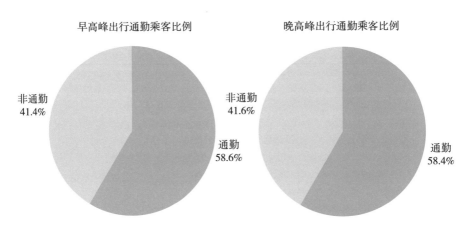

早高峰出行通勤乘客比例

非通勤
41.4%

通勤
58.6%

晚高峰出行通勤乘客比例

非通勤
41.6%

通勤
58.4%

图8　早晚高峰出行通勤乘客比例

　　痛点2：换乘频次高。高德地图交通大数据显示，在成都通勤乘客中
有10.2%的乘客需要换乘1次（见图9）；而在更大型的城市多次换乘用
户的占比将会更大。针对换乘问题，可以通过数据挖掘方法获得交通出行
目的地的热力图，对需求较大的区域开设定制公交，减少通勤乘客的换乘
比例。

　　图10展示了成都公交需求大于车辆供给的公交线路。常规公交运力不
足会伴随拥挤、乘客等待时间长等问题，这将影响乘客的出行体验和延长乘
客的出行时间。在此基础上，定制公交的实施可能会缓解这种情形，最终形
成定制公交与常规公交的双赢。

　　换乘次数多、无地铁接驳等问题为定制公交实施创造了条件。结合成都
IC卡刷卡数据和高德公交大数据，以成都的通勤乘客为例，图11展示了需

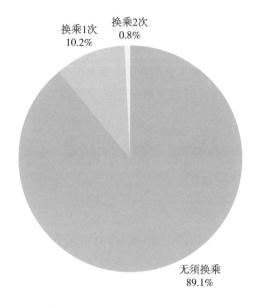

图 9　成都通勤乘客从居住地到工作地换乘次数

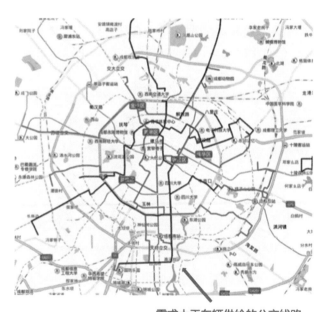

图 10　公交线路需求与运力差异分布

要换乘 2 次及以上的区域，右图展示了通勤乘客去离家最近的地铁站需要换乘 2 次及以上的起点区域。换乘增加了乘客的出行时间和出行时间的不确定性，无公交接驳地铁更是降低了乘客的公交出行体验。对以上区域进行公交优化（如开设定制公交），可以直击公交的"痛点"，提升公交出行优势。

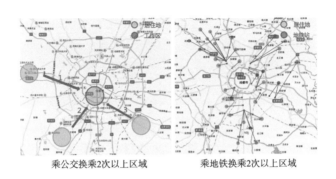

乘公交换乘2次以上区域　　　乘地铁换乘2次以上区域

图 11　需要换乘 2 次及以上的区域

痛点 3：无地铁接驳公交线路。根据高德交通出行大数据，分析成都居住地距最近地铁站 3 千米以上的通勤乘客发现，70.1％的通勤乘客没有直达的地铁接驳线路（见图 12）。针对地铁接驳问题，可以对出行的热点区域设置微循环公交。

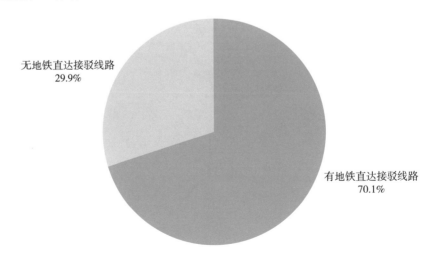

无地铁直达接驳线路
29.9%

有地铁直达接驳线路
70.1%

图 12　居住地距离最近地铁站 3 千米以上通勤乘客地铁接驳情况

　　随着城市与交通规划的不断发展，越来越多的城市区域或社区难以被公共交通所有效覆盖，居民居住点或活动区域远离公交、地铁等公共交通站点，微循环公交是由此应运而生的一种乘客"最后一公里"的公共交通解决方案。微循环公交线路多以路程短、站点少、速度快、客流相对集中为特点，往往作为主干公共交通（主干公交线路、轨道交通等）的接驳车。根据高德交通大数据对出行者通勤行为进行分析，我们以成都出行者出行起讫点两点之间直线距离估算，发现出行起讫点很大部分分布在市中心，说明其短距离出行需求较高；另外数据也显示，成都地区 0～5 千米通勤人数占总人数的60%，通勤人口以短距离通勤为主，也可以说城市出行者通勤对微循环公交具有较高需求（见图13）。

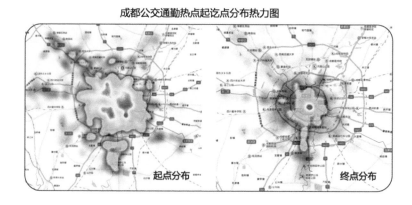

成都公交通勤热点起讫点分布热力图

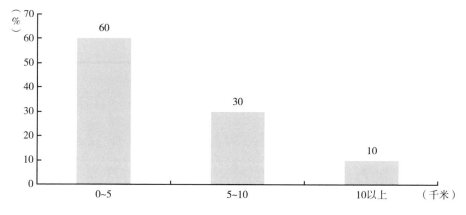

图 13　成都地区出行者通勤距离分布

（三）大数据精准路线规划案例

1. 定制公交

定制公交可满足 80% 以上用户的需求且减少 10 分钟通勤时间。以成都 48 路星河路—盐市口为例，星河路到盐市口现有公交站共 13 站，上行或下行平均耗时约 30 分钟，每小时载客量约 3000 人（见图 14）。

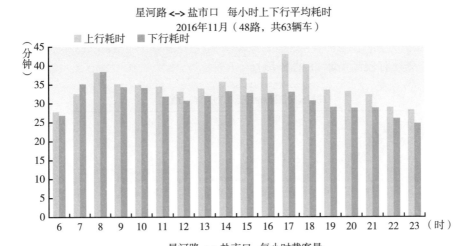

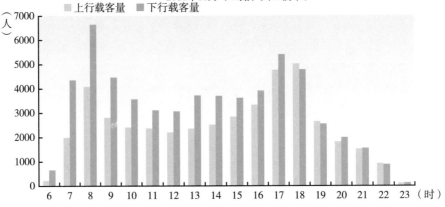

图 14　成都星河路—盐市口每小时上下行平均耗时及每小时载客量

根据高德交通大数据和成都公交数据，该线路通勤需求较大（约 2610 人/天），可通过大数据设定通勤定制公交方案（见图 15），预计定制公交线路比 48 路更加省时（约少 10 分钟）。

图 15　成都通勤定制公交推荐线路

2. 微循环公交

以地铁站为起点，以地铁周边各居住地或工作地为途经站点定制微循环公交方案。根据通勤起点客流分布，找出通勤起点客流需求大的站点，再设置沿途各站点并对线路总长度（不超过 5 千米）进行限制。以成都为例，设置一对多微循环公交路线 I 型（见图 16）。

以地铁站为终点站，将沿途各居住地或工作地设置为途经站点定制微循环公交方案。根据通勤目的地客流分布，找出通勤目的地客流量大的站点，再以该目的地的各起点为准设置沿途各站点并对线路中长度（不超过 5 千米）进行限制。以成都为例，设置多对一微循环公交线路 II 型（见图 17）。

五　"互联网＋信号灯"辅助交警智能"指挥"

多地交警运用"互联网＋信号灯"控制优化平台，首次引入阿里云 ET，结合高德地图交通路况智能"指挥"城市交通（见图 18）。以广州市海珠区为例，我们发现南华中路—宝岗大道存在严重的路口失衡现象。该路口历史现状存在问题：一是宝岗大道为主干道，南华路为支路（见图 19），路口信号

一对多微循环公交线路 I

起点：交大路西　途经站点：西南交大、会展中心（金牛广场）、沙湾路、通锦桥、江汉路东（终点）。

线路长度：约4.3千米

去往站点	2	3	4	5	6
预计人数	200	200	500	200	600

图16　多维循环公交线路 I 型

多对一微循环公交线路 II

途经站点：中海国际（汇川街三段）（起点）、土桥村、高家村站、蜀西路站、三环路羊犀立交桥西站、三环路羊犀立交桥东站、蜀汉路西站（终点）。

线路长度：约4.7千米

图17　多维循环公交线路 II 型

周期固定为149秒；二是宝岗大道上下游运行顺畅，南华中路9：00～13：00 和 15：00～20：00 处于拥堵和严重拥堵状态。我们通过"互联网＋信号灯"控制优化平台，可精准发现红绿灯失衡的路口，可模拟优化方案并与优化后的效果进行对比评估，使红绿灯配时调到最优状态。

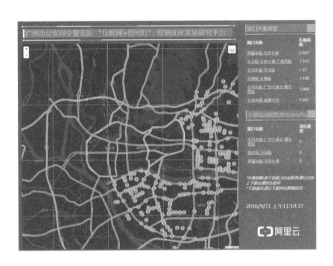

图18　广州"互联网＋信号灯"控制优化平台

控制优化平台给出的相应优化措施包括：一是在拥堵时段增加南华中路放行时间至70秒，二是拆分南华中路旅行相位。图19是南华中路—宝岗大道路口红绿灯优化的示意图。

将优化后南华中路的效果进行量化评估和研判，发现9：00～13：00 拥堵下降25.75%，15：00～20：00 拥堵下降11.83%（见图20）。

六　结语

高德的目标不是成为一家智能交通企业，因为一家企业再成功也不能解决整个行业的问题。我们是要打造"高德＋"，赋能所有的价值链合作伙伴，用大数据激发行业的潜能，帮助我们的政府完成业务系统的智能化重构，让我们的交通管理更加高效，让出行更美好。

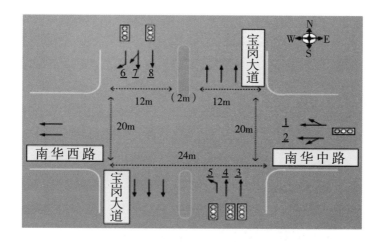

图19 南华中路—宝岗大道路口示意

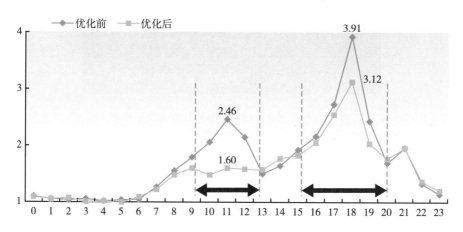

图20 南华中路路口失衡现象及优化效果对比评估

地信企业技术管理创新探索与实践

——以南方数码为例

马晓霞　梁哲恒　杨震澎*

摘　要： 在地理信息行业政策推陈出新、技术日新月异的行业背景下，传统地理信息企业面临转型。本文在阐述地理信息企业技术管理现状的基础上，以南方数码为例，结合行业特点，摸索出一套技术管理创新模式，为传统地理信息企业通过开展技术管理创新推动企业快速发展提供借鉴。

关键词： 地理信息　互联网　技术管理　创新

一　企业技术管理的内涵

企业技术管理是整个企业管理系统的一个子系统，是对企业的技术开发、产品开发、技术改造、技术合作以及技术转让等进行计划、组织、指挥、协调和控制等一系列管理活动的总称。

企业技术管理的目的，是按照科学技术工作的规律，建立科学的工作程序，有计划、合理地利用企业技术力量和资源，把最新的科技成果尽快转化为现实的生产力，以推动企业技术进步和经济效益的实现。企业技术管理的任务主要是推动科学技术进步，不断提高企业的劳动生产率和经济效益。

---

* 马晓霞，广东南方数码科技股份有限公司工程师，硕士；梁哲恒，广东南方数码科技股份有限公司总工程师，高级工程师；杨震澎，广东南方数码科技股份有限公司董事长。

二　地理信息企业技术管理现状

由于政府高度重视地理信息产业的发展，新政策不断推行，新兴技术推动行业应用不断变革，行业主管部门探索地理信息行业全新发展模式，使得地理信息行业一直走在技术革新的前沿。然而在需求集中爆发、新技术推陈出新的情况下，传统地理信息企业面临缺乏人才、缺乏资金、缺乏实力的客观情况，使其疲于新业务的理解及新技术的研究应用，导致对最新政策的响应速度慢、系统开发周期长、人员投入大、项目利润空间被大大压缩，地理信息企业市场竞争力日益下降。

对于传统地理信息企业来说，更为严峻的是，随着互联网的迅猛发展，阿里巴巴、腾讯、百度等大型互联网企业积极进军地理信息产业，无论是前端的商业运作、服务模式，还是后台的技术管理支撑，都为地理信息行业带入了一股全新的力量，同时也迫使传统的地理信息企业开始正视规范化管理及技术革新，思考如何通过管理创新的手段为企业敏锐识别行业的需求，快速推出合适的产品，提升企业利润空间。

三　地理信息企业技术管理创新关键

基于地理信息行业的现状及特点，企业要在快速变化的需求及全新技术的情况下紧跟甚至推动行业的发展，需要企业更加关注自身的积累、完善及创新。技术管理创新成为技术核心能力的关键及企业持续发展的原动力。

地理信息企业技术管理创新模式的关键在于以下核心环节的突破及优化：第一，对行业前沿的敏锐捕获、对需求的快速理解及转换；第二，企业内部成果的积累及快速复用；第三，轻量化的开发过程快速适应需求的变化；第四，全环节创新环境的建立及推动。最终实现快速理解、适应变化，通过积极有效的管理模式调整创新、技术积累创新与过程简化完善相结合的全新、开放、包容的运作模式，以适应地理信息行业特点，低成本运作、快速迭代、紧跟行业趋势，把握先机，满足市场需求，从而获取商业价值。

四 南方数码技术管理创新模式

本模式以 IPD（集成产品开发）为引导，依照细分设计流程、注重 IP 技术的应用等，通过在技术层面建立组织内技术积累、外部技术引入，横向将公司的各项具体技术成果间建立链接，形成支持快速构建的技术货架体系。在研发管理层面建立有效的二维矩阵组织结构，由研发管理部门将能力线（技术研发部门）与产品线连接起来，进行跨部门跨系统的协同，并由管理团队充分理解市场，从中获取各方的信息，开展市场细分、组合分析，然后确定细分市场策略及计划，确立适合自己的候选项目，并反复研究进一步优化业务计划。从研发过程层面引入传统瀑布与敏捷开发相结合的快速迭代模式，提高需求变化的应对能力。人力资源层面，在传统组合资源的基础上引入虚拟组织的模式，通过资格认定、专家培育、参与贡献、激励创新等模式引发资源的自主效益（见图 1）。

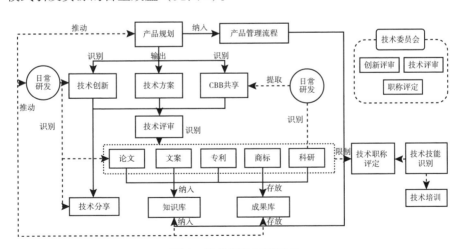

图 1 技术管理创新模式

上述模式通过以下几个活动环节予以实现。

（一）梳理内部技术及成果识别关联，优化技术结构

1. 构建技术货架，注重技术积累

建立多层级的技术货架体系，实现技术成果在公司不同层面的积累及使用，为项目的快速构建提供保障，为技术创新保驾护航。

技术货架构建过程如下：建立共享激励机制，实现跨事业部通用技术模块的共享；抽取及完善公司层面的基础平台；根据各事业部的行业特点搭建行业平台；根据各团队的业务特点积累使用技术工具包；根据业务特点形成各产品线的基础版本；基于上述成果快速配置搭建项目（见图2）。

成果物包括 CBB、基础平台、行业平台、实用工具包、产品线基础版本等。

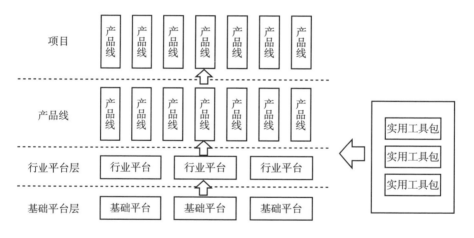

图 2　技术货架构成

2. 识别关键技术

根据公司业务特点，识别出关键技术，并反向梳理产品、平台之间的关系，抽取已有关键技术，由此过程明确公司的近远期技术需求，为研发规划及产品规划提供基础数据。

3. 基于数据流转串联公司产品

在 GIS 领域，数据是串联上、中、下游各项业务的核心，基于基础数据在不同环节的流转过程对公司各环节的产品进行梳理与规划，形成既相互独立满足全方案的某项具体需求，又基于数据相互联通的整体产品解决方案体系。

（二）技术、产品能力完善与提升

1. 规划完善关键技术

通过第一环节的识别与优化，结合市场需求趋势，对公司现有关键技术进行整理，识别出满足公司产品发展所需的未来 1~2 年的关键技术，规划未来 3~5 年的关键及核心技术，并进入技术预研环节。将需要解决的技术难题及技术模块规划并提前预研，尽量保证在产品及项目开发过程中没有需要解决的技术难题和需要论证的技术模块。

2. 规划完善产品方向

通过第一环节的梳理与优化，结合市场需求及趋势，对公司关键业务环节缺失的产品进行识别，确定需要完善的产品方向，客观评估公司现有的关键技术及产品，确定近期投入研发的产品，规划预研产品。确保新投入研发的产品定位及目标清晰，避免无意义的产品投入。

3. 研发落地

将需要完善及研究的关键技术以项目的形式投入实现及预研。技术预研有一定的试探性实现风险，相对难控制，以项目的形式进行规划及跟踪，一方面令实现团队明确方向，另一方面也令实现过程透明可见，实时关注进展程度，并及时调整，必要时调整实现模式或者停止投入。

4. 借助外力快速布局

借由外部资本注入，在为技术规划、创新提供资金的基础上，引入外部监控力量实现快速的技术实现与转换。

与此同时，客观评估自我实现和外部引入技术，在保证公司核心技术产品自主积累的前提下，通过外部并购、购买、联合开发等多种模式，借助外力完成技术、产品的快速实现与布局。

5. 未雨绸缪技术创新

公司在梳理、规划的同时，识别技术创新点，并将其纳入当年及后续的规划中，但单纯规划体系下的技术创新相对来说时间较久，灵活度不足。在现有的模式下，激励各级员工在研发过程对所在领域进行创新摸索，并予以奖励，让一线的市场人员、技术人员贡献产品需求想法、技术创新点子或成果。一方面，通过规范化的活动确保创新内容被识别；另一方面，通过全员的创新活动引入全新的创新思路，为公司发展争取先机。

（三）研发过程创新，为技术实现保驾护航

地理信息领域的特点，决定了需求变化引入的不确定性，而地理信息领域的系统尤其是业务系统又具有严谨、强关联、牵涉面广等特点，导致传统的瀑布、增量、螺旋等研发模式无法适应需求的快速变化与不确定性，而敏捷轻量化开发又无法应对业务系统的现象。公司创新性地摸索出传统瀑布模型与敏捷开发相融合的研发管理过程。

基于公司对地理信息行业十几年的技术积累，对涉及地理信息系统的核心数据及逻辑、业务、流转等基础核心需求，沿用传统的瀑布模型，严格做准需求、做实设计，而对于新增的需求部分，通过敏捷的设计理念，实现此部分技术设计。

在研发过程中，引入迭代开发的模式，小版本快速滚动。通过研发过程的创新最大限度地挖掘已有的技术成果及行业积累经验，减少需求变化对系统的影响。小版本快速滚动，所见即所得，尽快显性化展现需求，促进需求的明确与细化，从而有效提高项目实施效率及利润。

（四）创新激励，建立技术人员的精神家园

前三个环节通过技术管理的手段保证研发效率的提升，而在知识型的企业最大的价值在于人，企业中的成员都是高素质的人才，如何去激活、利用、培养高素质人才成为企业长久发展的核心关键。管理的另一面是约束，而文化层面建设能很好地与管理相配合，如同企业的两条腿，使企业可以稳

健快速地前进。

公司在传统的通过技术能力线设置技术职称的等级基础上，通过识别企业所需的关键角色、技能及其等级的模式，明确技术发展路线，确保公司所需的关键技术素养通过职称等级在各级技术人员内心传递的同时，通过职称识别打造公司级的技术专家。与此同时，设立虚拟机构"技术委员会"，将高级工程师及资深高级工程师纳入技术委员会，参与公司的技术规划、评审和决策。

建立配套的激励机制，与创新文化保持一致。设置创新、共享基金，让一线技术人员无门槛地参与到企业创新完善活动中；不定期线上线下的技术交流分享，让有思想的技术人员成为技术理念的布道者；鼓励技术交流走出去与引进来，扩展技术人员的视野，在分享交流中碰撞思维。

通过上述各项活动调动各个层级技术人员的主动性与创造力，让创新成为一种企业习惯，从而进一步推动企业的快速前进。

（五）用户参与，大众创新、共同创新、开放创新

企业要想时刻保持技术创新的动力和能力，单靠企业内部资源显然是不够的，而用户是企业非常重要的外部资源。用户的经验、知识和技能是重要的创新源。

结合"互联网＋"理念，南方数码通过"生态圈"的建设，集聚用户群体，吸纳用户参与到创新过程中。邀请用户参与产品的测试、设计、研发、体验、建议等，使用户成为了解市场定位、产生创新思想的信息源，增加用户的参与感，提高用户的忠诚度。通过参与创新，用户还可获得直接的经济利益，或是获得更高精神方面的满足，从而将用户转变为积极的共同创造者。对于企业来说，也可通过与用户的不断互动，充分了解用户的需求与建议，并将能够支撑企业发展的创新信息及时吸纳到企业的创新体系中，有效把握研发创新方向，完善产品设计，使产品更加贴近用户的体验与需求，为企业的健康发展注入源源不断的动力。这样就形成了良性循环，用户得到满足，企业获取创新成果，达到共创共赢。

五 南方数码技术管理创新成效

通过近一年来南方数码的技术管理创新实践，取得了以下成效，实现了效益和效率双提升。

（一）建成了公司技术货架，支撑公司可持续发展

通过对公司技术的整合、优化，将成熟的技术和产品固化，梳理出 CBB、基础平台、行业平台、实用技术工具包、产品线基础版本等，进而形成了南方数码技术货架，实现通用技术平台上产品和项目的快速研发，促进了公司对成熟技术的继承和发展。由此，公司产品交付周期与之前相比缩短了 1/3 左右。

（二）聚焦核心技术，提升了企业核心竞争力

通过技术识别，结合市场需求趋势，识别并规划出了满足公司近年发展需求的关键技术和核心技术，实现了不同技术的差异化发展策略。将技术骨干等优秀资源释放，聚焦核心技术的研发，近一年来申请专利数比 2015 年同期翻了一番，从而提升了公司的核心竞争力。

（三）通过 CMMI 5 级认证，巩固了行业地位

研发过程的改进，减少需求变化对系统的影响，提高了研发质量和项目实施效率。借此过程，通过了 CMMI 5 级评估认证。这不仅是对公司过程改善的高度评价，也标志着公司软件集成开发能力成熟度和项目管理达到行业最高水平，加强和巩固了公司在行业中的领先地位。

（四）设立创新基金，激发了全员创新潜能

为鼓励技术创新，制定了《南方数码技术创新奖励机制》，对于实现公司目标所进行的一切有价值的、能够产生持久影响力的技术改进和创造活动

（包括基础技术研究、技术应用开发、技术方法改造等），并予以奖励。由南方数码技术委员会评选出创新等级，并根据不同级别提供不同奖励，营造了良好的技术创新氛围，激发了员工的创新潜能。2016 年，公司内部创新申请达 20 余项，创历史新高，推动了公司整体技术能力的提升。

（五）以用户和市场为导向，提高了市场转化率

通过集聚用户，邀请用户参与产品测试、设计与体验并提出建议，使得产品更贴合用户需求，用户对产品有了更高的认同感和黏性，口碑传播为公司带来更多的利益和市场机会，从而提高了公司产品的市场转化率。

六　结语

地理信息行业的现状对于行业内传统企业既是压力同时也是机会，南方数码通过外部变革的机会，积极结合行业及自身的特点和发展需要，摸索出了一套适合的技术管理创新模式，并取得了一定成效。在企业面临人才缺乏、资金缺乏、互联网企业进军、实力缺乏的现状下，一方面最大限度地保留传统企业在业务理解、专业技术积累方面的优势，另一方面引入最新的管理理念和互联网思维，通过企业内部的变革调整来适应外部的变化，冲出重围，摸索出一条转型提升之路。

参考文献

［1］吴伟伟、朱彬、于渤：《企业技术管理体系构建研究》，《软科学》2006 年第 3 期。

［2］赵金元、余元冠：《基于知识管理的软件企业技术创新研究》，《科学管理研究》2014 年第 6 期。

［3］郭亚军、郭华敏：《"互联网＋"背景下科技企业技术创新管理模式研究》，《经济研究导刊》2016 年第 13 期。

B.26
测绘装备深度国产化及产业化推进思考

缪小林 *

摘　要：　本文回顾了我国电子测绘装备的发展，探讨了高端测绘装备
国产化和产业化的技术核心、制造核心及市场核心，就其现
状和需要解决的问题，结合企业发展实践进行深入分析，在
测绘地理信息企业转型升级的大环境下，给出参考和借鉴。

关键词：　高端测绘装备　深度国产化　产业化推进　转型升级

　　从第一台国产电子测距仪、电子经纬仪、全站仪、GPS 问世，至今已超
过 20 年，我国实现系列常规光电测绘装备的国产化也已超过 10 年，测绘装
备的国产化，为国家、单位、个人节省了大量资金，改写了中国电子测绘装
备的市场格局，引领测量模式不断变革。

　　然而，高端测绘装备领域依然为进口装备占领，严重制约和影响了国家
的需求、国防的需求，成为我国广大测绘地理信息科研人员和企业必须面对
和解决的问题。

　　测绘装备的深度国产化主要指高精度、高性能测绘装备的国产化，如
1″高精度全站仪、0.5″高精度全站仪、机器人全站仪、高精度电子水准仪
等，以及小型化、智能化、Linux 平台的高精度定位装备和基于北斗的地基
增强系统，更包括无人机航空摄影测量、三维激光移动测量、高分辨率卫星
影像获取等新兴测绘技术手段的创新和装备国产化。

---

　　*　缪小林，广州南方测绘科技股份有限公司副总经理。

这些高精度、高性能装备，在指标上有硬性要求，在设计上如何保证，在实际应用中如何达到，在应用中如何让用户放心使用……需要解决诸如理论、设备工艺、可靠性等一系列问题。

一　传统测绘装备的深度国产化

（一）光电测绘装备的深度国产化

1. 高精度全站仪

我国第一台全站仪于 1995 年由南方测绘自主研发制造。20 世纪 90 年代，南方测绘在与以老牌国有大厂为代表的电子仪器研制竞争中脱颖而出，实现国产电子测绘仪器零的突破；90 年代中期至 21 世纪初，南方测绘在与日本仪器的竞争中，实现了迅速提升乃至超越，达到国际主流技术水平；21 世纪初至今，全站仪朝着精度更高、测距更远、体验感更强、功能多样化和智能化方向发展，在这一领域，进口徕卡成为高端的代表，也成为中国自主创新品牌学习的对象和跨越的目标。

南方测绘经过八年攻关，攻克全站仪绝对编码技术、激光测距技术、双轴补偿技术，将全站仪光学系统、机械结构重新设计，改进升级电子电路，又投入极大物力财力购置新设备完善工艺，全面掌握了主流全站仪的全部核心技术后，将目光瞄准了在国内尚属空白的高精度全站仪。

高精度全站仪属于 I 级仪器，其测角、测距精度必须在 0.5″和 1″。角度上，需要解决机械结构、光学码盘、光电转换三方面问题；补偿器部分，精度必须达到 3″以内，方能满足垂直角的精度要求，实际使用中，由于各种因素的影响，补偿精度最好能在 1″以内，才能与进口仪器媲美；照准部分，望远镜成像质量对瞄准的影响，由加工产生的误差对望远镜像质的影响、装配对望远镜成像质量的影响、运动环节部分的影响等，都需要考虑；测距部分，则主要解决测程、测距精度的问题，提高电路频率对提升精度有好处，但频率越高越容易发生干扰，因此必须解决电路中各种信号干扰的问题，提高信噪比。生产中则需要有高精度的加工设备和检测设备，需要好的工艺流程，需要有光学元件的加工质量、各种膜系的镀膜质量及检验这些质量的设备和手段。我们常说，测绘仪器属于光、机、电一体化的高科技产品，在国外只有制造照相机的厂家才有能力造，从以上这些需要解决的部分问题也可见一斑。

2015 年，南方测绘率先实现了国产自主高精度全站仪的突破，实现了 1″全站仪的量产，宣告中国高精度测绘装备普及时代真正来临，低于进口 1/3 的价格，为市场带来巨大冲击。国产高精度测绘装备的出现，降低了价格门槛，满足了中国测绘用户使用高端测绘仪器的需求，为测量单位带来更多机遇，为高精度测绘装备在精密测量工程中的普及应用提供了更大可能。

如今，南方高精度全站仪年销量达到 1000 台，已与进口高端品牌在中国的销量持平。而南方常规全站仪销量则达到 50000 台，自 2010 年起，产销量持续稳居世界第一。就在本文成文之际，一个使用南方全站仪玩"王者荣耀"的小视频刷爆微信朋友圈，其中的全站仪是南方测绘即将上市的安卓智能全站仪，它的推出，必然为国产全站仪高端品类再添辉煌一笔。除安卓系统外，南方测绘的研发重点还有机器人全站仪，这同样是一个被进口垄断、国内空白的领域，南方测绘已基本实现了核心技术突破，实用型国产机器人全站仪的上市亦指日可待。

2. 高精度电子水准仪

除高精度全站仪外，不得不提及另一块同样难啃的硬骨头——高精度电子水准仪。

常规测绘装备在 20 世纪 90 年代基本上都实现了电子化，唯独同样使用广泛的水准仪除外——我国第一代电子水准仪出现在 2007 年左右。

电子水准仪的出现，标志着大地测量完成了从精密光机仪器到光机电一体化的高科技产品的过渡。国产电子水准仪出现前，中国市场一直被瑞士徕卡、美国天宝、日本拓普康占据，其中欧美企业占据着高端市场，日本企业则占据着中端市场，同它们相比，国产仪器一直处在较为弱势的地位，主要体现在产品的技术含量不高，可靠性、稳定性不好。

电子水准仪解决了普通光学水准仪数字化读数的难题，但进口仪器几万元一台的价格，是当时光学水准仪价格的几十倍甚至上百倍，必然无法得到普及利用。

2007年，南方测绘推出第一代国产电子水准仪，高程测量精度为2毫米/千米。随后两年，国产第二代电子水准仪（精度为1.5毫米/千米、1毫米/千米、0.7毫米/千米）相继推出，形成批量生产且大规模出口。

精度能达到0.3毫米/千米的电子水准仪被称为高精度电子水准仪。国产第一台高精度电子水准仪DL-2003A，于2012年由南方测绘研发成功并推向市场，它是目前最高精度的国产电子水准仪，极大地提高了国产高档次电子水准仪的地位。

在高精度电子水准仪的攻关中，南方测绘差不多花了7年时间，主要解决了小型单线路板的优化设计、高精度的信号处理软件、高精度的编码及解码技术的研究和应用、高精度补偿器的设计和制造四大关键技术难点。

国产高精度电子水准仪的推出，迫使进口仪器大幅降低价格。正是国产高精度电子水准仪的出现，使得广大用户有更多机会接触并使用高档水准仪。

现在，南方高精度电子水准仪已被京沪高铁工程项目使用，技术指标均能达到同类进口产品的水平，定价仅仅是日本产品的1/2、欧洲产品的1/3。

（二）高精度卫星导航测量装备的深度国产化

国产卫星导航测量装备的发展，几乎与光电测绘装备同步，但相较测距仪、电子经纬仪等的攻关，并没有多长的时间。高高在上的GPS测量系统，并不是想象中那么困难。

纵观卫星导航装备的发展，主要有几个阶段：①20世纪90年代初以前，国内开始引入GPS；②90年代初至21世纪初，GPS国产化实现，国产静态GPS、差分GPS、分体式RTK、一体化RTK陆续出现；③第三阶段，国产卫星导航测量装备开始向小型化、智能化、Linux平台方向发展，全国

产化网络 CORS 出现，开辟了新的网络作业模式，随后高精度手持 RTK、北斗 RTK、北斗三星网络 CORS 深入多行业应用。

我国第一个全国产化的网络 CORS 出现在 2009 年，由南方测绘在湖北咸宁实施，带领我国 CORS 建设走上一条"局部先行　稳步推进"的道路。CORS 建设初期，受建设时间长、投资大的影响，推广一定程度上受到制约。在关键时刻，我国卫星大地测量学科的开拓者和学术带头人魏子卿院士、我国卫星大地测量及导航定位专家许其凤院士等力排众议，指出 CORS 并网需要解决的坐标系统统一、信息共享、联网运作等都不是原则性障碍，这种没有颠覆性的障碍是可以通过做工作来解决的。后来，咸宁 CORS 的成功并网，用实践证明了局部先行的正确性和可行性，从此中国 CORS 建设迎来大的发展。

南方测绘从 2009 年开始，至今在全国建设了近 4000 个 CORS 站，其中北斗三星 CORS 数量超过 2000 个，从省级 CORS 网、地级 CORS 网，到单基站 CORS，几乎覆盖了我国大部分地区。2012 年，南方测绘在云南玉溪成功建设了全球首套基于北斗系统的三星网络 CORS 系统。2016 年，南方测绘将北斗 CORS 技术带出国门，在老挝承建首个覆盖老挝全国的北斗 CORS 系统，推动北斗全面落地老挝和开拓海外综合应用市场。

北斗 CORS 是北斗导航卫星系统重要的地面基础设施，它利用地面基准站网，借助 GNSS 差分技术，采用地面移动通信、数字调频广播及卫星转发等通信手段，实现对北斗卫星导航系统空间信号精度和完好性能的增强，提升北斗卫星导航系统的服务质量和竞争优势，解决北斗卫星规模化应用推广和产业化服务中行业与大众应用对高精度导航定位服务的需求。

北斗导航卫星应用于高精度定位服务主要有以下几个优势：①基于北斗卫星导航系统的高精度导航应用，高强度加密、安全可靠；②"北斗"特有的 IGSO 卫星设计对中国区域进行局部增强，卫星信号更优；③时间可用性和空间可用性更强；④兼容世界其他卫星导航定位系统；⑤多星定位更有优势；⑥独特的功能提供了位置服务的优势。

目前，南方测绘在北斗 CORS 建设中，进行了诸如重庆山地城市的地基增强系统、上海城市中心地区的地基增强系统、玉溪适应恶劣环境的地基增强系统、天津服务自贸区的地基增强系统、河北省级地基增强系统改造的探索和实践，取得了大量的成果和经验，达到了北斗 CORS 应用于不同客观环境的技术要求。

建设基于北斗兼容其他各大卫星导航系统地基增强系统是技术发展时必然选择。CORS 是国家地理信息的一个基础，也是国防的需要，基于北斗的网络 CORS，可以摆脱对美国 GPS 的依赖，解决国家重大工程建设中对厘米级、毫米级精密定位需要所带来的安全隐患。

但是，目前我国北斗 CORS 还没有形成覆盖全国的、稳定可靠且具有统一服务能力的地基增强系统，尚未完全满足北斗导航卫星规模化应用推广的需求，基于北斗的地基增强系统持续推进，依然任重而道远。

二 新兴测绘装备的国产化与产业化推进

从数字化测绘到信息化测绘，采集工具的变化非常明显，虽然目前市场上的主流设备依然是全站仪、RTK 等，但无人机、三维激光、卫星遥感，以及一些图像处理软件、GIS 软件等已经崭露头角。

（一）无人机航空摄影测量

无人机这两年发展非常迅猛，放眼望去五花八门、参差不齐，一批无人机企业起来，一批无人机企业倒下。涉足无人机航测的，起源也是大相径庭，有玩航模出身的，有 IT 系统的，有传统测绘领域的，也有凭资本起家的。有无人机和从事无人机航空摄影测量是不同的概念，大家现在之所以有无人机产业在测绘遥感领域遍地开花的感觉，主要也是因为一些在硬件上有基础但不是真正做测绘的无人机厂家和企业的存在。

目前市场上可见的测绘类无人机，主要有固定翼和多旋翼，起飞方式主要有弹射式、手抛式、垂直起降，航时从几十分钟到一两小时不等。

无人机航空摄影测量是推进信息化测绘的关键手段之一。这中间需要解决几个技术问题：①飞机硬件；②飞控、云台和搭载；③后差分；④续航能力；⑤航测处理软件。除了技术上的问题，无人机应用的推广也有一定的困难，主要表现在：①推广成本过高，需要大量的定向人才，需要很强的直销队伍去演示，需要本地化的服务去支持；②无人机本身的风险，无人机造价相对昂贵，由于处于发展初期，易摔的问题没有完全解决，很多单位因此不敢使用，大部分企业也无法承担飞机摔落带来的损失；③空域，无人机的测试没有规范化的场地，超过一定范围的无人机飞行需要申请空域。这些客观因素，使得无人机航空摄影测量的应用在国内没有大范围普及开来。

尽管如此，无人机航测的高效率确实令人向往。以40平方千米左右1：500的4D数据获取为例，所需时间常规影像和POS采集需1天、2人，像控点获取需3~5天、4人，内业处理需10天、5人即可完成，相较传统作业模式动辄以月、年计算，效率大大提高。

为推动和普及先进测绘技术的应用，南方测绘提出"打造测绘工程新业态"，通过项目磨合和完善的解决方案，全面布局无人机航测业务。以4代无人机搭配全系列挂载，承担全国20000多平方千米航测项目，将无人机航空摄影测量广泛应用于道路勘测、高精度三维建模、城市违建监察、土石方量测量、环境监测、航测4D数据成果生成等领域，通过全国分公司嵌入式的服务，带动无人机航测在常规工程测量用户中使用起来。

同时，南方测绘利用全面掌握无人机航测硬件、软件的优势，走自主创新和国产化的道路，将无人机航测成本大幅降低，为无人机航测的规模化应用创造了可能。

（二）三维激光移动测量

我国对激光雷达技术的探索始于20世纪90年代，是继全站仪、GPS技术后的又一种革命产品，被称为"实景复制"或"逆向工程"技术，按其载体可分为手持、地面、移动、机载和星载。手持和地面相对成熟，星载主要集中在国家科研层面，移动和机载部分，目前还没有得到普及利用，究其原因，主要还是在于移动和机载部分的核心关键技术及部件，还是以进口为主，设备整体价格高昂，动辄上百万，大单位用不好，中小单位用不起。

一套移动测量系统，主要集成了 GPS、惯导、三维激光扫描仪、全景影像、里程计等传感器。通过外业数据采集，经 GNSS 后差分软件处理与轨迹解算软件处理，生成高精度点云数据，再通过点云解算软件处理与影像配准，将成果影像发布使用或进行精细三维建模。

三维激光移动测量系统灵活，周期短，现势性高，移动测量系统采集的数据成果，包括空间坐标点云数据及全景相片，精度可达到 2 厘米，满足国家规范的要求，相较传统测绘，效率提高 10 倍甚至百倍以上。

为推动移动测量技术的产业化发展，国内企业进行了长时间的探索，投入大量人力物力，甚至在国外厂家也对中国移动测量普及化失去信心的时候，以南方测绘为代表的企业，以长征般的精神坚持到底，走通移动测量的全部关键环节，一次性推出车机载一体化、无人机载、车船载一体化、全景影像、室内外一体化 5 款移动测量系统，引起市场轰动。

产品推出后，南方测绘又不惜重金，第一次针对某款产品在全国举行 30 场巡演并进行实地作业，目的就是让用户有机会直接体验三维激光移动测量的功能和效率，让移动测量走下神坛，变为可接触、可使用。与此同时，南方测绘在北京、广州、成都、南京成立四大数据处理中心，配备 7 类、16 套移动测量系统，满足全国需求的及时响应，将三维激光移动测量成功应用于大面积地形测绘、电力巡线、公路扫描、城市部件采集、大面积航测等领域，移动测量的高精度、高效率深受市场青睐。经项目实践，一个测区超过 6 平方千米的山区地形测绘，选用有人机搭载 SZT－R1000（装配飞思相机），仅需 3 人，外业作业 3.5 小时，内业 10 小时即可完成；高速公路、国道、省道激光点云及街景采集，使用 SZT－R1000，配 3 人，日均采集可达 200 千米；1∶1000 地形图测量、1∶2000 地面分辨率优于 0.1 米航摄、"数字化工厂"解决方案三维数据支持、电排站工程进水流道测量、场馆钢梁结构三维扫描、空中自行车道三维建模……大量的实践证明，移动测量拥有广阔的市场，它的普及，只是时间的问题。

为将三维激光移动测量深度国产化，南方测绘坚持自主创新，将无人机

机载三维激光测程从 70 米提升为 250 米，这又将是一款对测绘地理信息行业产生重大影响的设备。

（三）高分辨率卫星影像

我国第一颗高分辨率对地观测系统卫星发射于 2013 年，在这之前，我国使用高分影像主要购买美国 Quickbird、美国 IKONOS、法国 SPOT 等卫星影像，这些影像的分辨率通常在 0.5 米、0.68 米、1 米、2.5 米左右。在国产高分卫星出来前，一个分辨率为 0.5 米的影像数据售价超过 200 元/平方千米，这些影像广泛应用于水利、林业、电力等行业，像大家比较熟悉的全国第二次土地调查，就基本是用这些数据来做的，但由于国内市场数据保密和行业纵向管理的问题，会经常出现重复向国外购买数据的现象。

国产高分卫星发射后，分辨率也逐步达到了 1 米级。据悉，国产 2 米分辨率的卫星影像，其售价每平方千米仅为十几元，但从目前来看，其市场化程度不高，主要还是以层层下放数据为主，如水利部通过集中采购，逐级下放给各水利厅，而地方如有特殊需要，也允许再从国内外数据中选择最新数据采购。

可以说，国产高分辨率卫星的发射，使我们拥有更多的主动权，面对国家重大需求，可自行安排卫星采集数据，摆脱了对国外卫星影像的依赖，同时节约了大量资金。

2017 年，我国正式启用了高分三号卫星，2017 年 9 月底发射了环境专用卫星高分五号，年底发射全球首颗专业夜光遥感卫星"珞珈一号" 01 星，我国对高分卫星的探索和进步日新月异。同时也要看到，国外早已出现并发射了 8 个多光谱波段的高分卫星，可作专业化的精细应用，我国在这方面还有很大的提升空间。

（四）产业化推进思考

所谓产业化，主要指实现可持续的、规模化的销售和应用。

我国现在确实在一些新技术、新领域的探索中取得了突破，但从技术突破到产品落地，从产品落地到形成持续的规模化销售和应用，还有很多工作要做。

我们现在有很多专业的学术会议，有很多新的概念出现，这极大地推动了科技研发和创新，但如何落地、应用，甚至形成产业化，产生规模化的可持续的社会效益，是个长期而又艰巨的任务。因为一个科研成果变为产品，不仅仅是技术的实现，还需要制造，需要销售，需要服务，再细化一下，原材料、加工基础、工艺水平、设备水平、制造水平、检测实验水平，销售网络、市场推动人员、市场推广策略，不断适应市场的应用、售后服务跟进等等，将一个技术变为产业化的实体，是一场全国性的规模化布局，不仅需要的人力、物力、财力非常可观，还得考虑其市场效益，短期内若没有回报，推进是否还能继续？像南方测绘推动三维激光移动测量的产业化，从起步到现在用了十年，依然还在路上，那么，又有多少企业或机构，可以用十年来坚持推动一件事情呢？

所以，产业化推进是一件困难至极的事情。我们非常期待我国科研工作者能与有能力作产业化推进的企业互相协作，共同推动新技术的落地，同时，也更加期待国家有关部门能在新技术新产品的产业化推进中给予支持。我们常常说"中国制造""中国创造"，当中国制造、中国创造好不容易落地时，是否给予这些国产品牌以机会？给予中国国产化以希望？其实这是政府有关部门在制定规划、政策时可以多考虑一点的问题，更何况，这些中国制造、中国创造往往并不差。

三　测绘地理信息企业的转型与升级

伴随着新技术的革新，新兴装备的升级换代，测绘地理信息企业的转型与升级是必然趋势。例如，原来单纯做设备生产制造的，如今开始向解决方案迈进；原来单纯做平台的，开始向应用探索；原来做应用的，则不断摸索跨界的可能。

为什么会出现这样的情况呢？

以往，日本尼康和宾得、东德蔡司、西德欧波同、瑞士克恩、瑞典捷创力等，由于没有产品的持续改进、更新，逐步消失；日本拓普康由于 RTK 等后续产品没有在中国打开市场、占领市场，而且其全站仪销售逐步减少，导致整体份额在中国市场逐步下降；国内的一些传统光学厂商，在全站仪的时代产品没有跟上，在 RTK 的时代产品没有出来，在市场上不断萎缩甚至退出市场。

现在放眼国内和国际上任何一个较有影响力的行业展会，会发现没有无人机、激光雷达的企业已经被第一梯队远远抛开，而基于这些新装备衍生的项目应用正风生水起，一个测绘工程的新业态呼之欲出。

由此可见，转型升级是趋势，也是企业发展需要，是企业在寻找成长点、利润点的过程中，慢慢由原有业务向相关业务渗透的自然而然的行为。

转型升级并不是抛弃了原有的业务，相反，是在巩固原有优势业务基础上的延伸扩展。南方测绘近年来提出"转型升级""拥抱地理信息＋""大地信新南方"，就是这个模式。以传统全站仪、RTK 近 20 个亿的当量为基础，固本培元，大力发展无人机、激光雷达、无人船和数据工程、解决方案，面向专业用户与政府部门，拓展到为多行业用户和大众提供地理信息服务。

转型升级难，不转型升级更难，测绘地理信息企业的负责人可能大部分都品尝过这种苦楚。决定是艰难的，过程是痛苦，效果还可能是缓慢的，但明天是美好的，就为了这个有希望的明天，也是值得我们为之拼搏一回。

B.27
以智慧城市建设为载体
推动跨领域的产业融合创新

杨 槐*

摘　要：　智慧城市须应对经济和社会发展的各种挑战，涉及范围广、时间长、复杂度高、不确定性大，作为全新的建设载体，将推动传统地理信息企业进行跨领域的产业融合创新。本文阐述了智慧城市"三个层次、四个方向、五种驱动力"的现状，通过对智慧城市的顶层设计、竞争变化等问题的分析，以及智慧城市建设的世界观和方法论的归纳和实施，推动跨领域的产业融合创新，并以国家级漳州招商局经济技术开发区（以下简称"漳州开发区"）智慧城市试点建设为案例，为地理信息企业参与智慧城市建设提供借鉴。

关键词：　智慧城市　地理信息企业　产业融合创新　漳州开发区

随着中国城市化进程不断加快，城市化率从1978年的18%达到目前约55%，传统的工农二元结构转变为包含1.6亿农民工的三元结构，区域和社会的不平衡加剧，政策的公平公正受到质疑，生产力和资本要素的释放受到制约。同时，城市化面临五个挑战：第一，高增长、高消耗、高排放、高扩张的粗放模式不可持续；第二，经济发展对产业转型与升级有更高的要求；

* 杨槐，厦门精图信息技术有限公司总裁，教授级高工。

第三，生态环境、食品安全受到高度关注；第四，能源、交通、医疗、教育四大公共资源既稀缺又不平衡；第五，城市管理体制和机制制约着互联互通以及协同共享。为此，我们亟须在生产方式、生活方式、社会结构等方面作相应的调整和转型。

智慧城市的提出，旨在解决城市经济和社会中的问题和挑战。随着对智慧城市认识和实践的不断深入，2016 年 11 月，国家发展改革委、中央网信办、国家标准委联合发布《新型智慧城市的评价指标体系》，构建了包含 8 项一级指标、21 项二级指标、54 项三级指标的评价体系。尽管评价指标体系还可以进一步完善，如在基础性方面，弱化了基础数据库的内容，项目实施切入容易产生导向偏差；在服务性方面，相对缺乏社区服务、低碳出行等内涵；在差异化方面，针对不同城市的规模、不同区域的复杂与多样，综合考虑不够，但新型智慧城市的建设思路，已从过去以平台建设、投资规模为导向，转向重点考虑应用效果和民众感受，并以"创新、协调、绿色、开放、共享"为理念，实现"人文、生态、宜居、宜业"的城市建设和发展目标，在此过程中，以智慧城市作为建设载体，将不断推动跨领域的产业融合创新。

一　建设现状分析

智慧城市建设，既要带给公众良好的体验，又要提高政府的管理和服务能力。公众的良好体验，体现为"以人为中心"；政府能力的提升，至少包括五种能力，也就是政策制定、社会治理、公共服务、应对危机，以及推动经济转型。目前，我国智慧城市的建设现状，可用"三个层次、四个方向、五种驱动力"简单概括。

（一）三个层次

大多数城市处于第一个层次，也就是技术贯通阶段，因为很多城市的数据和网络融合基础较差，往往针对规划管理、地下管线、数字城管等亮点需求，先行建设，这些应用具有闭环的特点。第二个层次是资源融合，也就是在上述基础上，实现数据、业务和应用的协同共享，因此，有了更多"便政、便企、便民"的开放应用。第三个层次是机制模式，也就是将智慧城市的规划、投资、建设、管理、运营、服务等方面，与城市的天然禀赋相结合，实现可持续发展的战略目标。

（二）四个方向

在上述的第三个层次，即机制模式层次，国内有四个探索性方向。

第一个方向，是"地产领袖网络造城"模式，依托海量的地产资源以及海量资本，通过移动互联网络，提供物业、金融、养老、商业服务，形成以地产为依托、网络为通道的虚实结合的"虚拟城市"，它的服务范围可以跨越真实的城市边界，如万达、绿地等地产商业模式。

第二个方向，是"网络巨头痛点消费"模式，依托海量用户以及海量资本，实施"互联网＋城市管理服务"，实现社区、商圈、物流、支付融合，如阿里巴巴、腾讯等互联网商业模式。

第三个方向，是"领袖联盟跨界整合"模式，由地产、互联网、搜索等领域龙头厂商发起，整合智慧城市 O2O 线上和线下资源，如"万达＋腾讯＋百度"为联合体的实体与虚拟经济结合的商业模式。

上述三个演化方向，均利用"互联网＋"商业模式，依托海量用户、海量资本，甚至海量地产，从公众"衣、食、住、行、娱、购、游"热点切入，如方便公众出行的叫车服务、方便购物的淘宝和支付宝等应用，服务可以跨越城市和行政权力的边界，但短板在于政务资源利用不足，以及政务管理信息化的缺乏。

第四个方向，是"政务资源与市场结合"模式。该模式将政务资源与市场模式相结合，有政务管理的先天优势，但在如何结合社区服务、如何盘活市场机制和模式方面存在不足。这个演化方向，目前是很多城市的主流选择，在国内有五种不同的驱动力量。

（三）五种驱动力

在上述第四个探索性方向，即"政务资源与市场结合"模式中，国内大约有五种驱动力。

第一种是重大专项带动。以漳州开发区为例，通过国家部委卫星应用产业化专项做牵引，将专项资金与智慧城市建设有机融合。

第二种是投融机制带动。以银川为例，通过资本、PPP模式等杠杆，撬动项目的建设。

第三种是技术需求带动。以厦门为例，将需求精细化切块，不同承担单位做自己擅长的部分，侧重成本控制，项目相对碎片化，同时也相对弱化了业务架构的综合集成。

第四是产业导向带动。以杭州为例，通过培植阿里巴巴、海康威视等龙头公司，由龙头企业带动产业发展，产业发展了，城市跟进成长。

第五是特色文化带动。以秦皇岛为例，通过山海和旅游元素，创新人文和生态特色。

总体而言，国内大部分城市的智慧城市建设，要实现城市的可持续发展，需要达到机制模式的第三个层次，在这个层次中，目前常见的"政务资源与市场结合"发展方向，需要借鉴"互联网＋"各种模式的成熟经验，发挥自身政务管理的先天优势，弥补在市场和运营方面的不足，并结合不同城市的各自禀赋和优势，充分发挥不同驱动力的独特作用。

二 跨领域融合创新

传统的数字城市，引入基础地理空间信息框架以及关键技术，使得地理空间技术体系发挥了关键的基础作用。数字城市做了三件里程碑式的事情：首先，将城市很好地数字化，并在上面搭建"一个平台"，这个平台往往是公共平台；其次，搭建"一张网"，将有线、无线、公网、专网进行整合，形成了城市的信息高速公路；第三，在上述基础上，开发电子政务和电子商务的相关应用。

但数字城市的顶层设计，运用的是信息系统工程学的理念，擅长解决确定性问题，而智慧城市涉及范围更广、建设进程更长、复杂度更高、不确定性更大，以工程技术理念为基础的顶层设计难以完全适应，需要跨越更多的领域，把握好六个方面的和谐与协同，即自然、历史、人工三大规律，空间、规模、产业三大结构，生产、生活、生态三大布局，规划、建设、管理三大环节，政府、企业、公众三大主体，体制、科技、资本三大动力。

伴随"云计算、大数据、物联网、移动互联、人工智能、虚拟现实"等新一代信息技术的发展，传统地理信息业、电信业、IT 业等产业边界不断模糊，产业间交叉业务越来越普遍。传统地理信息企业在智慧城市跨领域产业融合的新形势下，面临巨大的外部竞争压力。

地理信息企业的竞争，存在于传统测绘企业与新兴地理信息企业之间，但这只是数字化层面的竞争，与此同时，另外三个层面的竞争更为激烈，包括华为、中兴等 IT 巨头们，利用技术优势＋集成优势跨界进入，与此配套的厂商还包括芯片厂商、手机厂商、硬软件应用开发商、系统集成商等，使得产业内涵大大扩展，带来了机遇，但更是挑战，这是集成化层面的竞争。

第二方面的竞争，来自于新一代信息技术和商业模式，以移动互联网巨头们为代表，它们利用海量资本＋海量用户，首先从公众的"衣、食、住、行、娱、购、游"等热点需求切入，确立优势后，再向行业应用、政务管理延伸，这种竞争实际上是运营化层面的竞争。

第三个方面的竞争，体现为央企、国企等巨头，依托行政优势＋政策优势，进入智慧城市建设领域，使得传统地理信息企业被很高的门槛挡在建设项目外，或者选择成为这些巨头的分包商。

在跨领域的产业融合创新中，面对行业、产业以及国内外的竞争压力，相关地理信息企业开始践行"科技是第一生产力，资本是第一推动力"的理念，除了不断加强科技创新、机制创新和模式创新外，在资本运作方面，开始选择直接上市、借壳上市、并购重组等不同方式，以保持核心竞争力不断从内涵向外延扩展。

（一）跨领域的和谐与协同

在自然、历史和人工三大规律方面，指的是自然环境、历史继承、人工改造三大规律需要和谐与协同。很多城市内涝的地方，原来就是湖泊、湿地或池塘，但自然记忆、历史继承不会因为人工改造，轻易忘记属于它的势力范围。当城市无法承载之时，大自然就以自己的方式，让城市恢复记忆。

近年来，智慧城市启动海绵城市建设，希望城市像"海绵"，具有良好的"弹性"：下雨时，吸水、渗水、蓄水，降低防洪压力；需要时，将蓄存水分"释放"，缓解水资源短缺。既考虑自然环境，又考虑已形成的历史继承，还要考虑人工改造的和谐顺应，使自然水系与人工水系、地下管线、地下管廊、地下空间有机协同，建设方法论归结为六个字"渗、滞、蓄、净、用、排"，最终促进生态、经济和社会效益的和谐统一。

在空间、规模、产业三大结构方面，智慧城市的建设，常常碰到这样的问题：如何确定建设区的宜居度与承载力？如何让生产空间集约高效？如何使产业空间生活空间相互和谐，使生态空间宜居适度？以"一张图"作为基础，实现空间、业务、专题以及各种支撑数据的协同共享，可以很好地辅助政府部门的决策。

在生产、生活、生态三大布局方面，包括了常常遇到的城市空间规划冲突，如城乡规划与土地利用总体规划冲突，用地指标不能使用，重点项目落地难；还包括了发展成本过高，生态用地保护边界不统一，缺乏有效管控，侵占生态用地时有发生，以及审批效率低下，不同部门在行政审批中互为前置、来回审批。智慧城市建设的多规融合，通过建立统一的信息共享管理平台，项目生成和审批业务均以"一张蓝图"为基础，统一受理和审批建设项目，实现用地规划许可、施工许可批复、一直到竣工验收的"一表式"审批，最终明确建设与保护的空间，形成统一管控边界，解决多种规划在空间方面的冲突。

在规划、建设、管理三大环节方面，以地下管线为例，地下管线作为城市的"生命线"，事故频发导致人员死亡、建筑物坍塌、道路塌陷、城市地下水体污染等重大事故，与规划审批、项目建设以及动态更新管理的脱节密切关联。因此，地下管线的规划、建设、管理的核心问题，是数据的动态更新，需要将"政策法规、管理办法、工作流程、标准体系、技术手段"五方面有效结合，同时，在方法论层面上，"以普查更新为框架、调绘数据为辅助、竣工测量为主线、资料报建为协同、数据提取为手段"；在技术路线层面上，针对更新方式、质量控制以及具体手段，开发相关技术工具。

在政府、企业、公众三大主体方面，以厦门鼓浪屿为例，做大旅游产业面临三个问题：第一，如何在有限的城市空间中，让游客数量的增加，能够跨越城市的边界？第二，如何增加游客消费能力，增加城市的收入？第三，如何增强旅游体验，打造可持续发展的旅游胜地？大旅游需要有开放式的旅游服务平台，需要政府、企业和公众三个主体的协同，并依托新技术、新媒体、新网络，以鼓浪屿金字品牌作为大旅游的区域入口，将各产业要素串联起来，打破城市的行政边界，创新旅游的产业模式。如果能实现上述目标，旅游的传统经营就能向价值运营有效提升：一方面，更大程度地盘活鼓浪屿品牌无形资产，同时，在运营中不断放大品牌含金量，使区域旅游资源和区位优势充分整合，形成大旅游产业体系。

在体制、科技、资本三大动力方面，体制与机制的创新，是"城市管理模式"发展极为重要的动力，这种动力需要与科技手段结合，甚至与资本因素结合，以便更好地解决城市管理的三大问题：谁来发现问题？谁来指挥处置？谁来监督评价的难题？

这三大问题，常常导致行政利益冲突，协调难，效率低。因此，业务架构需要与城市的行政结构匹配：既考虑体制机制的梳理和改革，也要考虑行政结构的继承。不同的城市管理业务架构，要与不同城市的规模和效率相匹配，并将城市管理与社区服务融入城市经营，覆盖人与经济发展、社会发展等内容，并具有属地、税源、环境、服务的经济内涵。

（二）跨领域的方法论

智慧城市"和谐与协同"的世界观，需要有相应的方法论配套，并包含如下内涵。

顶层设计：要考虑城市总体发展战略、重点的产业，城镇化发展道路，结合不同的经济、社会、文化环境以及城市信息化等基础条件，既考虑共性问题，又考虑地方特色内容，同时要给城市中的"人、企业、产业"留有"自组织"的发展空间，营造创新的生态，才能更好地实现"规划引导、集约建设、资源共享、适度超前"。

体制协同：促进各部门信息的横向互联互通、资源共享和业务协同，同时，还要注意宏观资源和微观资源的纵向协同共享和价值对话，这里既有政务的问题，也有体制机制梳理的问题。让宏观数据资源成为社区微观服务的框架，而基于网格的"人、事、地、物、组、情"各类动态的微观数据，又可作为城市动态数据更新的主要来源，培育信息资源市场，促进信息消费。

差异策略：每个城市的情况不同，相关的规定动作、自选动作、创新动作，也不太相同，因此，不同层次的动作，必须结合不同城市的天然禀赋。

公共平台：是智慧城市建设最重要的基础设施之一，是"互联互通、协同共享"的节点和纽带，像城市的路网、能源网一样，必须系统地建设和改造。

典型应用：应考虑不同的城市，不同的应用，其重要性和紧迫性是不同的，需要有先有后，通过效果递进，推动智慧城市建设，应能与城市公共信息平台、公共基础数据库对接。

跨界整合：跨界的产业要素整合，既包括移动互联网创新模式，电信运营商的资源重组，甚至包括传统地产龙头企业的转型跨界，整合城市、商圈、地产等各种资源，服务于城市中的政府、企业和公众。

支付创新：没有支付创新，就没有信息消费的可持续发展，支付创新包括了便捷的新兴支付技术、在线离线相结合、全新的支付模式等等，主体除了银行和银行卡机构的支付，也包括第三方运营商为主体的支付，以电信运营商为主体的支付手段，以及混合运营主体等各种支付手段。

优化运营：政府的刚性投入与市场机制结合，选择符合自身发展的运营模式，发挥政府、企业各自的优势，设立适合的运维机制。

价值互动：实现"时空价值互动对话"，以时间换空间，以空间促时间，带动产业转型和城市升级；同时，推动资源、信息、人文、产业要素的聚集，反哺城镇化发展，带动产业转型和升级。

投融资机制：依托政府的差额补偿、特许经营、投资补助、购买服务，充分利用政策性银行专项、商业贷款、债券、基金，同时，开放多元投融资体系，吸引社会资本，创新BT、BOT等模式，使投资回报良性循环。

因此，针对建设理念、技术手段、市场环境、竞争对象、用户需求的巨大变化，传统地理信息企业需要创新跨领域的产业融合，才能更好地保障可持续发展。智慧城市建设，既需要技术、资源、资本、品牌的门槛，更需要跨领域的产业融合创新，"以城市公众体验为核心、以土地和地上地下空间为载体、以智慧和信息技术为纽带、以资源资本模式为支撑"，最终实现城市发展的战略目标。

三 案例：漳州开发区

漳州开发区智慧城市的定位，是机制模式的层次，以谋求城市的可持续发展。它地处漳州市和厦门市两大城市之间，面积56平方千米，俗称"第二蛇口"，与蛇口工业区同属于招商局集团。为了建设集知识经济、科学管理、可持续发展为一体的现代化滨海城市，通过填海平整2.2平方千米，建设了中国首个离岸式生态人工岛，即中国双鱼岛。

在寻求突破城市地理空间局限的进程中，漳州开发区智慧城市的建设，创新了"空间和时间价值互动对话"模式，分三步走。第一步，在开发区56平方千米范围内，通过智慧城市的建设，提升城市品牌知名度。第二步，在知名度提升基础上，以中国双鱼岛为抓手，构建世界先进、中国第一的"感知、互联、智能、生态"的人工智慧岛。第三步，双鱼岛的发展，反哺漳州开发区，推动产业发展；而漳州开发区的发展，又反过来促进双鱼岛智慧高地的提升，推动人才、资金、信息、政策、产业要素集聚，最终形成城市的区位竞争优势。

因此，漳州开发区智慧城市项目体系有三个特点。第一，以国家发展改革委卫星应用重大专项带动，创新智慧城市的建设模式，一方面体现北斗卫星应用特色，另一方面体现智慧城市内涵，实现技术和项目的融合。第二，项目体系具有产城融合的特征，目的是形成城市差异化竞争优势。第三，利用招商局集团的国际通道，借船出海，既包括招商局集团投资的港口，也包括与港口关联的城市，这种具有"一带一路"国际拓展方向的建设模式，又叫"前港后城"建设模式。

通过北斗应用国家部委产业化重大专项，漳州开发区正递进形成"示范应用、能力建设、产能扩张、国际拓展"四个层次能力。在示范应用层次：以北斗项目体系为依托，满足漳州开发区的政务、企业和公众应用需求。在能力建设层次：综合利用卫星应用与先进技术融合集成，构建云服务平台体系，形成产城融合的城市竞争力。在产能输出层次：以招商局集团在国内的各重要港口及园区为载体，输出开发区技术和模式能力。在国际拓展层次：利用招商局集团在国际上的通道，借船出海，结合"一带一路"，串联重点港口、航道、海岛以及相关城市和产业园区，从区域化走向国际化，发挥我国空间基础设施辐射带动作用，提升空间信息服务能力和国际竞争力。

通过四个层次建设，将体制、机制、模式、资本和国际渠道融合：一方面，满足城市发展需求，建设开放式的卫星集成应用云服务能力，构建跨区域云服务能力体系；另一方面，发展区域性空间信息数据融合资源体系，集成跨区域的数据资源体系，提供空间信息融合和应用服务，同时，依托招商局集团在公路、港口、航运、开发区等国内外资源，借船出海，推动海上丝绸之路卫星应用产业国际化。在此基础上，创新投融资机制和股权合作混合运营模式，先期整合政府、民营企业以及社会资本，以股权或夹层资本模式进入，为后期国际化资本融合打下基础，服务于产城融合的城市发展战略。

四　结论与展望

智慧城市的发展需要跨领域的企业共同参与完成，以智慧城市为建设载体，将有效推动跨领域的产业融合。地理信息企业必须因应产业发展的大趋势，参与构建新型智慧城市产业链和生态圈，通过跨领域的产业要素与城市资源有效整合，探寻符合自身城市特点和发展战略的路径。

应 用 篇

Applications

B.28

面向综合决策的政务地理
空间大数据服务

刘纪平　张福浩　董春　王勇　王亮　石丽红　仇阿根　徐胜华*

摘　要：　近年来，地理空间大数据引起了产学研及政府部门的高度关注，甚至引发了诸多行业变革。面向综合决策的政务地理空间大数据服务技术为政府精细化管理和决策提供了新的手段。本文提出了面向综合决策的政务地理空间大数据服务的业务流程和总体架构，重点介绍了面向综合决策的政务地理空间大数据服务应用实践，从存储管理、数据整合、决策分析、应用服务等方面分析政务地理空间大数据的发展趋势，以推动地理空间大数据技术在电子政务信息资源中的深入开发

---

* 刘纪平，博士，博士生导师，研究员，中国测绘科学研究院副院长；张福浩、董春、王亮、石丽红、徐胜华，研究员，中国测绘科学研究院；王勇、仇阿根，副研究员，中国测绘科学研究院。

应用。

关键词： 地理空间大数据　电子政务　综合决策　地理信息服务

　　当前，大数据引起了各行业的广泛关注。在全球范围内，运用大数据推动经济发展、完善社会治理、提升政府服务和监管能力正成为趋势。电子政务是衡量国家管理与决策能力的重要标志。我国各级政府部门正努力通过电子政务更有效地履行各项基本职能。电子政务是信息技术发展与政府制度改革结合的产物，不仅可以实现政府组织结构和工作流程的优化重组，实现政府内部办公的自动化、决策科学化、服务网络化和资源共享化，而且有助于建立政府与公众的电子化互动管道，推动国民经济和社会信息化。电子政务是实施政府职能转变的重要举措，有利于带动整个国民经济和社会信息化的发展。

　　地理空间数据是国家基础性、战略性的信息资源，不仅是电子政务不可或缺的重要组成部分，同时也是政务信息的重要载体，是电子政务资源整合的基础框架，能最大限度地满足面向电子政务地理信息服务对政务信息与地理信息的集成管理、检索、分析与服务的要求。政府精细化管理与决策离不开地理信息及大数据技术的支撑。政务地理空间大数据技术已成为各级政府部门进行业务管理和宏观分析决策的有力工具。

　　政务地理空间大数据是面向政务信息管理和政府综合决策的地理空间大数据。政务地理空间大数据来源多样，既包括办公文档、文本、报表、图像、音视频等非结构化数据或半结构化数据，也包括专业部门的遥感影像、导航定位数据、电子地图等结构化地理空间数据。同时，政务地理空间大数据涵盖了宏观、微观等不同粒度的数据，且来源于不同政府部门的大数据具有碎片化、零散化等特点。本文围绕我国服务型政府建设与国家精细治理的需求，提出了面向综合决策的政务地理空间大数据服务的业务流程和总体架构，介绍了面向综合决策的政务地理空间

大数据服务应用实践，从存储管理、数据整合、决策分析、应用服务等方面分析政务地理空间大数据的发展趋势，并对政务地理空间大数据作出展望。

一 政务地理空间大数据服务业务流程

针对我国服务型政府建设与国家精细治理的迫切需要，围绕国家电子政务空间决策服务的瓶颈和难题，以大数据技术为政务空间信息决策提供服务为目标，构建了面向综合决策的政务地理空间大数据服务业务流程，涵盖地理空间大数据汇聚、整合、分析、服务的地理信息服务全流程（见图1）。

政务地理空间大数据服务业务流程，利用多类型、多粒度地理信息自动交换方法，实现海量、多源、异构的部门、地方数据资源自动汇聚，解决了跨地区、跨部门政务地理空间大数据交换汇聚难题；采用指标分类、文本挖掘、索引构建汇聚清洗等整合处理方法，构建多源合一的政务信息资源动态数据库；利用政务地理空间大数据深度分析技术，解决了政务数据空间特征与规则提取、时空格局精细分析、面向主题的空间辅助决策模型高效构建等

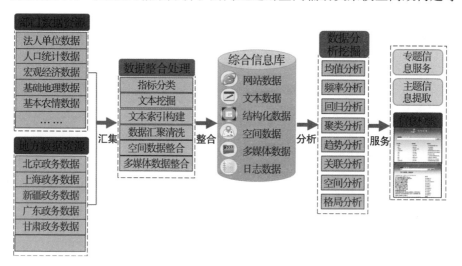

图1 政务地理空间大数据服务业务流程

难题；基于自主研发的政务地理空间大数据分析平台，针对国家、部门和地方等不同层次的用户提供专题信息服务、主题信息服务，提高政务地理空间大数据为政府管理与决策服务的技术保障能力和水平，实现面向政府决策的地理空间大数据分析服务。

二　政务地理空间大数据服务总体架构

结合政府决策过程中的知识化服务需求，基于流式地理计算框架，自主研发了支持协同数据汇聚、协同数据分析、协同信息服务的全流程空间决策服务平台，实现了多层级空间模型库构建、多源融合数据深度分析、多尺度关联空间场景模拟、多主题目标协同决策，政务地理空间大数据服务总体架构见图2，主要包括政务地理空间大数据整合、政务地理空间大数据分析平台、政务地理空间大数据应用。

（一）数据源层

数据源层通过抽取、转换等数据整合处理，构建基础地理框架数据库，为专题数据提供空间定位基础，同时为政务地理空间大数据分析平台构建提供基础地理空间数据。数据源层主要有地理空间数据、非空间数据和互联网数据组成。

（二）数据汇聚层

数据汇聚层汇聚法人单位、人口、宏观经济、基本农情、民族情况和其他政务信息，通过政务信息空间化，将政务信息与地理信息关联起来，形成政务专题地理空间数据库，便于开展大数据分析，为领导宏观决策提供数据支持。

（三）大数据中心

大数据中心利用政务地理空间大数据存储管理平台，构建数据分类体

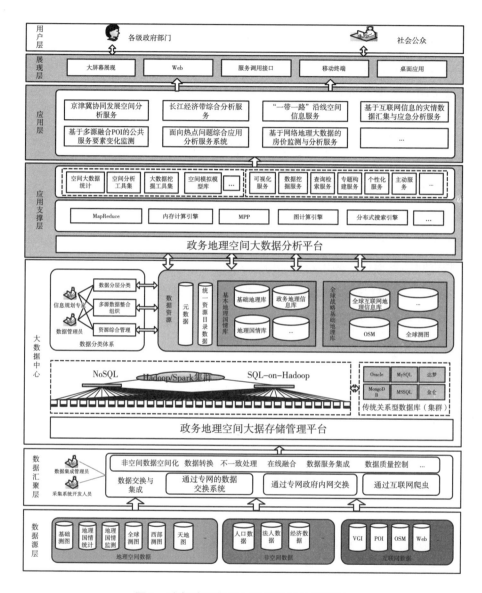

图2 政务地理空间大数据服务总体架构

系，建立多源合一的基本地理国情库、全球战略基础地理库等，实现海量多源异构政务信息资源的分层分类、整合组织、综合管理，为政务地理空间大数据分析平台提供统一的信息资源支撑。

（四）应用支撑层

应用支撑层基于政务地理空间大数据分析平台，承担着数据计算支持、统计分析、挖掘模拟等重要任务。通过对空间大数据并行计算引擎、空间操作引擎、空间大数据统计分析工具、空间分析工具、空间大数据挖掘工具、空间大数据模拟模型等，向上层应用提供丰富的计算分析功能。同时，通过对服务基础工具、空间数据配置管理工具、可视化展示组件、地图服务引擎、主题分析工具等，支持应用系统的快速搭建。

（五）应用层

应用层主要面向国家、部门、地方领导宏观决策，提供基础地理框架数据、地理国情数据分析结果、政务地理空间数据和网络数据服务，提供京津冀协同发展空间分析、长江经济带综合分析、"一带一路"沿线空间信息分析、面向热点问题综合应用分析等主题分析服务，提供各地区房价、公共服务、灾难管理等社会经济活动数据的整合与分析服务专题，挖掘其隐藏的知识信息，面向公众提供社会经济信息态势分析服务。

三　政务地理空间大数据服务应用实践

基于政务地理空间大数据分析平台，围绕区域经济发展、防灾减灾、生态环境监测、应急管理、国防建设等政府工作重点，开展了国家、部门和地方等不同层次的地理空间大数据服务应用实践，提供了防灾减灾、资源与环境、社会经济、战略资源、城市化扩展等方面的辅助决策服务，充分发挥了地理空间大数据在资源整合、分析评价和辅助决策等方面的重要作用。

（1）政务地理空间大数据分析服务系统

面向政府决策的地理空间大数据分析服务系统以国家测绘地理信息局为国务院办公厅和相关政府部门服务 20 年的技术、数据和应用为基础，依托现有海量基础地理信息数据与综合政务信息，按照政府综合决策对地理信息智能化、知识化和个性化的要求，利用基于 MapReduce 的并行化空间分析、基于 ESDA 的空间格局分析、面向实体描述的时间序列分析与空间趋势发现、基于多模型交叉的空间数据相关性及影响分析、基于主题聚焦的互联网地理信息获取与挖掘、基于用户行为分析的地理信息主动服务等地理空间大数据综合分析挖掘技术，采用 Hadoop 框架，自主研制了包括地理空间大数据整合存储、管理维护、分析挖掘、关联服务等子系统组成的政务地理空间大数据分析服务软件。依托电子政务内网，基于地理空间大数据，开展了社会经济、资源环境等主题的政务信息在线分析示范应用；依托互联网，开展了多源政务专题空间信息在线发现与融合示范应用。

图 3 是利用 2015 年河北保定市的 9045 家污染企业数据，对保定市污染企业集聚区进行划分，区分了保定市污染企业的集聚类型，为政府对污染企业的治理和相应政策的实施提供了决策支持。图 4 是利用京津冀 2015 年人口数据、2015 年 1 月至 2016 年 11 月空间质量数据，对京津冀人口变化情况、年龄结构、性别分布、空气质量分析等进行分析，为京津冀一体化协同发展提供科学决策支持。图 5 是政务信息资源整合技术流程。图 6 是海量企业法人数据、人口数据与地理空间数据的一体化整合结果，反映了区域企业、人口的空间分布情况，为区域社会经济发展规划的制定和政府的相关决策提供重要参考依据。

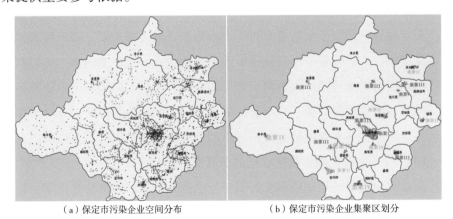

（a）保定市污染企业空间分布　　　　（b）保定市污染企业集聚区划分

图 3　保定市污染企业聚类分析

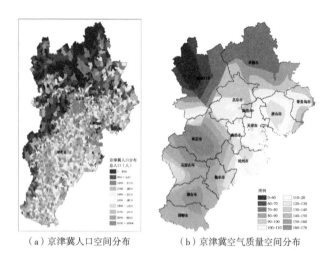

（a）京津冀人口空间分布　　　　　（b）京津冀空气质量空间分布

图 4　京津冀一体化空间分析

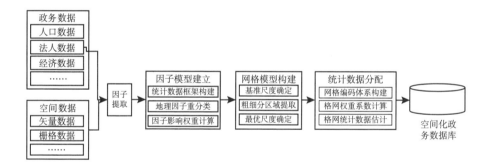

图 5　政务信息资源整合技术流程

（a）企业法人数据　　　　　　　　（b）人口数据

图 6　政务信息资源整合

（2）基于互联网的多源政务专题空间信息发现与融合应用

从互联网中发现和提取国民经济、社会发展、自然灾害、舆情社情等各类信息资源，与"天地图"公共服务地理信息融合，在数字地球上动态反映我国的社会、经济、灾害、社情的动态信息和发展态势，实现基于互联网的政务信息自动发现提取与持续融合更新。图7是基于互联网房价信息、互联网新闻与舆情监测信息的挖掘分析结果展示，通过对互联网中基础地理信息、专题地理信息和政务主题信息等信息资源的发现、获取、清洗、分类与关联，实现了基于互联网政务信息动态发现与持续融合服务。

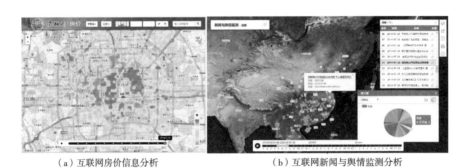

（a）互联网房价信息分析　　　　　（b）互联网新闻与舆情监测分析

图7　基于互联网的地理信息挖掘分析

四　政务地理空间大数据服务发展趋势

大数据时代随着互联网技术、传感技术、位置服务技术、云计算、人工智能等技术的发展与应用。地理空间数据的获取手段、传播效率、应用部署方式、服务模式、数据生产与处理方法、目标用户等随之发生了前所未有的变化，从而使得地理信息学科、技术与产业处于革命性发展的阶段。"用数据说话、用数据决策、用数据管理、用数据创新"已经成为提升政府治理能力的新途径。政府部门对空间信息决策服务的形式、内容与能力提出了更高的要求，给面向决策服务的政务地理空间大数据带来新的机遇与挑战。

（一）政务地理空间大数据存储管理动态化

政务地理信息采集泛在化会导致地理空间数据采集的个人化特征不断加强。过去由于采集成本、技术门槛等较高，只有组织化、专业化的团队才能完成地理空间数据采集任务。而具备位置采集能力的个人化移动互联网终端设备使得个人能够记录和收集地理空间数据，空间数据的个性化特征会得以加强。个人化的众源地理空间数据采集会使地理空间数据的管理模式也发生转变，即由中心化的数据管理逐步转化为分布式、去中心化的数据管理。另外，传统的并行计算和空间数据库技术在对海量的地理空间数据进行存储和管理时存在可扩展性差和支持类型单一等难题，因此，结合 MapReduce 技术进行大规模政务地理空间数据的动态存储管理已成为一种发展趋势。

（二）政务地理空间大数据整合粒度精细化

目前政务地理空间数据整合的粒度较粗，通常是以数据层的形式完成。随着地理空间数据来源多样化以及更新频率的不断提高，地理空间数据整合与管理的粒度会不断细化，直至原始数据的基本粒度。政务地理空间大数据整合粒度精细化将可以使应用端的数据对象来源于不同的数据来源，其数据粒度将不再仅限于某些数据层，而是细化到实体与顶点，即数据集中的实体甚至顶点来源于不同的测量数据库，通过实时化的整合形成应用数据集。通过这种实时化、精细粒度的数据整合，政务地理信息相关应用可以非常灵活地使用和处理数据，提高应用的运行效率与响应速度。

（三）政务地理空间大数据决策分析智能化

目前的空间信息决策分析缺乏面向知识内容和解决方案的决策分析，信息组合和服务难以调整。未来空间决策分析要求实现自动定制和主动提供。空间信息系统将由以数据管理和空间分析为主要功能向以知识管理、空间决策为主要功能转变，由数据驱动向知识和模型协同驱动转变，由定量模型分

析向基于知识的智能决策方法转变，由空间信息分析应用向更广阔的多领域空间决策分析应用转变。

（四）政务地理空间大数据服务智慧化

分布式、虚拟化、容器化的部署是政务地理空间大数据服务的发展方向，基于一个既能够提供基础数据源又能够提供通用应用功能的平台来开发具体功能服务，将成为未来政务地理信息服务的主流。它不仅可以有效地提高基础设施的运行效率，同时可以达到平滑扩展以灵活适应不同应用场景的目标。

（五）政务地理空间大数据应用市场化

政务地理空间大数据将从出售数据和出售软件产品的商业模式转换为提供订阅服务的形式，这是因为数据的采集分布化、个人化之后，集中式的地理空间数据集将逐渐被去中心化的数据集所超越，因此出售数据将以订阅数据的形态出现，而出售软件产品的模式将由于软件功能的云端化而逐渐消失。传统的地理信息产业的市场客户主要是政府及行业用户，而政务地理空间大数据则既面向政府机构及行业用户，也面向个人用户。政务地理空间大数据的市场规模将会有较大的扩充。随着商业模式的转变与发展，市场力量会极大地促进从业机构与从业人员的调整，进一步促进政务地理空间大数据应用市场朝社会化方向发展。

五　结论

本文基于近年来在政务地理空间大数据方面研究的总结，介绍了面向综合决策的政务地理空间大数据的业务流程、总体架构及应用服务实践，对政务地理空间大数据的发展趋势作了分析和展望，以推动地理空间大数据技术在电子政务信息资源中的深入开发应用，全面提升地理时空大数据分析能力。

参考文献

［1］ Doctorow C. "Big Data: Welcome to the Petacentre". *Nature*, 2008, 455 (7209).

［2］ Reichman OJ, Jones GA, Bony S, Easterling DR. "Challenges and Opportunities of Open Data in Ecology". *Science*, 2011, 331 (6018).

［3］ Zheng Y, Capra L, Wolfson O, et al. "Urban Computing: Concepts, Methodologies, and Applications". *ACM Transactions on Intelligent Systems and Technology* (TIST), 2014, 5 (3).

［4］ 刘纪平、李静华、王亮等：《电子政务空间辅助决策综合数据管理研究与实践》,《测绘科学》2005 年第 1 期。

［5］ 刘纪平、刘钊、王亮：《基于功能协同的电子政务空间信息服务》,《测绘学报》2006 年第 4 期。

［6］ 陈岚：《基于因子分析和聚类分析的省级政府门户网站评估》,《电子政务》2010 年第 2 期。

［7］ 刘纪平、张福浩、王亮：《电子政务地理信息服务》,测绘出版社,2014。

［8］ Zheng Y. "Methodologies for Cross-Domain Data Fusion: An Overview". *IEEE Transactions on Big Data*, 2015, 1 (1).

［9］ 张云菲：《多源道路网与兴趣点的一致性整合方法》,武汉大学博士学位论文,2015。

［10］ May W, Lausen G. "A Uniform Framework for Integration of Information from the Web". *Information Systems*, 2004, 29 (1).

［11］ Dalyot S, Dahinden T, Schulze M J, et al. "Integrating Network Structures of Different Geometric Representations". *Survey Review*, 2013, 45 (333).

［12］ 谢潇：《语义感知的地理视频大数据自适应关联组织方法》,《测绘学报》2016 年第 10 期。

［13］ Liu J P, Xu S H, Zhang F H, et al. "Research and Implementation of Government Geographic Information Service Platform". *Journal of Earth Science and Engineering*, 2011, 1 (2).

［14］ 刘纪平、张福浩、王亮等：《面向大数据的空间信息决策支持服务研究与展望》,《测绘科学》2014 年第 5 期。

［15］ 范建永、龙明、熊伟：《基于 HBase 的矢量空间数据分布式存储研究》,《地理与地理信息科学》2012 年第 5 期。

351

［16］ Wang Y, Wang S. Research and implementation on Spatial Data Storage and Operation based on Hadoop Platform，//Geoscience and Remote Sensing（IITA – GRS），2010 Second IITA International Conference on. *IEEE*, 2010, 2.

［17］ 李德仁、王树良、李德毅：《空间数据挖掘理论与应用》，科学出版社，2013。

［18］ Zhang J, Zheng Y, Qi D. Deep Spatio-Temporal Residual Networks for Citywide Crowd Flows Prediction，//Thirty-First AAAI Conference on Artificial Intelligence. 2017.

［19］ 刘纪平、栗斌、石丽红等：《一种本体驱动的地理空间事件相关信息自动检索方法》，《测绘学报》2011 年第 4 期。

［20］ Liu J, Yang Y, Xu S, et al. "A Geographically Temporal Weighted Regression Approach with Travel Distance for House Price Estimation". *Entropy*, 2016, 18（8）.

［21］ 赵阳阳、刘纪平、徐胜华等：《一种基于半监督学习的地理加权回归方法》，《测绘学报》2017 年第 1 期。

［22］ 刘纪平、张福浩、徐胜华：《政务地理空间大数据研究进展综述》，《测绘学报》2017 年第 10 期，DOI：10. 11947/j. AGCS. 2017. 20170320。

加强应急测绘装备建设
提升应急测绘保障能力

冯先光*

摘　要： 应急测绘是测绘地理信息事业新时期公益性保障服务体系的"五大业务"之一。"十三五"时期，国家测绘地理信息局对应急测绘保障工作提出"建机制、强能力、补短板、优服务"的总体要求。本文从加强应急测绘装备建设，提升应急测绘保障能力方面，介绍了国家应急测绘保障能力建设项目的建设目标、内容和建设方案。该项目的实施可为下一步做好应急测绘保障工作顶层设计、加强科学统筹奠定基础。

关键词： 应急测绘　能力建设　测绘装备

一　引言

科学救灾，测绘先行。我国是各类自然灾害频发的国家，给人民群众的生命财产带来巨大损失。重大灾情发生后，灾区通信中断，道路损毁，灾情不明，给救灾工作造成极大困难。测绘工作往往成为了解掌握灾情的唯一手段，是应急指挥决策的基本依据。在人员搜救、受灾群众安置、次生灾害防治、灾后重建各个阶段都离不开测绘技术支撑和地理信息保障。应急测绘已

---

* 冯先光，国家基础地理信息中心主任，高级工程师。

经成为测绘的主体业务之一，应急测绘保障工作已经成为国家突发事件应急体系和综合防灾减灾工作体系的重要组成部分。为进一步提升应急测绘装备水平，全面构建反应快速、协调有序、资源整合、保障有力的全国应急测绘保障能力，国家基础地理信息中心在国家测绘地理信息局党组的领导下，在国务院应急办、国家发展改革委等有关部门的指导与支持下，组织近百名专家、历时近八年时间完成了"国家应急测绘保障能力建设项目"的立项与申报工作。

该项目初步设计方案于 2016 年 12 月 23 日获得国家发展改革委（发改投资〔2016〕2723 号）批复，计划在 2017～2019 年建设完成，经费概算总额为 7.6 亿元，全部由中央财政投入。

二　建设目标与内容

（一）建设目标

根据国家应急规划要求，在充分利用已有应急测绘装备的基础上，重点加强航空应急测绘、应急现场勘测、多源数据快速处理与集成、应急地图快速制印、应急地理信息快速服务等方面的装备建设。

项目建成后，将形成起飞后 4 小时可抵达我国 80% 陆地及沿海重点区域的现场影像获取能力，以及 2 小时提供应急分析指挥用图、12 小时提供第一批现场应急测绘成果、7×24 小时不间断在线应急测绘服务的处理与分发服务能力，实现突发事件"第一时间"现场信息快速获取、分析、处理与高效服务，将应急测绘保障的整体响应效率提高 3～4 倍。

（二）建设内容

项目由国家航空应急测绘能力建设、国家应急测绘保障分队能力建设、国家应急测绘中心能力建设和国家应急测绘资源共享能力建设四部分组成。其系统组成见图 1。

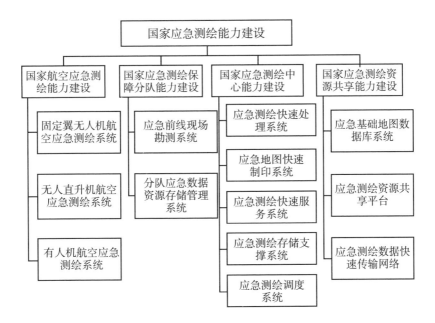

图1　国家应急测绘保障能力建设项目系统组成

1. **国家航空应急测绘能力建设**

由固定翼无人机航空应急测绘系统、有人机航空应急测绘系统和无人直升机航空应急测绘系统组成，重点解决对突发事件现场信息不能快速、全面、动态获取的问题，提高突发事件现场影像的快速获取能力和机动获取能力。有人机航空应急测绘系统充分利用军地各部门现有资源，不再建设。

2. **国家应急测绘保障分队能力建设**

由应急前线现场勘测系统、分队应急数据资源存储管理系统组成，重点解决国家应急测绘前线勘测装备的标准化、集成化、高效化问题，提高应急测绘队伍的综合保障能力和快速保障能力。常规测量仪器设备利用已有资源，不再建设。

3. **国家应急测绘中心能力建设**

由应急测绘快速处理、应急地图快速制印、应急测绘快速服务、应急测绘存储支撑、应急测绘调度等系统组成，重点解决为党中央、国务院、各应

急管理和救援部门提供应急测绘保障服务能力不强、手段单一的问题，提高应急测绘数据快速处理、高效管理及多元化服务的能力。

4. 国家应急测绘资源共享能力建设

由国家应急基础地图数据库系统、应急测绘资源数据共享平台及应急测绘数据快速传输网络等组成，重点解决目前国家应急测绘资源数据共享不畅、不快、重复的问题，提高各应急测绘资源共享节点的实时在线共享能力和按需共享能力。

三　建设方案

（一）国家航空应急测绘保障能力建设

1. 建设思路

国家航空应急测绘能力承担着突发事件区域的信息快速获取和现场处理任务，是整个国家应急测绘保障体系的重要源头，为应急测绘快速处理和服务保障提供现场遥感信息支撑。根据项目建设目标，采用"高低搭配、长短互补"的建设思路，最大限度地发挥各种航空应急测绘系统的优势。

中航时固定翼无人机航空应急测绘系统可在突发事件 1000 千米外起飞，具有航时长、采集效率高、抗恶劣天气能力强、获取信息种类多等特点，但是机动性差，主要用于承担大范围、远距离的快速获取任务。

短航时固定翼无人机航空应急测绘系统可在突发事件周边 100 千米内起飞，对起降条件要求较低、空域协调相对容易、机动性强，但是载荷能力相对较弱、续航时间短、控制半径小，主要用于承担中小型自然灾害、重点区域的信息获取任务。

无人直升机航空应急测绘系统具有零长起降、低空悬停等优势，但是姿态稳定性差、续航时间短、作业半径小，主要用于承担城市应急或突发事件现场信息的实时监测任务。

有人机航空应急测绘系统载重能力强、采集效率高、获取信息类型多样，但起飞准备时间长、对人员安全要求较高，主要用于承担大范围、多源遥感影像的获取任务。

2.建设规模与布局

将全国划分为 12 个国家航空应急测绘保障区，部署 5 套有人机航空应急测绘系统，8 套中航时固定翼无人机航空应急测绘系统，17 套短航时固定翼无人机航空应急测绘系统，7 套无人直升机航空应急测绘系统。这些基地相互协作、互为补充，共同形成对突发事件区域大范围多源获取、重点区域快速获取、应急前线机动灵活获取的能力。

项目新建的 8 套中航时固定翼无人机航空应急测绘系统部署在哈尔滨、西安、成都、南宁、武汉、杭州、昆明和西宁，17 套短航时固定翼无人机航空应急测绘系统部署在长春、沈阳、呼和浩特、银川、太原、嘉峪关、重庆、和田、喀什、郑州、济南、合肥、长沙、福州、广州、贵州和拉萨，7 套无人直升机航空应急测绘系统部署在哈尔滨、西安、海口、南昌、石家庄、南京和乌鲁木齐。

（二）国家应急测绘保障分队能力建设

1.建设思路

国家应急测绘保障分队承担着突发事件现场信息勘测和服务保障任务，是专业的前线应急测绘保障国家队。根据应急测绘前线勘测的业务需求，国家应急测绘保障分队能力建设包括应急前线现场勘测系统和分队应急数据资源存储管理系统两部分。

应急前线现场勘测系统包括应急勘测多功能工作方舱和应急勘测生活保障车两类设备，分别用于前线应急测绘工作和人员野外生活保障。应急勘测多功能工作方舱包括超常规前线勘测设备、前线数据处理与应急服务子系统、现场图纸图件输出设备、远程视频会商设备等，常规测量仪器设备利用已有资源，不再建设。应急勘测生活保障车主要包括前线应急测绘队伍 72 小时生活所需的食宿、盥洗与安全保障设备。

分队应急数据资源存储管理系统部署在保障分队所在依托单位，主要包括数据库管理软件、共享服务软件和软硬件支撑设备。一方面用于存储和管理保障分队开展应急测绘前线勘测工作所需的应急基础地图数据；另一方面承担国家应急测绘省区资源共享节点的职责，用于本省与国家应急测绘资源共享平台之间的数据交换和服务共享。

2. 建设规模与布局

项目依托国家局直属单位建设 3 支国家应急测绘保障分队，下设 8 支保障小队。第一分队依托黑龙江测绘地理信息局建设，第二分队依托陕西测绘地理信息局和海南测绘地理信息局建设，第三分队依托四川测绘地理信息局和国家测绘地理信息局重庆测绘院建设。这些分队共同形成一个机动性强、设备先进、服务全面的国家级前线应急测绘保障专业队，满足前线指挥部、解放军、武警以及其他国家应急专业力量对应急测绘产品和服务保障的需求。

黑龙江局、陕西局、四川局各建设 2 支保障小队，每支小队配备应急勘测多功能工作方舱 1 套，应急勘测生活保障车 1 套，每个单位配备分队应急数据资源存储管理系统 1 套。

海南局、重庆院各建设 1 支保障小队，每支小队配备应急勘测多功能工作方舱 1 套，应急勘测生活保障车 1 套，每个单位配备分队应急数据资源存储管理系统 1 套。

（三）国家应急测绘中心能力建设

1. 建设思路

国家应急测绘中心承担着国家应急测绘数据的集中处理、成果服务和队伍调度任务，是整个国家应急测绘保障体系的中枢，也是为国家应急体系服务的主窗口。其主要思路是通过关键技术研发和装备建设，建立支持多种生产模式的应急测绘快速处理能力、全国互联的指挥调度能力和一站式的综合服务能力，提升国家应急测绘保障的实时化、自动化、智能化和网络化水平。

应急测绘快速处理系统由线阵航空遥感影像应急处理子系统、面阵航空遥感影像应急处理子系统、倾斜摄影应急处理子系统、卫星遥感影像应急处理子系统、SAR 数据应急处理子系统、LiDAR 数据应急处理子系统、多源遥感数据灾情地理信息提取子系统、灾情地理信息集成分析子系统等 8 个子系统组成。其主要作用是对各种渠道获取的应急测绘数据进行快速处理和信息提取，并综合利用各种专题数据进行集成分析，满足各应急响应阶段对多源、多尺度、多类型测绘地理信息产品的需求。

应急地图快速制印系统由救援地图快速制图子系统、灾情专题图快速制印子系统、应急地图快速制印支撑子系统等 3 个子系统组成。其主要作用是针对当前打印资源分散、专业制图流程复杂、难以满足用户个性需求的现状，通过在线制图、按需制图、制图资源共享等软件功能，配以高性能制图设备，提高快速制图的效率和服务水平。

应急测绘快速服务系统由应急测绘政务服务平台和应急测绘公众服务平台组成，依托国家地理信息公共服务平台"天地图"的数据资源和基础设施进行建设。主要是针对应急测绘保障服务需求，拓展现有平台的服务内容和服务模式，为国家应急平台、各级领导、应急指挥机构、应急救援队伍以及媒体、社会公众等提供专业的、在线的应急测绘地理信息服务。

应急测绘存储支撑系统新建国家应急测绘中心其他各系统所需的云存储设备，备份服务器、磁带库、光纤交换机、备份软件等利用已有基础。其主要作用是通过构建先进实用的云存储环境，满足本项目对数据快速处理、快速建库与分析、快速制印与快速服务的要求。

应急测绘调度系统由应急测绘指挥场所子系统、基础支撑子系统和应用软件子系统等 3 个子系统组成。其主要作用是支撑应急测绘体系内各项指令的发出，掌握应急测绘主要装备分布与任务进展情况，快速协调数据获取、传输、处理、共享、服务和安全生产管理。

2. 建设规模与布局

国家应急测绘中心依托国家测绘地理信息局在京直属单位进行建设，包

括应急测绘快速处理系统、应急地图快速制印系统、应急测绘快速服务系统、应急测绘存储支撑系统和应急测绘调度系统各1套。

（四）国家应急测绘资源共享能力建设

1. 建设思路

国家应急测绘资源共享能力建设承担着应急测绘数据资源的日常储备和快速共享任务，是实现测绘地理信息系统内、部门间协同联动和共享服务的重要基础。其主要思路是依托电子政务内网、互联网以及各省"天地图"平台的现有资源，集成整合应急专题信息，通过标准化、全国互联的应急测绘资源共享平台和网络建设，实现应急测绘数据资源的全局储备、快速交换、高效管理与快速共享。

国家应急测绘基础地图数据库系统以国家地理信息公共服务平台"天地图"电子政务内网版为基础，优化完善功能，集成整合各类应急专题信息，形成国家应急测绘数据资源库。

国家应急测绘资源共享平台由国家主节点、保障分队节点（在国家应急测绘保障分队能力建设）、省区资源共享节点以及现场遥感资源共享节点组成，包括省区应急数据库系统、共享交换系统和基础支撑设备等建设内容，形成一个覆盖全国、标准统一的应急测绘数据共享网络。

应急测绘数据快速传输网络由国家应急测绘有线传输网和无线传输网组成，主要是在国家和各省现有网络设施建设的基础上，新增网络接入设备和安全设备，形成上下贯通、横向互联的快速传输网络。

2. 建设规模与布局

依托国家测绘地理信息局在京直属单位建设1套国家应急测绘基础地图数据库系统。

依托测绘地理信息部门和国务院应急办、民政部、总参、中科院、海洋局等有关部门建设国家应急测绘资源数据共享平台，共计4类38个节点，包括1个国家级共享中心节点、5个保障分队节点、27个省区资源共享节点和5个现场遥感资源共享节点。

依托国家电子政务内网和互联网分别建设 41 个快速传输网络节点，依托国家公共应急网络建设无线传输网络。

四　结束语

应急测绘工作是一项系统性工程，责任重大，任务艰巨，社会关注度高。国家应急测绘保障能力建设项目的实施对于提升应急测绘装备的整体水平意义重大。然而，从全面构建先进的现代应急测绘保障体系角度而言，还须进一步加强顶层设计，完善应急测绘工作机制，推进应急测绘队伍及人才培养体系建设。这就要求我们紧密围绕国家局领导关于应急测绘保障工作要"建机制、强能力、补短板、优服务"的总体要求，为进一步提升我国应急测绘保障能力作出不懈努力。

参考文献

［1］闵宜仁：《测绘应急保障：为幸福中国保驾护航——发挥优势　再接再厉　继续推进应急测绘保障工作》，《中国测绘》2013 年第 4 期。

［2］《全国应急测绘保障工作会议在京召开》，《中国测绘报》2017 年 3 月 2 日。

B.30
国家基础地理信息数据库
升级改造的思考

王东华　刘建军*

摘　要： 国家基础地理信息数据库作为基础测绘成果的核心组成部分，
　　　　　是国家经济建设、国防建设和社会发展的重要支撑。本文简
　　　　　要总结了当前国家基础数据库建设的现状与成就，并结合新
　　　　　时代新形势下的新需求，分析了现有数据库存在的不足，进
　　　　　而提出了数据库升级改造的基本思路，包括产品形式升级、
　　　　　数据模型升级以及管理服务平台升级等方面，为新型国家基
　　　　　础地理信息数据库建设提供参考。

关键词： 新型基础测绘　基础地理信息数据库　产品形式升级　数据
　　　　　模型升级　管理服务平台升级

一　我国基础地理数据库建设与更新进展

　　基础地理信息是国家空间数据基础设施的重要组成部分，是国家信息化
的权威、统一的定位基准和空间载体，是国家经济建设、国防建设和社会发
展中不可或缺的基础性和战略性信息资源，具有通用性强、共享需求大、行
业应用广泛等特点，在国家经济社会发展中发挥基础保障作用，可为国土规

---

* 王东华，国家基础地理信息中心副主任，教授级高工；刘建军，国家基础地理信息中心，高
　级工程师。

划、资源环境监测、防灾减灾、应急救援体系建设等提供重要基础，具有重要的应用价值和作用。

我国当前的基础地理信息数据库主要内容包括矢量地形要素数据库（DLG）、正射影像数据库（DOM）、数字高程模型数据库（DEM）、数字栅格地图或地形图制图数据库（DRG/DMD）等，也称为"4D"产品。经过三十多年的发展与建设，我国已经建成了覆盖全国、多尺度、全要素基础地理信息数据库，并实现了快速动态更新、多尺度联动更新。其中，全国1:100万、1:25万、1:5万基础地理数据库为国家级，由国家测绘地理信息局负责建设与维护；1:1万（或1:5000）比例尺数据库为省级，由各省、自治区、直辖市负责；1:2000、1:500比例尺数据库为市县级，由相应的市县负责建设和更新。

国家级数据库建设历经了试验研究、初始建库、全面更新、动态更新四个历史阶段，实现了"从无到有、从有到新、从新到优"的三步跨越式发展。自20世纪80年代中期开始，开展了技术研究和试验，建成了全国1:100万数据库；在"九五""十五"期间，完成了全国1:25万、1:5万数据库的初始建库；"十一五"期间，完成了国家基础地理数据的首次全面更新，并实现了1:5万尺度基础地理信息数据库的全国覆盖；"十二五"至今，国家基础地理信息数据库全面开展动态更新，每年更新一次、发布一版，使重点要素的更新频率达到1年，一般要素在2~3年实现更新。同时，建立了地形制图一体化的数据库，1:25万、1:100万数据库与1:5万数据库实现了年度联动更新。国家基础地理信息数据库的建设历程见表1。

近年来，省级1:1万基础地理信息数据库建设与更新加快推进，到2016年底已经覆盖全国陆地国土约60%的面积（见图1），大多数省、自治区、直辖市已实现全覆盖或必要覆盖，只有少数几个省份尚在积极争取早日完成1:1万基础地理信息的必要覆盖。

大多数省级基础地理信息数据库在"十五""十一五"期间完成了"初始建库"，基本上都是核心要素数据库，从已测制的地形图上进行数字化采

表 1   国家基础地理信息数据库建设情况一览

	初始建库	全面更新	动态更新
1:100 万	1994 年	2002 年	2014 年 2016 年
1:25 万	1998 年	2002 年 2008 年	2012 年 2013 年 2016 年
1:5 万	2006 年	2011 年	2012 年 2013 年 2014 年 2015 年 2016 年

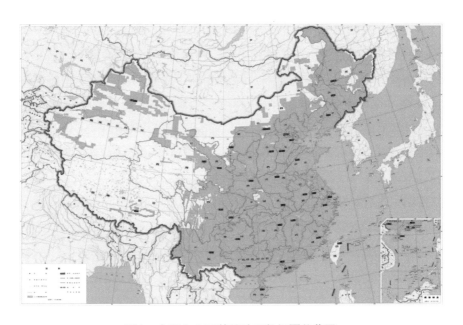

图 1   全国 1:1 万基础地理数据覆盖范围

集生产，现势性也普遍比较差。从"十二五"期间开始，全国省级 1:1 万
基础地理信息数据库建设及更新全面开展，1:1 万 DLG 数据库已基本上全
面更新替换为全要素，DOM 数据多为 0.5 ~ 2.5 米多分辨率正射影像，多个
省份还采用 Lidar 技术生产获取了全省 2 ~ 3 米间距的高精度 DEM 数据，有

10 余个省份已经实现了基础地理信息数据库的常态化更新，实现 1～3 年全面更新 1 次，重点要素一年甚至半年更新 1 次，数据库的现势性大幅提高。通过对 1∶1 万基础地理数据库的整合升级，实现了全国范围横向统一，以及与国家级数据库的纵向衔接。同时，通过"数字城市地理空间框架"建设，实现城市建成区 1∶500（或 1∶1000）、1∶2000 大比例尺基础地理数据基本覆盖，为建成全国一体的基础地理数据库奠定坚实的基础。

二 国家基础地理信息数据库升级改造的必要性

近年来，地理信息越来越成为信息社会的重要元素，随着地理信息产业的快速发展，基础地理信息数据库建设应该顺应国家重大发展战略需要，包括落实中央五大发展理念，实施"一带一路""走出去"、海洋开发、"互联网＋"、大数据等国家重大战略，全面实现小康与提升人民生活水平等。这对测绘地理信息特别是基础地理信息提出了更高的需求。

一是从对地图和数据产品的需求上升为对信息和服务的需求，要求面向行业或专业应用发展产品类型，并以信息产品和服务的方式提供与发布。

二是从对宏观需求逐步转变为对宏观微观双重需求，要求地理信息具有更高分辨率、更高精度、更详细的要素和属性内容。

三是要求拓展基础地理信息数据的覆盖范围，从国内拓展到全球范围、从陆地拓展到海洋、从地表拓展到地下和水下等多方面的基础地理信息。

四是对数据现势性要求达到年、月甚至实时的需求，要求根据应用需求，加快部分地区数据更新速度，平衡地区更新不一致的差距，并对应急救援等应用提供实时数据。

由上可以看出，整个经济社会发展对于基础地理信息的需求发生了翻天覆地的变化。我国的基础地理信息数据库建设虽然取得了重大的进展和成就，但与国家经济社会发展对基础地理信息的需求依然存在很大的差距，难以适应新形势下对基础地理信息全空间、全信息的迫切需要，优化升级势在必行。主要问题表现在以下几个方面。

一是产品模式及内容方面。目前，我国基础地理数据产品依然是"4D"产品，即数字线划地图（DLG）、数字高程模型（DEM）、数字正射影像（DOM）、数字栅格地图或制图数据（DRG/DMD），产品类型单一，要素内容也主要为地形图上表示的要素及属性，专业要素及属性不够丰富，可以满足用户的最基本需要，难以满足信息分析和决策支持等更高层次的应用需要。"4D"产品是美国 USGS 在 20 世纪 80～90 年代推出的产品形式，而国际上普遍按照国家空间信息基础设施（NSDI）中的框架数据（Framework）标准进行建设。框架数据是用户使用频率最高的共用数据，不单是地形图数据，包括测绘基准、地形地貌、正射影像、行政区界、地籍、交通、水系水文、土地覆盖、地名地址等，各个国家会根据应用需要加减不同的信息内容。美国政府通过国家空间数据协调委员会协调各部门，按照地理空间框架建立了上千要素层的国家地图（National Map）；英国也建立了跨部门、跨专业、高精度、全要素的综合地理数据库（Master Map）；印度的全国地理数据库由总理负责协调各部门共同完成，除了地形、地物和地貌要素外，加载了人口、经济和应急等方面要素及 300 多项属性；其他一些发达国家也在开展类似工作。

二是数据库建库的方式方面。目前我国基础地理信息数据库实行分级建设和管理维护。分级的方式是按照地形图比例尺，国家级负责 1∶100 万、1∶25 万、1∶5 万数据库，省级负责 1∶1 万或 1∶5000 数据库，地市级负责 1∶500、1∶2000 数据库。这种按照比例尺分别建库以及对要素内容进行综合取舍的方式，造成要素不全、精度降低，许多要素在不同的数据库中重复采集和存储，详细程度和精度不尽相同，还可能产生不一致或矛盾，给综合性的集成应用带来很大困难。实际上这种思维模式来源于传统的地图制图，在一张纸上要表示一个区域内的地理信息，必须要按比例尺并选取重要的要素。而作为地理信息数据库，一个地区没有必要按尺度建几个数据库，最好是建立一个内容最详细、精度最高、现势性最好的数据库，既避免了资金浪费，又方便应用。同时，由各专业部门负责建立各级、各类、各专题地理数据库，形成一个个多元异构、分散孤立的信息孤岛，难以实现共建共享、互联互通、协同服务。

三是在数据模型方面。空间数据模型是用计算机能够识别和处理的形式化语言来定义和描述现实世界地理实体、地理现象及其相互关系，是现实世界到计算机世界的映射。现实世界复杂多样，从不同角度、用不同方法去认识和理解现实世界，将产生不同的认知模型。如果建立数据库的目的和用途不同，描述地理实体和对象的空间数据模型也就不同，因此对地理要素的表现方式（如二维还是三维、矢量还是栅格等）、分类分级、地理实体、存储结构等会出现差异。当前的基础地理数据库还基本上沿用传统地形图的应用定位，即需要满足地图用户的通用性及基本需求，所以其数据模型也是基于这个视角来对地理要素的表现方式、分类分级、地理实体和关系等进行定义，难以自动转换到当前信息化时代的各种专业应用数据模型下，妨碍了数据的广泛应用。

四是在技术及管理方面。大范围地理信息的变化信息提取自动化程度不高，实际工程中仍以人工为主，生产效率难以进一步提高。另外，由于保密原因，基于"互联网＋"的新技术难以采用，基于泛在众包的新模式难以实现，进一步制约了更新技术的转型升级。在分级管理的体制下，存在规划、计划、资金、技术和标准等方面协同性困难，且各地经济发展不平衡，全国范围的数据建库和更新难以统一和同步，因此大大影响和制约了数据成果的应用价值，不能满足应用的需要。

三　数据库升级改造的基本思路

（一）总体思路

未来国家地理信息数据库的发展应该由国家测绘地理信息部门进行统筹，联合省、地、市、县测绘地理信息部门，并与各专业部门合作共同构建。新型数据库主要遵循"需求驱动、面向应用"的基本原则，按照"统

筹设计、融合建库、丰富扩展、云平台服务"的基本思路进行建设。

1. 统筹设计

深入调研分析，全面理清应用需求，突破原本按照地形图的设计模式，实行按需设计，要在统筹设计的基础之上统一技术标准。摒弃综合取舍和按比例尺制图思路，按需应采尽采、全面表达，实现最大比例尺基础地理信息无缝融合。同时，升级创新数据模型，从地理实体模型、三维数据模型和时空动态模型三方面建设新型地理信息数据库，建设成"全国统一、多尺度融合、多专题齐全"的数据库。最终通过云平台建设，实现测绘成果的共享，并为政府机构、专业部门和测绘应用提供统一的信息服务。

2. 融合建库

在纵向上，要实现全国统一、多尺度融合，改变按比例尺建库的技术模式，建立政务版（秘密版）和公开版两大类数据库以解决保密问题。国家、省、地市要按区域分工负责，避免重复。

在横向上，要形成综合型、各专题齐全的数据库，改变现有的产品分类模式，根据应用需要新增数据库产品类型。不同部门、不同项目要按照要素内容分工负责，避免重复工作。

3. 丰富扩展

要通过边境测绘、海洋测绘、全球测图等工作，扩展地理信息覆盖范围。另外，协同专业部门，丰富地理信息内容特别是专题要素信息。例如：可通过民政部地名普查成果，丰富综合地名地址信息；可通过水利部水利普查成果，丰富水系要素内容及属性信息；可通过国土部土地调查成果，丰富地表植被、土地利用等信息；等等。

4. 云平台服务

要从地理信息数据的静态版本提供走向动态信息服务发布，开展全国地理信息产品服务的模型与方法研究，深化对地理信息及其变化信息的发现、更新、发布及服务提供的认知，提出地理信息动态服务的理论模型与技术方法。

继而在云环境下，根据地理信息的时空大数据特点，实现并行计算框架下的海量地理信息数据高效计算、专业信息产品集成，构建支撑涵盖地理信息及其变化的更新、发布及应用服务计算与提供的新模式共享平台。

（二）产品形式升级创新

新型基础地理信息产品形式升级创新主要可体现为"纵向融合、横向整合、应采尽采与全面表达"。

1.纵向融合

突破现有基础地理信息按照比例尺划分的模式，将不再考虑比例尺、载幅量、综合取舍等规则和限制，继而通过将同一区域内的最大比例尺基础地理信息无缝融合，建立综合性、基础性的产品数据库。在具体应用时，在该数据库基础上，按照应用需求确定尺度、内容、精度等问题，通过技术手段快速派生出适合各行业的应用产品。

2.横向整合

突破现有基础地理信息数据产品类型单一，数据内容偏重地形图制图、不够顾及社会经济发展及各专业部门应用需求的专题数据的缺陷，发展融合交通、水利、管线、民政等多方面的数据，同时包含社会经济、人文信息等多方面属性信息的综合型基础地理信息数据库。

3.应采尽采与全面表达

突破原来制图思维下要素按比例尺进行综合取舍的模式，将符合指标的地理要素应采尽采，全面表达到新型基础地理信息数据库中。基于此，可实现提供真正的地理信息产品，取代以往数字化地图的形式。在各行业部门应用时，将不囿于现有的主体底图显示模式，升级到对地理信息的统计分析服务等的使用模式。

（三）数据模型升级创新

在传统地理信息数据模型基础上，结合新形势下对数据、产品和服务的需求进行创新，新型基础地理信息数据库建设将重点在"地理实体模型、三维数据模型、时空动态模型"这三个方面进行数据模型升级。

1. 顾及多种应用的地理实体模型升级

地理实体模型与应用需求紧密相关。在不同的应用需求下，应设计和采用不同的地理实体模型。以长江为例，在国家级、省级、城市级等不同级别河长制的应用需求下，"长江"这个地理实体对象也是各不相同的；同样，在航道管理、防汛预测、环境保护、地理研究等不同方向的应用需求下，"长江"这个地理实体对象也是不尽相同的。

按照"需求驱动、面向应用"的原则，充分调研分析各专业部门、各社会用户的应用需求，改变目前以满足通用需求和基本应用为主的产品定位，通过重新定义和设计新型的基础地理信息对象内容和模型规则，将以"点、线、面"要素为基本对象单元的简单地理实体模型升级为顾及多种应用需求的复合地理实体模型。进而可以根据不同的应用需要，基于相应的模型转换重组规则，就可便捷地进行转换和重组地理实体。

基于地理实体模型升级的地理信息数据库，其描述的地理实体更加符合人类对客观世界的认识和思维习惯，更易于被用户理解和接受。以地理实体为单位也更易将地理信息与社会经济和各类专业属性进行挂接，更有利于对地理实体进行相关操作和一体化管理。

2. 基于三维数据模型升级

传统基础地理信息数据库对现实世界中地理实体的空间表达主要侧重于二维坐标的描述，普遍缺乏第三维的高程信息。尽管数据高程模型可用于表达地球表面的地形起伏，但其高程信息与地理实体相分离。单一侧重二维或高程信息的表达与人在三维化信息空间中认识的现象不符，且难以对地表物体的多层高程信息及复杂的地下物体进行空间表达。

面向立体交通、地下管网、地质矿山、城市建设与管理等对空间物体三维信息的需求，结合现有地理信息数据库中的二维坐标信息和高程信息，迫切需要进行三维数据模型升级，发展新型的三维地理信息数据库。

基于三维数据模型升级的地理信息数据库，其描述的区域现象符合人们在多维化信息空间中认识现象的习惯，便于用户全方位地获取知识。这有利于高效地组织和管理三维空间数据，便于对区域对象的地上地下一体化管理，还可为地理信息真三维可视化提供重要基础。

3. 基于时空动态模型升级

传统基础地理信息数据库每更新一次均可获取一个完整数据版本，形成版本式或快照式数据库。然而，由于各个数据版本之间是静态的，难以建立版本之间的关联关系，不利于数据版本之间的对比和分析，这对面向各行业需求的时空地理数据分析与应用造成了阻碍。

基于时空动态模型的升级主要体现在以某一版本数据为基础，采用要素级多时态数据模型，按照时间顺序先后在基础数据版本上进行增加、删除或修改地理现象相关的位置和属性信息等，而这些操作所引起的变化将以增量形式也按时间顺序存储于原基础数据版本中（自 2012 年起，国家1:5万基础地理信息数据库已实现基于增量的动态更新和要素级多时态数据管理）。

基于时空动态模型升级的地理信息数据库，不仅能实现人们对地理现象的时间和空间信息的表达和建模，也能方便、快速地存储、管理时空信息。这对模拟和预测地理信息时空变化研究具有重要意义，也为自然环境和气候监测、灾害预警和应急等应用提供重要数据支撑。

（四）管理服务平台升级创新

在传统基础地理信息数据库建设过程中，不同尺度、不同专题数据往往由各级各部门分别建设，不仅易造成重复建设、资源浪费，而且还易导致信息冗余和不一致等问题。同时，由于缺乏统一的数据库模型设计和系统平台设计，对于数据库系统升级、数据表的维护需要耗费大量人力物力，造成了各级各类数据库多元异构、分散孤立，难以共建共享、互联互通和协同服务的现状。

管理服务平台升级主要体现在采用云平台为基础架构，将计算机网络上的各种计算资源进行统一管理和动态分配，并建立高速通道，提高存储和计算能力利用率，并以数据为中心，以虚拟化技术为手段，利用 SOA 架构为各行业用户提供安全、可靠、便捷的数据及应用服务。

基于地理空间数据服务云平台的新型基础地理信息数据库建设概念图见图 2，在地理信息云平台基础上，将不同尺度、不同类型的基础地理信息数据库由各测绘部门按照统一标准进行建设和维护，通过地理空间数据云平台实现测绘成果的共享，改变目前各级、各类数据库分割、孤立的现状，并为政府机构、专业部门和测绘应用提供统一的服务，包括数据服务、地图服务、基于多源数据的挖掘、统计分析服务等。

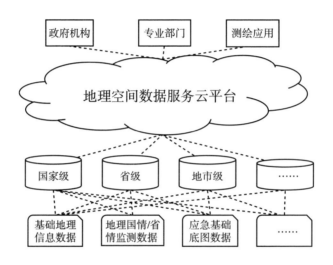

图2　基于云平台的新型基础地理信息数据库建设概念示意

四　总结

经过三十多年的努力发展，我国在基础地理信息数据库建设方面已取得了显著成绩，建立了多尺度、多类型、多版本高度集成的国家基础数据库，并形成了一整套数据库建库与更新技术体系。但随着国际国内信息化的快速发展，国民经济建设各行业对基础地理信息提出了新需求。

针对这些需求，本文从现有基础地理信息数据库存在的不足出发，简述了其在产品模型、更新技术、生产实施和管理服务方面的限制，基于"需求驱动、面向应用"的基本原则，按照"统筹设计、融合建库、丰富扩展、云平台服务"的基本思路，提出了国家基础地理信息数据库升级改造的初步设计内容，包括"纵向融合、横向整合、应采尽采与全面表达"的产品形式升级、基于"地理实体模型、三维数据模型、时空动态模型"的数据模型升级，以及基于云平台的管理服务平台建设升级等。

这一系列升级改造将有助于优化基础地理信息数据库建设的技术模式、生产组织模式和信息服务模式，促进新型基础地理信息数据库体系构建和基础测绘转型升级，有利于提升我国基础测绘成果的应用服务水平，为国家经济建设和社会发展提供更好的测绘保障服务。

参考文献

［1］国家测绘地理信息局：《全国基础测绘中长期规划纲要（2015～2030年）》，2015。

［2］刘建军、吴晨琛、杨眉、杜晓、刘剑炜：《对基础地理信息应需及时更新的思考》，《地理信息世界》2016年第2期。

［3］蒋捷、陈军：《基础地理信息数据库更新的若干思考》，《测绘通报》2000年第5期。

［4］刘建军：《国家基础地理信息数据库建设与更新》，《测绘通报》2015年第10期。

［5］李德仁、王艳军、邵振峰：《新地理信息时代的信息化测绘》，《武汉大学学报》（信息科学版）2012年第1期。

［6］王东华、刘建军：《国家基础地理信息数据库动态更新总体技术》，《测绘学报》2015年第7期。

［7］王家耀：《空间数据自动综合研究进展及趋势分析》，《测绘科学技术学报》2008年第1期。

［8］许俊奎、武芳、钱海忠：《多比例尺地图中居民地要素之间的关联关系及其在空间数据更新中的应用》，《测绘学报》2013年第6期。

［9］陈军、王东华、商瑶玲、廖安平、赵仁亮、刘建军、朱武、李力勐：《国家1:50000数据库更新工程总体设计研究与技术创新》，《测绘学报》2010年第1期。

［10］刘建军、赵仁亮、张元杰、李雪梅、刘建炜：《国家1:50000地形数据库重点要素动态更新》，《地理信息世界》2014年第1期。

［11］商瑶玲、赵仁亮、刘建军：《国家 1∶50000 基础地理信息数据库更新工程》，《地理信息世界》2012 年第 1 期。

［12］刘东琴：《地理实体数据库构建研究》，山东科技大学学位论文，2010。

［13］季晓林：《地理实体的多态特征研究》，《测绘科学技术学报》2014 年第 3 期。

［14］龚健雅、夏宗国：《矢量与栅格集成的三维数据模型》，《武汉测绘科技大学学报》1997 年第 1 期。

［15］龚健雅、李小龙、吴华意：《实时 GIS 时空数据模型》，《测绘学报》2014 年第 3 期。

［16］张元杰、刘建军、刘剑炜、赵仁亮、吴晨琛：《要素级多时态地形数据库建库与管理技术设计》，《地理信息世界》2014 年第 1 期。

履行管理职责　助力北斗应用

阮于洲　王　维　王晨阳*

摘　要：　本文通过深入分析国家对北斗发展应用的布局以及北斗系统建设和应用的现状，研究测绘地理信息部门在推动北斗系统应履行的职责和目前的局限性，并以新《测绘法》赋予测绘地理信息部门的管理职责作为切入点，提出从公共服务、军民融合、安全管理、标准规范、"走出去"等方面，由测绘地理信息部门主导和推动北斗系统应用的对策措施。

关键词：　北斗　应用　测绘法　管理职责　对策措施

北斗卫星导航系统（以下简称"北斗"）是我国自行研制的全球卫星导航系统。国家对北斗系统建设高度重视。习近平总书记指出，"推进北斗系统建设和应用势在必行，要统筹规划，协调机制，排查隐患，完善法律，早日实现卫星导航系统自主可控"。2014年6月，习近平总书记指出，北斗导航等工程技术成果为我国作为一个有世界影响的大国奠定了重要基础。自从2012年北斗系统形成覆盖亚太的服务能力以来，已经在各行各业得到广泛应用，产业化发展方兴未艾，成为我国对外合作交往的一张靓丽名片。测绘地理信息部门作为推进北斗系统应用的政府部门，有职责按照新《测绘法》

---

* 阮于洲，国家测绘地理信息局测绘发展研究中心，副研究员；王维、王晨阳，国家测绘地理信息局测绘发展研究中心。

要求，切实履行职责，明确定位，找准突破口和着力点，发展壮大北斗产业，推进北斗应用。

一 国家对北斗发展应用的布局

国务院及国家相关部委相继出台规划和政策，为北斗系统的整体建设和各行业的深入应用提供了保障和指引。国务院于2013年9月印发的《国家卫星导航产业中长期发展规划》，作为指导北斗系统建设和应用的纲领性文件，明确提出"到2020年产业规模超过4000亿元，对国内卫星导航应用市场的贡献率达到60%"，以及"完善导航基础设施、促进行业创新应用、突破核心关键技术、扩大大众应用规模、推进海外市场开拓"。此外，国务院印发的《关于促进信息消费扩大内需的若干意见》《"十三五"国家信息化规划》《"十三五"国家战略性新兴产业发展规划》《"十三五"现代综合交通运输体系发展规划》也都对加强北斗系统的建设和应用进行了要求和部署。

国家发展改革委、财政部、交通运输部、工业和信息化部、国家海洋局、国家测绘地理信息局以及军队相关部门等也积极采取措施，推动北斗系统应用，形成了包括《战略性新兴产业重点产品和服务指导目录（2016版）》《关于组织开展北斗卫星导航产业重大应用示范发展专项的预通知》《推进"互联网＋"便捷交通，促进智能交通发展的实施方案》《"一带一路"建设海上合作设想》《无线电管理条例》《交通运输部关于在行业推广应用北斗卫星导航系统的指导意见》《国家测绘地理信息局关于北斗卫星导航系统推广应用的若干意见》《卫星测绘"十三五"发展规划》《中国人民解放军卫星导航应用管理规定》等在内的政策体系。与此同时，相关部门正积极推动"卫星导航条例"立法。力图通过这些举措，加快北斗系统建设速度，拓展北斗系统应用的广度和深度，完善北斗系统建设和应用的法规政策环境。

二　北斗系统建设和应用现状

北斗系统建设实施"三步走"战略。第一步，在2000年建成北斗试验导航卫星系统；第二步，在2012年建成区域导航系统；第三步，2020年前完成全球部署，建成由静止轨道卫星及非静止轨道卫星组成的全球覆盖的北斗系统。目前，前两步已实现，我国已同美国、俄罗斯一起成为拥有自主研制的卫星导航定位系统的国家，并已建成由23颗在轨卫星和32个地面站天地协同组网运行的北斗二代导航系统，标志着北斗系统初步具备区域导航、定位和授时能力，定位精度10米，测速精度0.2米/秒，授时精度10纳秒，服务区域覆盖亚太地区。

（一）地基增强系统

北斗地基增强系统由中国卫星导航系统管理办公室、交通运输部、国土资源部等部门统一规划，由中国兵器工业集团公司负责建设。一期工程于2014年9月启动，至2017年6月已建成150个框架网基准站和1269个区域加密网基准站，以北斗为主兼容其他系统，具备在全国范围内提供服务能力，达到国外同类系统技术水平。二期工程预计于2018年完成，主要进行区域加强密度网基准站的补充建设，实现北斗系统的全面服务能力。中国兵器工业集团和阿里巴巴集团合资成立千寻位置网络有限公司，建立高精度位置云服务平台"千寻云踪"，形成系列高精度服务产品，涵盖实时米级、分米级、厘米级，后处理毫米级高精度定位服务。

（二）数据中心

国家北斗导航位置服务数据中心由中国卫星导航定位应用管理中心和国家信息中心共同建设，数据包括各类导航系统数据、基础资源数据，以及各类用户的实时、海量导航应用数据。自2013年6月项目启动后，与国家十余个行业、十余个省级政府签订了数据分中心战略合作协议，2016年形成

了运行总体方案和建设总体方案。截至 2017 年 1 月，湖南、山西、四川、天津、广西、青岛等地的分中心建设也全面展开。

（三）对外合作与推广

在 2014 年 6 月举行的中阿合作论坛第六届部长级会议上，习近平主席提出北斗系统落地阿拉伯项目倡议。2016 年 1 月，习近平主席出访沙特、埃及期间，中国也分别与阿盟和沙特完成了卫星导航领域合作谅解备忘录的签署。此外，国家有关部门也正在稳步推进北斗系统"走出去"，与相关国际组织、全球其他卫星导航系统（美国 GPS、俄罗斯格洛纳斯、欧洲伽利略系统）广泛开展了兼容性与互操作性等方面的合作。尤其是中俄已在各自境内互建 3 个地面站，以提升在对方国家境内的精确导航能力。而北斗作为第三个被国际海事组织认可的全球卫星导航系统，也已经被国际民航组织认可为核心星座，成为国际移动通信标准支持的全球卫星导航系统。此外，我国也积极与巴基斯坦、阿联酋、泰国、东盟等国家和地区组织开展北斗系统的建设与应用合作，并将北斗系统逐渐打造为我国开展对外合作的重要名牌。

（四）产业园区

北斗系统相关软硬件生产和应用服务对技术、资源和市场有较高要求，决定了聚集了以北斗产业链上下游相关产品和服务为主营业务的众多企业的产业园区只能落户少数有雄厚技术研发实力、产业基础和广阔市场前景的地区和城市。基于此，近年来国内北斗产业园区已形成环渤海、珠三角、长三角、华中和西部川陕渝五大聚集区，截止到 2017 年年中，各地上马的"北斗产业园"就已达 35 个，主要的发展模式大致分为部地合作、政企合作、政校合作、国际合作等方式。

（五）系统应用

当前北斗系统已经在各个行业领域得到广泛深入的应用。交通运输与车辆监管方面，基于北斗系统的公交车、出租车、"两客一危"车辆、渣土车、公车、校车、网约车、内河轮渡监控已经相当普遍。物流电商平台的北斗导航定位、海洋灯塔的北斗守护、远洋船舶的北斗通信等应用层出不穷。农业生产方面，北斗系统广泛应用，并且逐渐渗透到土地深松、起垄播种、作物收割、秸秆还田等农业生产传统工序，其中涉及的高精度定位导航、北斗无人驾驶、系统智能监管等一系列新兴技术及应用，加速了传统农业向现代化农业过渡的步伐。林业方面，北斗系统终端得到了广泛应用，实现了森林火情、病虫害灾情、资源储量变化等的实时采集和上报，实现了"数字林场"。公安方面，警车、警务对讲机、警务平台等各类警用设备中具有卫星定位功能的比例超过 50%，使得这一系列硬件及装备的定位更为精准，信息传输更为安全，有效地提高了工作效率。电力方面，广泛应用于偏远地区、无通信信号覆盖区域的北斗抄表设备，则借助北斗系统独有的短报文功能解决了电力数据采集难题。特殊人群关爱方面，北斗系统的导航定位、短报文等功能也为老人、儿童、残疾人等各类特殊人群成功搭建了来自太空的"保护伞"。应急预警方面，基于北斗系统的应急报灾系统可以第一时间进行灾情上报、应急求救。食品安全方面，基于北斗系统实现了食品安全的追溯查询。

三　测绘地理信息部门推动北斗应用的职责和现状

（一）职责

新《测绘法》明确阐述了测绘地理信息部门作为北斗系统应用主管部门的地位与职责。其中，第 12 条要求测绘地理信息部门建立起统一的卫星导航定位基准服务系统，并提供导航定位基准信息公共服务，第 13 条要求测绘地理信息主管部门加强对卫星导航定位基准站建设的备案管理，第 14 条要求"测绘地理信息主管部门加强对卫星导航定位基准站建设和运行维护的规范和指导"。以上法律条款直接赋予了测绘地理信息部门管理卫星导航定位基准站的职责，基于卫星导航定位基准站这一基础设施在北斗系统应用中的核心地位，测绘地理信息部门被赋予管理北斗系统应用的基本职责是毋庸置疑的。此外，北斗系统应用的关键是地理信息的获取和应用，理应属于测绘活动，按照国家测绘地理信息局"监督管理测绘成果质量和地理信息获取与应用等测绘活动"的职责规定，其应当被纳入测绘地理信息监督管理范畴。

（二）现状

北斗系统对于测绘地理信息部门而言，具有技术和产业双重属性。在技术属性方面，北斗系统为取代目前的全球定位系统（GPS），实现我国测绘地理信息生产服务体系的完全自主、安全、可控提供了技术条件。在产业属性方面，北斗系统的逐渐完善和广泛应用，形成了基于自主可控技术的北斗产业链条。针对这两种不同属性，北斗系统及其广泛应用衍生的北斗产业迫切需要相关政府部门通过政策加以规范和引导。

近年来，测绘地理信息部门一直从技术属性的角度对北斗系统进行管理和应用，这可以从出台的系列政策性文件和规划中得到佐证。例如，《国家测绘地理信息局关于北斗卫星导航系统推广应用的若干意见》（国测办发〔2014〕8号），作为专门针对北斗应用出台的文件，从其提出的"着力加强'北斗'推广应用的统筹协调、着力加快'北斗'地面基础设施建设、着力加强'北斗'应用科技创新、着力支持'北斗'相关企业发展、着力推动'北斗'行业应用"等任务来看，也是将重点放在了北斗的测绘应用上。《测绘地理信息事业"十三五"规划》尽管对推进"北斗"的产业化发展、推动"北斗"走出去进行了部署，但缺乏具体的政策措施和行动。《测绘地理信息科技发展"十三五"规划》对"十三五"科技创新的部署仅有两处提到了"北斗"，并且都不是针对北斗应用创新的专题部署。《测绘地理信息标准化"十三五"规划》则完全没有提到"北斗"。

测绘地理信息部门充分挖掘北斗系统的技术潜力固然重要，但其作为推进地理信息产业发展的主管部门，推动北斗应用的产业化发展也是义不容辞的责任。但是长期以来，推广北斗系统应用作为地理信息产业发展的重要内容，并没有得到足够重视和实施，这很大程度上是由于测绘地理信息及其他相关部门在协同推进北斗系统应用过程中的责任定位不够明确造成的，导致缺乏相应的战略规划和顶层设计，无法出台有效的管理政策，对相关标准的制定更无从下手。由此导致了北斗系统应用目前呈现"小、散、乱"的局面，极不利于我国北斗系统应用的产业化、规范化、标准化、有序化发展。

四　推动北斗系统应用的对策措施

测绘地理信息部门应当以新《测绘法》颁布实施为契机，在姿态上要变被动为主动，以北斗应用行业主管部门的角色定位，大胆举旗亮剑，按照习近平总书记"统筹规划，协调机制，排查隐患，完善法律"的相关要求，主动履行"北斗"产业化指导和监管责任，从公共服务、军民融合、安全管理、标准规范、"走出去"等方面着手，推进北斗系统应用向市场化、国际化方向发展。

（一）从公共服务入手

《测绘法》第 12 条明确规定了各级测绘地理信息主管部门应与各级政府有关部门，依据统筹建设、资源共享的原则，建立起统一的卫星导航定位基准服务系统，并提供相应的公共服务。因此，依据新版《测绘法》，导航定位基准信息公共服务是测绘地理信息公共服务的重要组成部分，是测绘地理信息部门的基本职责。而在构建现代化测绘基准体系的过程中，技术上，要从依赖其他卫星导航系统向我国自主可控的北斗系统转移，管理上，要按照国家关于深化供给侧结构性改革、增加公共服务供给的相关要求，增强测绘地理信息部门公共服务职责，切实搞好规划、制定标准、促进竞争、强化监管，不断创新公共服务提供方式，更好地发挥市场机制作用，通过委托、承包、采购等方式，增加公共服务供给。

（二）从军民融合入手

目前，北斗系统的基础建设和应用推广仍由军方主要推动。涵盖北斗系统的空间段、地面段的基础设施和软硬件设备的投资建设，北斗系统运行维护管理，相关领域生产企业的监督管理，应用层面的基础标准和设施建设等。按照国家对军队改革和军民融合的要求，军队进一步聚焦"能打仗、打胜仗"，地方则要注重在经济建设中贯彻国防需求。在此大背景下，应当将北斗应用作为测绘地理信息领域军民融合的重要领域，合理划分北斗系统军用和民用的管理职责，充分发挥测绘地理信息部门作为行政主管部门在推动北斗系统产业化发展中的法定职责和优势条件。

（三）从安全管理入手

卫星导航定位基准站的建设和应用不可避免会对国家安全带来影响。新《测绘法》对此作出了明确规定，即在卫星导航定位基准站的相关建设和运行全过程中，必须要有明确的数据安全制度作为保障，并在保密法律、行政法规的约束范围内施行。因此，加强北斗系统应用的安全管理，是《测绘法》赋予测绘地理信息部门的重要职责，是测绘地理信息部门加强北斗应用管理的重要切入点。当前，为贯彻落实党中央、国务院要求和《测绘法》有关规定，国家测绘地理信息局已经开展了安全风险排查和基准站调查工作，并制定了相关备案办法及数据管理规定，对促进基准站规范建设和安全应用起到重要作用。针对目前北斗增强系统建设和应用情况，测绘地理主管部门下一步应与相关单位联合开展专项排查整治工作，从根本上消除安全隐患。同时按照《测绘法》的要求，指导做好基准站备案工作，加强运行过程中的动态监管，切实保障国家信息安全。

（四）从标准规范入手

由于缺少国家层面的宏观协调，北斗系统的应用端仍存在建设缺失和滞后，尚未形成统一的技术标准，关键器件的生产采购长期无法集中，维护不便、互不兼容,这一系列因素都阻碍了北斗系统应用的正常推广,从而使北斗应用产业链和规模化市场难以形成。测绘地理信息部门近年来积极推进基准站相关标准建设,推进两项基准站国家标准立项。下一步,应当积极主动履行北斗应用主管部门的角色,推动北斗系统应用服务标准化工作,加快相关国家标准研制,积极参与国际相关标准制定,为北斗系统的广泛应用奠定基础。同时按照《测绘法》的相关规定加强北斗系统应用标准规范的监督管理。

(五)从"走出去"入手

当前,北斗系统已经在"走出去"的道路上迈出了坚定的步伐。国家测绘地理信息部门作为行业主管部门,有必要按照中央领导要求,将推进北斗系统应用"走出去"作为测绘地理信息"走出去"的重要内容进行部署。加强同外交、商务、科技以及军队相关部门的沟通协调,在推进北斗全球化的总体思路方面取得基本共识。统筹设计北斗系统应用产业化发展的战略目标、实施路线图和时间表,搞好国际应用典型示范,逐步推动国际市场布局,打造北斗系统应用国家名片。积极为相关企业参与金融融资平台以及我国援外资金项目管理部门的沟通,为企业参与"一带一路"建设获得相关的融资支持牵线搭桥。定期举办各类培训班、研讨班等,加强对企业"走出去"的培训,对龙头企业给予重点支持,并通过聚合资源,推动相关企业以团队方式"走出去",参与国际竞争。

参考文献

[1] 毛凌野:《须从规矩成方圆:推进北斗立法建设——第九届中国北斗卫星导航应用高峰论坛举行》,《卫星应用》2017 年第 2 期。

[2] 贺航海:《北斗系统发展的思考》,《科技经济导刊》2017 年第 6 期。

[3] 刘恺、周萌、翁祖泉:《北斗地基增强系统建设中的问题和建议》,《数字通信世界》2015 年第 8 期。

［4］ 杨刚：《北斗地基增强物联网价值研究以及在社区商圈建设中的应用》，载中国卫星导航系统管理办公室学术交流中心《第六届中国卫星导航学术年会论文集—S01 北斗／GNSS 导航应用》，中国卫星导航系统管理办公室学术交流中心，2015。

［5］ 李冬航、曹冲：《冲向跳板的中国卫星导航与位置服务产业》，《数字通信世界》2012 年第 2 期。

［6］ 吴海玲、高丽峰、汪陶胜、李作虎：《北斗卫星导航系统发展与应用》，《导航定位学报》2015 年第 2 期。

［7］ 付勇、马冬、黄建华、莫中秋：《推进国家北斗数据中心建设的几点思考》，《卫星应用》2017 年第 5 期。

［8］ 《中国卫星导航与位置服务产业发展白皮书》（2016 年度），中国卫星导航定位协会，2016。

［9］ 刘恺、周萌、翁祖泉：《北斗地基增强系统建设中的问题和建议》，《数字通信世界》2015 年第 8 期。

［10］ 彭沫：《基于北斗卫星的星基增强系统完好性关键技术研究》，沈阳航空航天大学学位论文，2017。

空间地理大数据建设实践若干思考

李爱勤　龚丽芳　陈张建*

摘　要： 当前，运用大数据推动经济转型升级、完善社会治理、提升政府服务和管理能力已成为趋势。作为经济社会信息的重要载体，空间地理大数据的重要性不言而喻。本文重点介绍了浙江空间地理大数据建设的背景、基础、需求以及主要建设思路，并通过空间地理大数据的建设实践探讨了现有测绘地理信息生产服务体系创新的方向与途径。

关键词： 空间地理　生产服务　一体化　大数据中心

2016年10月9日下午，中央政治局集体学习，关注"实施网络强国战略"话题。习近平总书记发表了重要讲话，作出重要判断，并明确要求："我们要深刻认识互联网在国家管理和社会治理中的作用，以推行电子政务、建设新型智慧城市等为抓手，以数据集中和共享为途径，建设全国一体化的国家大数据中心，推进技术融合、业务融合、数据融合，实现跨层级、跨地域、跨系统、跨部门、跨业务的协同管理和服务。"空间地理大数据作为国家空间信息基础设施的重要组成部分，是经济社会信息的重要载体，是各种专业信息共享、交换、集中、协同的媒介和公共基础，是新型智慧城市建设的重要基础设施。

---

* 李爱勤，教授级高工，浙江省测绘科学技术研究院院长；龚丽芳，高级工程师，浙江省测绘科学技术研究院副院长；陈张建，高级工程师，浙江省测绘科学技术研究院科技培训部主任。

浙江是互联网和信息经济大省，网民数量、网站数量和互联网普及率均居全国前列；电子商务交易额多年来一直在全国名列前茅，全国有80%左右的网络零售、70%的跨境电商出口，还有60%的企业之间的电商交易都是依托浙江的电商平台来完成的。近年来，浙江大力发展信息经济，信息经济已经成为浙江经济增长的新引擎。通过在全国率先推进电子政务"四张清单一张网"建设、"最多跑一次"等"放、管、服"改革工作，"互联网＋"已成为浙江政务服务创新的核心动力，以大数据为支撑的智慧政府体系正在逐渐形成。为进一步促进全省大数据的发展和应用，2016年2月18日浙江省人民政府印发《浙江省促进大数据发展实施计划》（以下简称《大数据发展实施计划》），将"空间地理大数据应用示范工程"（以下简称"工程项目"）列入18项示范工程之一，明确要求省测绘与地理信息局负责牵头开展项目建设工作。同时，《大数据发展实施计划》将空间地理大数据建设列入"政府基础信息资源库建设示范工程"，要求：基于统一的电子政务云平台和数据交换共享平台，建设完善全省人口、法人单位、自然资源和空间地理、宏观经济基础信息数据库，实现数据采集"一数一源"，数据资源汇聚整合、实时共享和规范利用，明确省测绘与地理信息局配合省政府办公厅开展相关建设工作。

一 空间地理大数据的建设基础

经过近40年的发展，浙江省测绘与地理信息事业在基础地理信息覆盖、地理空间数据交换和共享、地理信息服务保障等诸多方面不断改革创新，已经取得了较好成绩，为空间地理大数据的建设奠定了良好的基础。

（一）交换共享体制机制初步形成

2010年，率先在全国出台省级地方政府规章《浙江省地理空间数据交换和共享管理办法》（以下简称《办法》），明确规定政府有关部门、有关国有企事业单位在履行公共管理、公共服务职责过程中产生的地理空间数据应当实行交换和共享，同时鼓励其他单位将合法拥有的地理空间数据参与交换和共享，将地理空间数据交换和共享纳入法制化轨道。同时，配套出台了《浙江省地理空间数据交换和共享平台管理应用规定》，为地理空间数据交换、共享和应用保驾护航。截至 2016 年 12 月，通过《办法》汇交以及不在《办法》汇交之列的有关部门和单位总数达到 41 个部门，收集的地理空间原始数据 214 类，经整合，形成共享数据 258 类、2459 个图层，数据总量达 46TB。

2014 年，浙江政务服务网的启动建设，迫切需要一套现势性高、精准的地理信息数据提供便民服务，虽然省交换平台汇聚了全省 41 个有关厅局的信息数据，但也存在数据收集及更新被动、单向共享等问题。浙江省测绘与地理信息局从 2015 年初就积极筹划，开展政务地理信息资源报送系统的研发工作，探索建立"政府主导、部门参与、测绘审核"的政务地理信息资源采集共享模式，这种将离线数据共享转变为在线数据的共享模式，不仅提升了浙江省地理空间数据交换、共享和服务能力，也为空间地理大数据的建设提供了公益、基础、权威的地理空间信息汇聚通道。目前这套模式已经在全省落地，省、市、县三级联动政务地理信息资源报送、审核、发布和共享机制初步形成。

（二）空间地理数据资源丰富

1. 基础地理信息资源不断丰富

完成了全省陆海统一的似大地水准面模型建设与精度评估工作，综合评定精度达到 ±3.3 厘米；建设和动态更新 1∶500、1∶2000、1∶10000 的数字化 4D 产品（DLG、DEM、DOM、DRG），从高分辨率到中分辨率的航天航空影像数据、三维地理信息数据、地下综合管线数据、海洋基础地理信息数据、平原区域的雷达点云数据，以及部门交换共享的专题地理信息数据。

2. 地理国情普查资源完成省、市、县覆盖

通过第一次全国地理国情普查，形成一整套国家级、省级和县市级三级普查成果，地理国情信息数据库已经建成，包括地表覆盖数据库、地理国情

要素数据库、遥感影像库、遥感影像解译样本库、地形地貌库、统计分析成果数据库、地理省情库等，地理国情信息数据库总数据量已达 60TB。

3. 具有覆盖省、市、县的地名地址、POI 数据

地名、地址库依托省交换平台，以基础测绘、省公安厅交换共享和市县数字城市建设的地名地址为重要数据来源，以省民政厅公开发布的地名变更信息为补充，利用多源更新技术建立了省级地名地址库，地址库接近 1 亿条，现已进入常态运维。各县市以大比例尺地形数据为基础建立了市县地名地址库并依托数据城市更新运维建立了动态更新机制。省级 POI 库于 2008年建成，建成后依托基础测绘、媒体采编、导航公司 POI 整合、数字城市地名地址 POI 成果整合等方式不断更新。

4. 物联网传感器数据资源得到初步应用

在全省数字城市地理空间框架建设项目中已获取了街景、三维激光数据、无人机数据、高光谱数据、水下地形数据等多种传感器数据，与此同时，物联网传感器的应用也开始作为行业部门获取实时信息的主要途径和手段，已渗透到诸如安保、交通、水利、环境保护、气象甚至文物保护等行业和领域。这些先进技术应用的成果，也进一步丰富了空间地理大数据的内容。

（三）地理信息服务能力显著提升

"十二五"以来，省、市、县数字城市地理信息公共服务平台陆续建成，提供了不同比例尺的矢量电子地图数据，同时依据国家"天地图"的图式表达规范要求生成栅格瓦片地图数据，对外提供 Web 地图服务。数字城市地理信息公共服务平台正逐步向智慧城市时空信息云平台升级推进，天地图也正在推进省、市、县数据融合，解决不同比例尺的一致性问题。部分测绘与地理信息部门以"应用为导向"，提供了多样化的电子地图产品，设计了面向不同行业应用的专题矢量地图模板。面对移动智能手机的爆发式发展，省、市、县三级测绘与地理信息管理部门推出了移动端地理信息公共服务平台和天地图。

（四）运营保障环境基本建立

"十二五"期间，全省已经完成全部（区）市数字城市地理空间框架的建设，形成了省、市、县三级垂直分布的数据交换通道。这些交换通道大多数采用传统的 IT 架构技术，建立了独立机房等基础设施，部分条件较好的县市开展私有云基础设施建设，能够支撑以基础地理信息为基础框架的分布式地理空间数据库和纵向贯通、横向互联的网络化数据交换共享体系与地理信息公共服务平台的稳定运行。与此同时，全省"电子政务＋"建设率先在全国引入阿里巴巴云计算技术，初步形成了一套包括云主机、云存储、云计算、云网络、云安全一体化的软硬件基础设施，能够支持省、市、县三级电子政务资源的全面整合，实现了电子政务应用部署的灵活性与运行维护的简化性。

二　空间地理大数据的建设需求

对照全省大数据的应用需求，各行各业对空间地理大数据应用的需求主要聚焦在四个层面：一是需要丰富的地理信息资源，按需索取；二是能够快速将行业信息空间化，提供空间扩展支持；三是随时随地提供各类信息资源并可视化；四是通过深层的清洗、挖掘和分析，与其他部门数据和社会数据进行关联分析，提供各类知识决策服务。

（一）经济社会大数据应用对空间地理资源的需求

随着智能手机、智能穿戴设备、各类物联网传感器的快速应用和发展，人类经济社会发展进入了信息爆炸的时代。各级政府及部门、企事业单位既是经济社会大数据的权威、主要生产者，也是经济社会大数据的主要应用需求者。任何时刻，经济社会活动中人、事、物都在不断产生各类空间数据，由于空间数据的基础性、可视化表达的直观性等因素，是其他信息表达方式难以替代的，吸引了各级政府及部门及企事业单位、公众纷纷依托空间地理大数据构建各类应用。

（二）海量专题信息资源快速空间化需求

全省卫生、教育、商务等各行业部门已经积累了很多海量的专题数据，如人口、法人、经济、信用等基础数据，但这类数据绝大部分信息没有得到空间化，缺乏数据的空间关联能力，难以满足行业海量专题信息的空间化需求，需要空间地理大数据平台提供快速空间化的能力，实现海量非空间信息的快速落地需求，为大数据清洗、整合提供支撑，推动专题数据跨行业的交换共享。

（三）空间分析挖掘应用的支撑需求

各行业部门积累了大量的空间地理信息与专题信息资源，如财政、水利、环保、国土、交通等，在缺少空间数据和其他领域数据的支持下，单纯利用这些行业、部门单一分布式存储的资源难以构建专业的数值计算模型，难以挖掘数据的内在价值。因此，需要构建一个共享的、开放的、可伸缩的空间地理大数据环境和平台，实现空间地理大数据资源的知识化，使各类专业、资深的用户能够在平台上浏览数据、选取各类空间地理原始数据，甚至可以上传本部门的相关数据，再实现数据的标准化、归一化，并在平台上进行计算模型和知识库的定制，提升数据的空间分析挖掘能力，为经济社会的精细管理与科学决策提供有力依据。

（四）可视化应用的深层次定制需求

目前，政府各部门以空间地理大数据为基础的展示越来越受到关注，与之对应的应用项目不断增加，数据种类与来源也更为广泛，需要展示内容的要求也逐步提高。通过地图这一可视化的载体，将枯燥、乏味的数据转换为生动、活动、直观、可视化的图表、动画等成果，展示大数据本身及其分析挖掘的结果，通过直观地传达对象的关键方面与特征，从而实现对人文现象、社会现象、自然规律及其之间联系的深入洞察，为经济社会的精细管理与科学决策提供有力支撑。

三 空间地理大数据的建设目标与主要内容

（一）建设理念

以数据资源为核心，以推行智慧城市时空基础设施建设为抓手，统筹建设全省一体化的空间地理大数据中心；以省统一的交换共享为途径，归集整合全省空间地理大数据，实现跨层级、跨地域、跨系统、跨部门、跨业务空间地理大数据的融合；以统一的电子政务云平台和"三级中心，五级接入"交换平台为依托，实现纵向到底，横向到边；以资源可定制、信息可关联、数据可分析、知识可呈现为突破口，实现地图服务向信息服务、知识服务的转变。

（二）建设目标

通过高效归集、有效整合全省各级基础地理信息数据，及时汇聚各类与空间位置相关的专题地理信息，建立空间地理大数据库；基于统一的电子政务云平台，利用物联网、云计算、大数据、地理信息集成等新一代信息技术，构建开放、共享的空间地理大数据云平台；建成全省一体化的空间地理大数据中心，为政府、企业和公众提供时空信息数据资源和云平台服务，使空间地理大数据成为省大数据基础平台中一个基础性的、不可或缺的组成部分。提升空间地理大数据的分析和挖掘能力，实现空间地理大数据在社会治理新模式中的广泛应用，为政府治理能力的全面提升提供空间资源和空间能力支撑。

（三）建设内容

主要建设内容包括：空间地理大数据库、空间地理大数据云平台、空间地理大数据云基础设施，以及支撑项目建设运行的标准规范体系、政策法规体系和智慧服务体系。

1. 建成空间地理大数据库

全面归集、整合全省基础地理信息、政务地理信息、多源遥感影像、地名地址、地理实体、卫星导航定位、地理国情监测、城市三维模型、地下空间等各类数据，形成空间地理大数据库。通过数据交换实时汇聚与空间位置有关的信息，并进行云环境下的空间地理数据的清洗、比对、组织和存储，构建全省标准、统一、规范、动态的多源异构多尺度多时态的空间地理大数据库。

2. 构建空间地理大数据云平台

构建全省统一的空间地理大数据云平台，基于空间地理大数据云资源池（信息、工具、模型），提供位置云、遥感云、检索云等多层次的空间地理信息服务，实现空间地理信息服务形式和内容从静态到动态、从被动到主动、从单一统计到综合分析的提升。

3. 构建空间地理大数据云基础设施

基于统一的电子政务云平台，结合空间大数据云存储、云计算、云分析、云管理、云安全的需求，建设空间地理大数据云存储、云计算、云服务基础设施，形成高效、稳定的空间地理大数据云资源池。

4. 标准规范建设

制订空间地理大数据归集、分级分类、编目，政务地理信息数据共享、数据交换，政府及公共空间地理数据开放、统计分析等系列标准，形成规范空间地理大数据归集整合、挖掘分析、开放服务的标准体系。

5. 健全空间地理数据共享交换体制机制

基于《浙江省大数据管理办法》《浙江省地理空间数据交换和共享管理办法》《浙江省公共数据交换平台管理办法》，依托浙江政务服务网构建全省横向协同、纵向联动的空间地理数据共享交换体制机制，实现政府部门信息化平台（系统）与空间地理大数据的交换共享和集成整合，有效提升数据的一致性、时效性和准确性。

6. 打造智慧服务能力和体系

在统一的空间地理大数据库和云平台的框架下，遵循空间地理大数据共享、分析、评估、智慧地理设计的核心理念和方法，逐步形成自主、按需、托管、定制、多层次的空间地理大数据智慧服务体系，实现从空间地理数据向信息服务、知识服务的能力提升。

四　对测绘地理信息生产服务体系的创新要求

当前，测绘与地理信息事业正处于转型升级的关键阶段，在我们能力不断提升的同时，外在的需求也在不断增强，无论是地理信息产品的内容和形式还是地理信息应用服务的广度和深度都存在无法满足需求的情况，供需矛盾仍然是测绘与地理信息事业发展中最大的矛盾。因此，笔者认为，在这样的背景下开展空间地理大数据建设，不能将其孤立地当成一个信息化项目来对待，而要将其放在整个测绘地理信息生产服务体系的创新进程中来看待。要通过空间地理大数据建设，优化、重构现有生产服务体系，建设与一体化的空间地理大数据中心相匹配的生产服务体系。具体要求如下。

（一）从生产、服务相互独立到生产与服务的一体化组织

现有测绘生产组织模式本质上仍然为项目式的组织，一个生产任务发起于生产计划，终结于质检验收，生产成果的提交意味着生产组织的结束。当服务开始的时候，整个生产过程已经结束，服务对象的需求、应用效果的反馈均无法有效、及时地重新传导至生产过程。生产与服务相互独立的后果就是按需生产的"需"得不到服务的反馈，按需服务的"需"又得不到生产的支撑，生产与服务形成了两个互不相交的闭环。在需求相对单一且供小于需的情况下，这种生产服务组织模式能够满足需求。但随着测绘成果应用的深入，用户的需求变得多样化，需求的响应也变得迅捷化。这种生产与服务相互独立的组织模式已无法适应快速迭代的生产服务需求。因此，在空间地理大数据建设中，要创新生产服务组织模式，将地理信息的生产与服务当成一个持续改进的过程而不是孤立的项目来管理。建立生产与服务一体化的组

织模式，将按需服务的要求前置到生产环节并通过服务的实时反馈及时更新生产要求。

（二）从省、市、县分级管理到省、市、县一体化管理

受基础测绘分级管理所限，当前各比例尺测绘成果的生产与更新相互独立，市县负责大比例尺产品的更新与服务，省级负责中比例尺测绘产品的更新与服务。这种模式可以满足分比例尺背景地图应用的需求，如针对不同层级的规划提供不同比例尺的地图，但在地理信息演变成空间关联的纽带之后，这种分比例尺维护的模式在实际服务中带来了诸多问题，如表达不一致、现势性不一致等。虽然这些问题可以通过多比例尺数据整合的方式来统一，但滞后的整合时间以及分工模糊的整合责任也影响了最终的服务效果。因此，要从分级维护这个源头解决不同比例尺数据无法统一服务的问题。通过建立以地理实体为核心的数据结构，统一不同比例尺数据对同一个地理实体的认知和表达规则，打通省、市、县各自维护的闭环，实现省、市、县共同维护一个数据库的目标。

（三）从单纯的数据获取到多时相多来源信息的一体化融合

在传统的应用需求中，对地理信息的应用方式主要是"看"，对数据的要求主要是"新"和"全"。因此，如何通过测量手段获取更大范围现势性高的地理信息一直是测绘生产的重点。进入大数据时代，对地理信息的应用方式从"看"拓展到了"用"，对数据的要求发生了新的变化，除了"新"和"全"之外，还要求数据可追溯、可关联、可定制、可挖掘。与此同时，地理信息的获取方式也迎来了深刻变革，从依靠专业设备有限采集发展到"空天地人"一体化的实时采集与监测，地理信息数据的内容、种类、结构、时态都较以往有了大规模的增长，各种结构、各种来源、各种标准的数据亟待融合。空间地理大数据建设的核心内容就是解决多源地理信息一体化融合的问题。在这个一体化融合的过程中，需要重新梳理多时态、多尺度测

绘数据的表达规范，需要建立社会感知数据与测绘数据的集成、融合方案以及相关的标准规范。

参考文献

［1］《浙江省促进大数据发展实施计划》（浙政发〔2016〕6 号），浙江省人民政府，2016 年 2 月 18 日。

［2］《浙江省基础测绘"十三五"规划》（浙发改规划〔2016〕239 号），浙江省发展和改革委员会、浙江省测绘与地理信息局，2016 年 4 月 21 日。

［3］《浙江省空间地理大数据建设方案》，浙江省测绘科学技术研究院。

B.33
测绘地理信息助力空间
规划编制科技创新

李占荣*

摘　要：　本文分析了国内外空间规划编制的现状，回顾了测绘地理信息参与空间规划编制的历史，介绍了利用多源数据、基于资源环境承载能力和国土开发适宜性评价编制空间规划的方法，以及基于空间信息平台进行空间规划编制、监测与评估的方法。

关键词：　空间规划　测绘地理信息　科技创新

2013 年，党的十八届三中全会通过的《中共中央关于全面深化改革若干重大问题的决定》提出：建立空间规划体系，划定生产、生活、生态空间开发管制界限，落实用途管制。自此国家开始了空间规划的一系列试点试验，需要找到空间规划体系建设的创新性方法论，构建全新的国家空间发展模式。这是国家发展方式转变的需要，也是国家治理中部门行业职能重组的过程。测绘地理信息行业在其中是否发挥作用、发挥多大作用，取决于空间规划体系建设试点试验中测绘部门的介入程度，以及在构建国家空间规划体系过程中测绘行业科技创新的程度。国家非常重视测绘地理信息相关的政策法律法规等研究，早在 20 世纪 80 年代末，国家测绘地理信息局就成立了经

＊　李占荣，国家测绘地理信息局经济管理科学研究所（黑龙江省测绘科学研究所）副所长，高级工程师。

济管理科学研究所，做相应的研究工作。经过几十年的发展，国家测绘地理信息局经济管理科学研究所（黑龙江省测绘科学研究所，以下简称科研所），既从事测绘地理信息软科学研究，也从事应用科学研究。科研所自2014 年起开始密集地参加国家空间规划"多规合一"的理论探索和应用实践，对空间规划、关键技术和方法开展了深入具体的研究。本文对科研所开展的空间规划"多规合一"工作进行了总结和梳理。

一　空间规划编制国内外现状

一些发达国家早在 20 世纪中叶就开展了空间规划编制实践。荷兰从1951 年开始，以需求为导向，开始空间规划纲要的编制。多年来规划编制的核心思想、发展目标、主要框架基本保持不变，保证了荷兰空间规划的可持续发展。原联邦德国早在 1965 年即颁布了第一版《空间规划法》。该法律对空间规划的任务和原则、联邦层面和州层面如何制定空间规划法律、空间规划方法等内容都作了详细的规定，要求定期编制空间规划报告并提交德国议会审议。该法律是各州编制空间规划、政府投资项目的依据。

我国现行的规划体系中，包括国民经济发展"五年规划"、土地利用总体规划、城乡建设总体规划等。其中，"五年规划"是从计划经济时代的"五年计划"发展而来。为适应市场经济发展的需要，国民经济发展战略逐步从"计划指令性"转变为"战略指导性"。在"五年规划"的指导下，具有空间管理职能的部门各自编制由本部门主导的专项规划和总体规划。随着时间的推移，各部门规划渐成体系。由于"五年规划"空间性约束较弱，同时各部门空间管理需求不断扩大，职能交叉不清等问题逐渐凸显，阻碍了社会经济发展和国土空间的有效保护。鉴于此，需要摸清我国空间家底，明晰空间管控职责和范围，科学合理编制空间性规划。

传统的各类规划基本都由各有关部门聘请专业规划编制团队，按照本部门的意图编制。这种传统规划编制方式，在上位规划——国民经济社会发展规划的空间管控力度不大的情况下，造成了各类规划"打架"越来越普遍

的现象。适应新的发展模式，贯彻五大发展理念，需要构建我国的空间规划体系。对国土、住建、环保等空间性规划进行调整，编制全新的空间规划。编制空间规划需要打破常规。在引入新的规划编制思路的同时，重新设计规划编制的三个环节，即数据源、编制方法和流程、规划实现。

二　测绘地理信息进入空间规划研究领域

一直以来，测绘地理信息行业主要为空间管理职能部门提供基础性技术支撑服务，如为国土、住建、林业等行业提供图纸、数据等，并没有直接参与各类空间性规划的研究与编制，最多在规划成果表达上借助地图发挥可视化的作用。

国际上虽然有空间规划的先例，但对快速发展的中国而言，不能生搬硬套他国经验。在开展我国空间性规划"多规合一"的过程中，测绘地理信息部门以独立第三方身份逐步介入其中，测绘地理信息部门基于基础地理信息数据和各部门的专业数据，利用一套新的方式方法，对规划区域的资源环境承载能力和国土空间开发适宜性进行评价，初步划分了生态、农业和城镇三类空间，在此基础上叠加生态红线、基本农田保护线和城镇发展边界，并根据地方实际进行调整，布设了三区三线空间规划"棋盘"。

测绘地理信息运用上述理论方法在全国各地的经济发达、中等发达以及欠发达地区的市县做实验，在沿海地区和内陆地区的市县做实验，在高山、丘陵、平原地区的市县做试验，逐渐使这套空间规划编制技术方法具备普适性，能够可复制、可推广。

三　多数据源开展空间规划编制

传统的空间性规划编制一般由某一部门主导，利用该部门现有的数据，以及社会上的公开数据作为数据源进行规划编制。编制时无法获取其他相关部门的数据，只有在规划完成后，去征求其他部门意见时，才能清楚即将发布的规划是否与其他部门的规划相冲突。与之相对照，以主体功能区规划为基础的空间规划是基于各类空间性数据和社会经济类数据的规划。空间规划涉及的数据包括国土、住建、林业、测绘、环保、水利、农业、民政、气象等部门的空间性矢量数据，以及公安、统计部门的人口、经济等统计类数据。编制规划前需要对收集到的数据进行坐标、数据格式等一致性处理，以及空间矢量数据属性唯一性处理，将统计数据与空间数据进行关联，建立空间规划基础数据库。数据处理与分析中最重要的一个环节是开展各部门管理的核心空间性数据的矛盾差异分析。例如，进行基本农田与生态保护红线、基本农田与林地、耕地（非基本农田）与生态保护红线、耕地（非基本农田）与林地、牧草地与林地等多种用地分析。若存在差异，则与地理国情普查数据进行比对，同地方相关部门进行确认核准，确保每块土地的属性唯一。

编制空间规划时使用的多源数据具有大数据的特征。将大数据方法引入空间规划编制，可避免传统方法和数据的局限，使空间规划编制更为科学严谨，规划也更加合理。空间规划在数据库的支撑下，无论是编制过程、实施推进，还是监测评估，都将变得高效、标准和精细化。

四　基于资源环境承载能力和国土开发适宜性评价编制空间规划

在底层数据库基础上，按照规划区域的主体功能区规划定位，开展资源环境承载能力和国土空间开发适宜性双评价，初步划分生态、农业、城镇三类空间，协调叠加生态红线、基本农田保护线和城镇开发边界。结合地方实际，形成三区三线空间规划底图，在底图上有次序地叠加各部门管理的空间性核心数据，进行空间发展的布局规划。在资源环境承载能力和国土空间开发适宜性等基础性评价中，最重要的是指标模型确立和阈值的设定。要充分考虑影响规划区域的资源环境和是否适合开发等多种因素，确立指标项及相关因子。比如，影响地方发展的交通优势指标"交通优势度"＝"交通网络密度"+"交通干线影响度"+"区位优势度"。其中，"交通网络密度"考虑的是单位面积内的公路通车里程，"交通干线影响度"考虑的是交通干线技术水平，"区位优势度"考虑的是机场、铁路车站、港口、公路等与中心城市的距离。资源环境承载能力评价包括水、土、环境、生态、灾害以及海洋承载能力等单项指标评价。单项指标评价后综合集成形成资源环境承载能力评价。国土空间开发适宜性指标分为两类：一是资源环境开发潜力指标，包括水、土、环境、生态、灾害以及海洋等单项指标；二是社会经济发展基础指标，包括人口聚集、城镇建设、经济发展、交通优势、能源保障等单项指标。将两类指标进行综合集成，形成国土空间开发适宜性评价指标。基于上述单项指标及基础评价结果，分别进行全域的生态、农业、城镇功能适宜性分级分区，将三类功能分区进行综合集成，划分出三类空间。三条红线一定要与评价划分的三类空间相协调，应落入各自的空间内。另外，三区三线是基于大数据、利用指标模型评价得出的，须注意结合地方实际，在与地方对接协调认可后，划定三区三线。

上述空间规划的三区三线划定方法是依据国家发展改革委和国家测绘地理信息局联合印发的《关于应用地理国情普查监测技术开展市县经济"十三五"社会发展规划编制试点工作的通知》精神开展的。这些方法在全国28个"多规合一"试点市县中的黑龙江省的阿城区和同江市进行了试验，同时还在黑龙江省的海林市和孙吴县进行了验证。有关单位编制完成的《市县经济社会发展总体规划技术规范与编制导则》由国家发展改革委与国家测绘地理信息局联合印发。该导则在全国十余个省份的30多个市县进行了验证、修改完善，形成了空间规划的核心技术方法：三区三线划分方法。

五 提高空间规划编制的信息化水平

传统的规划一般是在室内编制，其成果主要是文本和图件，表达的内容、精准性以及使用方式等都有局限性。通过多年的信息化积累，空间规划信息化成为可能和必然。空间规划的复杂性、跨领域跨行业跨部门数据的参与、庞杂数据的处理分析等迫切要求空间规划提高信息化、自动化和可视化水平。借助信息化手段，基于基础数据库进行各种计算分析，单项指标和综合集成的功能分区采用定量的自动化评价，使空间规划底图三区三线划分更加科学精准，空间管控分区也清晰可见。同时，空间规划的实施可以得到实时动态的监测，以便发现风险征兆，无须在既成事实后再去纠正。空间规划编制中形成的专家知识库为人工智能应用和数据挖掘提供了基础。最重要的是，空间规划的信息化使规划更为精准，国、省、市县可以实现多级联动，国家和各省下达给各市县的空间类指标能够实现有的放矢，市县反馈给上级部门的数据也更为透明，实现了事权清晰、责任明确。

六 多部门协同参加空间规划工作

一般来说，开展空间规划编制时，需成立以省、市县主要领导为组长的领导小组，下设空间规划办公室具体负责组织协调、上下沟通工作。2017年1月，中共中央办公厅、国务院办公厅印发了《省级空间规划试点方案》。之后，国办又发函成立了由发展改革委牵头，共计9个部门参加的省级空间规划试点工作部际联席会议制度，主要职责是协调解决空间规划编制中遇到的各类问题。

空间规划是跨领域跨行业跨部门的一项复杂工作，需要多部门协同工作才能完成。数据收集涉及国土、住建、环保等20多个部门，数据处理分析和协调更需要多部门的配合和协同作业。在部门内部，需要上下级部门沟通调整。各部门之间需要互相衔接。专业技术团队需要与地方进行沟通，评价结果需要地方的认可与确定。黑龙江省哈尔滨市阿城区、同江市、海林市、孙吴县三类空间划分的理论试验与验证，浙江省开化县以资源环境承载能力和国土空间开发适宜性双评价为核心的市县级三区三线划分技术方法的修正完善。

七　结语

空间规划编制和实施是关乎未来若干年的一项重要工作。测绘地理信息部门在空间规划编制试点实验过程中，做出了重要贡献。与此同时，空间性规划"多规合一"也为测绘地理信息部门转型升级提供了良好契机。通过参与"多规合一"工作，测绘地理信息部门能够更加深入地介入国民经济发展有关领域，提供更加有效、有力的服务。

B.34
矿区生态环境监测与评价研究及发展趋势[*]

汪云甲[**]

摘　要： 监测和分析矿区生态环境的各种典型信号和异常，方便、快速、低成本地获取精确、可靠、及时的矿区生态环境数据资料，客观、准确地反映其状况是矿区环境保护、生态恢复等工作的重要基础。本文侧重地球空间信息技术应用，从地表形变与沉降、地下煤火与煤矸石山自燃及其他生态扰动要素监测、矿区生态环境评价等方面讨论主要研究进展，进行国内外比较，展望发展趋势。目前，矿区生态环境监测与评价研究往往局限在小尺度和单一矿区，尚难以对各类环境和灾害要素的时间和空间演化特征进行精准评价，矿区生态扰动单一监测手段难以奏效，亟须发展多源多尺度空天地协同监测与智能感知体系。

关键词： 矿区　生态环境　地表形变与沉降　地下煤火　煤矸石山自燃　监测　评价

---

* 本文得到了国家自然科学基金项目（51574221）和测绘地理信息公益性行业科研专项项目（201412016）资助。胡振琪、范洪冬、闫世勇、程琳琳、谭琨、赵艳玲、肖武、黄翌等老师为本文提供了资料与信息，在此表示衷心感谢！
** 汪云甲，博士，教授，博士生导师，中国矿业大学环境与测绘学院教授委员会主任、国土环境与灾害监测国家测绘局重点实验室主任、国家级矿山测量虚拟仿真实验教学中心主任。

一 引言

矿区资源开发致使其面临严重的地表沉降、土地破坏、植被退化、水质污染、大气污染等生态环境问题。尽管各类环境生态扰动表现方式和演变机制各不相同，但在生态环境灾害孕育、形成和衰退阶段都会在地表和近地表层呈现特定的几何、物理或化学性异常。矿区土地复垦与生态重建研究及工程实践涉及大量测绘、采矿、地质、环境、土地等多学科、实时动态的数据信息，矿区生态环境监测是其重要数据来源。因此，监测和分析矿区生态环境各种典型信号和异常，方便、快速、低成本地获取精确、可靠、及时的矿区生态环境数据资料，客观、准确地反映矿区生态环境状况是土地复垦与生态修复工作的重要基础及关键，也是国内外研究的热点、重点和难点。

矿区生态环境监测是指运用各种技术探测、判断和评价矿区资源开发对生态环境产生的影响、危害及其规律，分为宏观微观监测，空天地监测，干扰性生态监测、污染性生态监测和治理性生态监测等类型，具有综合性、空间性、动态性、后效性、不确定性及监测需求的特殊性等特征。从20世纪90代开始，美国及欧洲的一些发达国家利用先进的光学、红外、微波、高光谱等对地观测技术和数据，针对矿区各类生态环境及灾害要素，如开采沉陷、水污染、植被变化、土壤湿度、大气粉尘等，进行了长期有效的动态监测，为矿区土地复垦与生态修复监测目标的定量分析提供了依据。受技术和数据限制，国内相关研究起步较晚，但发展很快，如有关高校"九五"期间就将"矿区生态环境监测与治理"列入"211"重点学科建设项目，深入研究了地面测试和空间对地观测集成研究的作业模式、精度匹配，以及地理、环境和资源环境遥感与非遥感数据复合处理的关键理论和技术方法。随着各种卫星的发射升空，以及各类天基、地基、巷基传感器等装备及信息系统的成功研制和使用，我国学者综合运用对地观测、无人机遥感监测、三维激光扫描、地面生态监测等手段及物联网等技术，在矿区生态环境领域开展了多方面的基础和探索研究，并取得了较大成果。然而，矿区生态环境监测与评价研究往往局限在小尺度和单一矿区，尚难以对各类环境和灾害要素的时间和空间演化特征进行精准评价，矿区生态扰动单一监测手段难以奏效，亟须发展多源多尺度空天地协同监测与智能感知体系。

二　研究进展

矿区生态环境监测对象、指标众多，情况复杂，矿区土地复垦与生态修复的区域及目标不同，其监测对象、指标、监测及评价方法也有所差异。这里主要考虑应用需求及研究的关注度与深度、广度，侧重地球空间信息技术应用，从地表形变与沉降、地下煤火与煤矸石山自燃及其他生态扰动要素监测、矿区生态环境评价等方面的主要研究进展进行叙述。

（一）地表形变及沉降监测与评价

矿产开采引起上覆岩层以及地表产生移动与变形，这是开采沉陷及其衍生灾害产生的根源。快速获取岩层、地表的移动与变形信息是进行沉陷灾害评估预测、土地复垦与生态修复的前提。国内外学者在地表沉降变形监测方面做了大量研究，传统的地表沉陷观测手段主要是通过布设地表移动观测线或观测网来获取地表移动和变形数据，通过对这些观测数据的处理，反演出相应的物理力学与几何参数，进而预测未来地表形变强度及其影响范围，采用的方法包括三角测量、精密导线测量、精密水准测量、近景摄影测量、GPS 等。常规的监测方法虽然精度较高，却存在工作量大、成本高、变形监测点密度低且难以长期保存等缺点，不便于获取地表形变的三维空间形变信息、历史信息，难以开展大范围的作业；GNSS 连续运行参考站系统（CORS）具有定位精度高、观测时间短、可以提供三维坐标等优点，但存在只能进行点、线测量，只适用于小范围的静态变形监测等问题。

合成孔径雷达测量（Synthetic Aperture Radar，SAR）技术为解决上述问题提供了新的技术途径，成为近年来的研究热点，德国、澳大利亚、法国、英国、韩国等国外及中国香港学者在实践、理论、算法与应用等方面取得了众多成果。我国于 21 世纪初将 InSAR 技术用于矿区开采沉陷监测，随着 ENISAT、ALOS、RadarSAT–2、TerraSAR 等卫星的升空，可用于干涉处理的 SAR 影像数据越来越多，并且影像的分辨率、波长、入射角等也不尽相同，推动了国内的相关研究。实践表明，与传统的开采沉陷监测方法相比，InSAR 技术监测地面沉降具有大面积、大时间跨度、成本低的优势，探测地表形变的精度可达厘米—毫米级。但由于开采地表沉降量大、速度快，且不少矿区地表植被覆盖好，使得 InSAR 技术极易造成失相干，出现了诸多问题需要解决。为此，人们逐渐从以往的高相干区域转移到了长时序上个别的高相干区域甚至某些具有永久散射特性的点集上，通过分析它们的相位变化来提取形变信息，以此对 InSAR 技术进行了拓展，如永久散射体差分干涉测量（PS-InSAR）、人工角反射器差分干涉测量（CR-InSAR）、短基线差分干涉测量（SBAS）等，以提高形变监测的精度，这些技术在徐州、西山、神东、唐山、皖北等矿区得到应用，取得了重要成果，但仍然发现存在诸多问题，如矿区地表沉降是以非线性形变为主要成分，上述技术的解算模型则是建立在线性模型的基础上；矿区开采导致地表变形大，现有的解缠方法并不能得到大变形梯度条件下的地表变形信息；等等。

此外，国内外学者深入研究了 PPP、CORS、三维激光扫描、无人机等技术应用，开发了矿区地表沉降、建筑物沉降以及结构物形变监测的自动化监测系统。在此基础上，进行变形监测及开采沉陷参数反演等研究。

近几年，针对空天地沉降监测中多源数据时空分辨率多样、技术方法各异、数据质量和可靠性存在差异等问题，结合各类数据、方法、技术优势，国内深入开展了多源数据融合和信息提取关键技术的研究与开发。

（二）地下煤火及煤矸石山自燃监测与评价

地下煤火主要是指煤矿由于人为因素或自燃形成的煤田火和矿井火，主要发生在中国、印度、印度尼西亚、美国、澳大利亚等国家。自燃煤火已经成为全球性的灾难。煤火在造成巨大能源浪费的同时，伴随产生的 SO_x、CO、NO_x 等有害气体以及大量烟尘严重污染空气，威胁着居民的身体健康，煤火燃烧产生的温室气体 CO_2 和 CH_4 加剧了全球气候变暖。地下煤炭燃烧也导致了地表沉降，严重时会产生大量地表裂缝，形成严重的地质灾害。遥感监测煤火的研究开始于 1963 年，HRB-Singer 公司在美国宾夕法尼亚州的斯克兰顿用热感相机 RECONOFAX 红外侦查系统，进行探测和定位煤矸石的可行性试验，此后国内外学者对煤火问题展开了一系列研究，形成了大量基于遥感探测煤火的成果，正不断向精确化、自动化方向发展。我国学者针对地下煤火的类型和特点，将火区地质模型（燃烧分带、燃烧系统、燃烧阶段等模型）认识与高精度遥感的优势相结合，通过燃烧裂隙、燃烧系统和采煤工作面等重点信息的提取，大幅度提高了煤火信息的获取水平和探测精度。近年来，国内外学者运用遥感、热红外、三维地质、信息技术等多学科手段进行综合研究，建立了地下煤火的三维时空发展模型，提出了三维热成像反演方法；应用航空高光谱扫描图像和高分辨率卫星图像进行了煤田火区定量遥感探测，建立了高分辨率遥感、火区地质与采矿工程对照的煤田火区研究基准剖面、复杂煤层条件下描述三维空间煤火发展的"导火带"模型、"燃烧系统"模型和高分辨率卫星遥感图谱、适于火区动态监测的高分辨率探测系统；建立了高光谱、高分辨率动态监测技术指标体系和高分辨率四层空间探测体系，煤火赋存环境的三维地质模型和复杂条件下地下煤火的三维可视化分析环境，提出了适于现代采煤工艺条件的地下煤火三维探测、灭火工程监测和立体制图方法。对生产矿山地表浅层燃烧的暗火火区，已结合矿区实际，初步建立了集成无人机、遥感、热红外成像仪、GPS、InSAR、三维激光扫描仪等软硬件的立体监测技术体系，指导了煤火灾害治理工作，提高了煤火调查、预警及治理的效率。

煤矸石是煤炭开采和洗选过程中的必然产物，尽管我国东部矿区煤矸石利用率较高，但中西部煤矸石综合利用率低，尤其是煤炭开采的战略西移使大量煤矸石仍然在地面堆积成山。据不完全统计，我国中西部矿区的煤矸石山达 1200 余座，且大都容易自燃。近年来，我国学者针对酸性煤矸石山自燃着火的问题，发明了红外遥感与全站仪、近景摄影测量、三维激光扫描、GPS 等相耦合的表面自燃位置监测定位技术，解决了多源监测设备站位优化、控制点布设、特征点识别、坐标基准耦合等问题；建立了热红外温度信息的距离、气候等补偿模型，基于立方卷积等空间插值方法解决了温度信息与空间信息的数据融合问题，构建了表面自燃温度场的四维模型，利用内部自燃点所垂直对应表面温度与邻近温度比值的推演，建立了基于表面温度的内部自燃位置点解算模型，采用拟合逼近真值的方法进行数值求解。

（三）矿区其他生态环境要素监测与评价

传统的矿区生态环境监测以野外调查分析等方式为主，虽然精度较高，但需要大量的人力、物力和财力，并且工作周期较长，效率较低，无法满足矿区生态环境快速多变、大范围矿区环境监测的需要。

从 20 世纪 90 年代开始，美国及欧洲的一些发达国家利用先进的光学、红外、微波、高光谱等对地观测技术和数据，针对矿区各类生态环境及灾害要素，如水污染、植被变化、土壤湿度、大气粉尘等进行了长期有效的动态监测，在此基础上，建立了矿区部分典型地物光谱数据库，为矿区环境特定监测目标的定量分析提供了依据。受技术和数据限制，国内相关研究起步较晚。随着环境一号、资源三号等卫星的发射升空，以及各类天基、地基传感器的成功研制和使用，我国在矿区生态环境监测领域开展了多方面的基础和探索研究工作，并取得了较大成果。然而，由于矿区生态环境的特殊性、复杂性，对矿区的遥感环境监测研究仍处于较低水平，往往局限在小尺度和单一矿区，并且至今没有一套完善的矿区环境光谱知识库，难以对各类环境和灾害要素的时间和空间演化特征进行精准评价。

目前，国内外对矿区生态环境的遥感监测手段仍然较为单一，缺乏空天地多源数据的协同监测和融合。随着航天技术、通信技术、信息技术的飞速发展，各类航天、航空和地面平台上用可见光、红外、微波等多种传感器获取了大量具有高空间、光谱和时间分辨率的遥感影像及非影像数据，如何建立最优对地观测传感网模型和实现对多源异构数据的同化处理是当前对地观测领域的研究难点。国内外学者在构建高光谱、无人机摄影测量、探地雷达等多技术协同的矿区生态扰动监测方面做了大量工作，涉及多源遥感矿区环境及灾害动态监测技术与评价预警系统、基于 NPP 矿区生态环境监测与评价系统、矿区典型地表环境要素变化的遥感监测、矿区地表环境损伤立体融合监测及评价技术、采煤工作面沉陷裂缝损伤与生态因子监测技术、风沙区一体化的地表环境监测体系与土壤水分监测技术、工矿废弃地复垦土地跟踪监测、矿区农田土壤—水稻系统重金属污染的遥感监测、稀土矿区开采与环境影响遥感监测与评估、基于物联网技术的矿区生态环境监测系统等。在物联网技术日新月异的当代，如何将空天地一体化对地观测传感网和矿山物联网相结合进行矿区生态环境监测，研究以高性能传感器为代表的空天地协同监测及智能感知体系，是矿区生态环境监测的研究难点和发展方向。

（四）矿区生态环境评价

国内外对煤炭开发的生态环境效应评价经历了从简单到复杂、从单项评价到综合评价的过程。20 世纪 90 年代以后，关于将沉陷预测模型、环境污染模型与 GIS 及空间信息统计学等相结合，对开采沉陷、水、气、土、噪色等污染破坏，对采矿中的环境与人类系统交互作用进行计算机模拟分析等方面的研究显著增加；复垦土地评价得到重视，涉及土地复垦技术经济评价、生态重建效益评价、废弃土地资源适宜性及土地复垦潜力评价、复垦土壤质量评价、土地复垦项目持续性后评价等。西方发达国家强调矿业开发应注意使社会净现值达到最大化，矿区资源开发规划及生态环境评价的主导思想经历了以经济利用、景观重构、可持续发展等阶段。国内在评价指标体系及权重确定、评价信息系统及可视化表达等方面做了大量工作，针对不同的目标，提出了多种方法方案，如由大气环境、水质、植被覆盖度、地质灾害组成矿区生态环境评价指标体系，利用综合指数法进行基于栅格数据的综合评价；通过对影响矿区的自然环境、生态环境、人类活动影响以及降水量、植被覆盖密度、采矿活动、居民建筑用地、水网密度、排土场、地形坡度等 3 个子评价和 14 个单指标评价因子的分析建立递阶层次结构模型，并应用层次分析法构建判断矩阵，确定影响矿区生态环境各因子的权重值；用系统聚类与 Delphi 法结合筛选参评因素，用层次分析法（AHP）确定其权重，在

GIS 软件中用矢量数据叠加确定矿区生态环境现状的等级；根据矿区废弃土地的适宜性评价需要，通过实地调查研究，将矿区废弃土地资源划分为 5 类 25 个亚类，针对不同亚类的高度适宜性，同时尽可能考虑农、林、牧、渔尤其是农业的其他适宜性利用对每一亚类作出了相应的适宜性评价，提出了具体的开发利用途径，等等。

针对矿区资源开发特点，我国学者还深入开展了矿区环境综合评价与时空变化规律分析、地表环境损伤评价及整治时空优化技术、生态环境损害累积效应评价方法、开采对植被—土壤物质量与碳汇的扰动与评价方法、复垦土地评价等研究，取得了丰硕成果。

三　国内外进展比较

（一）重视程度与研究深度

德国、美国、加拿大等发达国家矿区土地复垦与生态修复起步早，自 20 世纪 70 年代起，各国逐步开展了生态环境的调查、监测与评价研究，生态环境监测与评价工作一直贯穿始终，具有特别重要的地位，得到高度重视，做了大量研究，形成了针对不同区域、采矿方法及地理环境条件，不同土地复垦与生态修复目标的监测与评价方法、方案。我国矿区土地复垦与生态修复近几年进展迅速，也开展了大量生态环境监测与评价研究，某些技术方法甚至达到国际先进水平，但总体而言，重视程度仍然不够，围绕矿区土地复垦与生态修复目标的系统、深入、长期研究仍然不足，对关键生态扰动规律的研究不透。

（二）监测分析方法

我国虽然在矿区生态环境监测与评价方面起步晚，但起点高，实例多，需求大。特别是国务院办公厅印发了生态环境监测网络建设方案的通知，促进了矿区生态环境监测与评价迅速发展，带来了难得的机遇。但与国外对比还存在很多问题，主要表现在：矿区生态环境监测综合能力尚须加强，生态环境监测的内容、广度、频度、信息发布须进一步完善，数据共享难，尚难完整准确地对跨区域生态环境进行大尺度的宏观综合监测与分析；由于各种监测数据的特点各异，解译技术方法的研究尚不系统、不完善，如发达国家更重视环境因素的深入定量分析反演，我国对信息获取和综合质量评价的应用研究较多；所用装备及软件，不少为国外进口，特别是对监测装备研究很少，传感器等监测设备严重依赖进口；围绕生态修复目标的监测分析研究仍不足，指导治理工程效果仍有待加强，对多源信息重视不够，数据集成和深度分析能力不足；对矿区生态环境评价因素考虑不够周全，跨学科的综合研究、社会参与不够；等等。

四 发展趋势展望

近年来，我国提出要加快推进资源节约型和环境友好型社会建设，并把生态文明建设放在了突出位置，矿区土地复垦与生态修复得到前所未有的重视；与此同时，国务院印发《关于生态环境监测网络建设方案的通知》。特别重要的是，卫星通信技术、空间定位技术、遥感技术、物联网、大数据及云计算技术飞速发展，所有这些将给矿区生态环境监测与评价带来新机遇、新要求、新挑战，呈现从单一数据源到多源数据的协同观测、从常规观测到应急响应、从静态分析到动态监测、从小尺度和单一矿区到大尺度和跨区域、从目视解译到信息提取的自动化与智能化的发展趋势和发展方向，无人机、激光雷达、视频卫星等新型对地观测技术及物联网、大数据、云计算技术将得到更多的研究和应用，生态环境监测、评价将与矿区土地复垦、生态修复要求更加紧密，目标导向、问题导向的特点更加凸显。其近期目标是研究卫星遥感、无人机监测、地面固定及移动观测、特定观测点相组合的全景，立体式矿区生态扰动协同获取理论与方法；运用物联网、云计算、大数据等技术，解决从矿区生态环境监测与评价、野外数据采集到传输、存储、管理、加工处理、共享、分析过程中存在的一系列问题，建立多源多尺度、异构异质矿区生态环境监测与评价大数据融合处理与知识挖掘理论体系，提出从背景、状态、格局、过程、异常等不同角度揭示矿区生态灾害的形成演化、临灾预报预警及控制的理论与方法，构建最优对地观测传感网，将空天地一体化对地观测传感网和矿山物联网相结合，研究以高性能传感器为代表的空天地协同监测及智能感知体系。需要在以下方面进行攻关。

（1）矿区特殊地物类型遥感特征变化的采动影响机理，主要包括矿区典型地物类型多/高光谱特征库的构建方法，矿区地下水、土壤湿度演变遥感模型与方法，采动影响下矿区特殊地物类型的遥感特征变化规律，大气污染气体多源遥感反演及评估方法，矿区生态环境退化的规模效应与时间效应等。

（2）矿区生态扰动监测及智能感知体系构建，主要包括矿区地表非线性变形多源探测方法，矿区不同生态扰动监测及预警技术，无人机搭载平台、传感器及监测方案优化技术，矿区生态扰动协同无线观测传感网的构建方法，矿山时空监测基准、矿山地面生态环境监测地学传感网数据整合，监测空间数据聚类分析、监测功能分区，区域动态形变场理论和地学传感网地理信息系统模型理论，事件智能感知及多平台系统耦合技术等。

（3）空天地多源数据信息协同处理理论，主要包括矿区生态环境要素空天地协同观测模式；多源观测数据配准与融合方法；空天地异质数据在时间、空间、光谱维度的特征描述方法；多源遥感数据的一体化融合及同化模型等；集成空天地连续观测的多源多尺度信息，借助云计算、人工智能及模型模拟等大数据分析技术，实现生态环境大数据的集成分析、信息挖掘，提出符合矿区土地复垦及生态修复要求的生态环境要素及综合评价方法。

参考文献

［1］吴侃、汪云甲、王岁权：《矿山开采沉陷监测及预测新技术》，中国环境科学出版社，2012。

［2］ Ge L, Chang H C, Rizos C. "Mine Subsidence Monitoring Using Multi-Source Satellite SAR Images". *Photogrammetric Engineering and Remote Sensing*, 2007, 73 （3）.

［3］ Carnecm C., Delacourt C. "Three Years of Mining Subsidence Monitored by SAR Interferometry, Near Gardanne, France". *Journal of Applied Geophysics*, 2000, 43 （1）: 43 - 54.

［4］ Wright P., R. Stow. "Detection and Measurement of Mining Subsidence by SAR Interferometry". *IEE Colloquium on Radar Interferometry* （Digest No: 1997/153）. London, UK. 11 April 1997, 5.

［5］ Wegmuller U., T. Strozzi, C. Werner, et al. "Monitoring of Mining-Induced Surface Deformation in the Ruhrgebiet （Germany） with SAR Interferometry". *IGARSS* 2000. Honolulu, USA. 2000.

［6］ Ge L., Rizos C., Han S., Zebker H.. 2001. Mining Subsidence Monitoring Using the Combined InSAR and GPS Approach. Proceedings of the 10th International Symposium on Deformation Measurements. International Federation of Surveyors （FIG）, 19 - 22 March, Orange, California.

［7］ V. B. H. Ketelaar. *Satellite Radar Interferometry*: *Subsidence Monitoring Techniques*. Springer: 2010.

［8］ Fan H, Gao X, Yang J, et al. "Monitoring Mining Subsidence Using a Combination of Phase-Stacking and Offset-Tracking Methods". *Remote Sensing*, 2015, 7 （7）.

［9］ Huang J, Deng K, Fan H, et al. "An Improved Pixel-Tracking Method for Monitoring Mining Subsidence". *Remote Sensing Letters*, 2016, 7 （8）.

［10］ Du Y. N., Xu Q., Zhang L., Feng G. C., Lu Z. & Sun Q. （2017）. "On the Accuracy of Topographic Residuals Retrieved by MTInSAR". *IEEE Transactions on Geoscience and Remote Sensing*, 2017, 55 （2）.

［11］ 尹宏杰、朱建军、李志伟等:《基于 SBAS 的矿区形变监测研究》,《测绘学报》2011 年第 1 期。

［12］ ZW Li, ZF Yang, JJ Zhu, J Hu, YJ Wang, "Retrieving Three-Dimensional Displacement Fields of Mining Areas from a Single InSAR Pair", *Journal of Geodesy*, 2015, 89 （1）.

［13］ ZF Yang, ZW Li, JJ Zhu, A Preusse, HW Yi, "An Extension of the InSAR-Based Probability Integral Method and Its Application for Predicting 3 - D Mining-Induced Displacements under Different Extraction Conditions", *IEEE Transactions on Geoscience & Remote Sensing*, 2017, PP （99）.

［14］ 范洪冬:《矿区地表沉降监测的 DInSAR 信息提取方法》,中国矿业大学出版社, 2016。

［15］张学东、葛大庆、吴立新：《基于相干目标短基线 InSAR 的矿业城市地面沉降监测研究》，《煤炭学报》2012 年第 10 期。

［16］李爱国：《基于时序差分干涉测量的黄土沟壑矿区地表沉降监测研究》，长安大学学位论文，2014。

［17］陈炳乾：《面向矿区沉降监测的 InSAR 技术及应用研究》，中国矿业大学学位论文，2015。

［18］Jiang W G, Zhu X H, Wu J J, et al. "Retrieval and Analysis of Coal Fire Temperature in Wuda Coalfield, Inner Mongolia, China". *Chinese Geographical Science*. 2011, 21（2）.

［19］Mishra R K, Bahuguna P P, Singh V K. "Detection of Coal Mine Fire in Jharia Coal Field using Landsat－7 ETM＋ data". *International Journal of Coal Geology*. 2011, 86（S1）.

［20］Stracher G B, Taylor T P. "Coal Fires Burning Out of Control around the World: thermodynamic Recipe for Environmental Catastrophe". *International Journal of Coal Geology*. 2004, 59（1－2）.

［21］Gangopadhyay P K, Van der Meer F, Van Dijk P M, et al. "Use of Satellite-Derived Emissivity to Detect Coalfire-Related Surface Temperature Anomalies in Jharia Coalfield, India". *International Journal of Remote Sensing*. 2012, 33（21）.

［22］陈云浩、李京、杨波等：《基于遥感和 GIS 的煤田火灾监测研究——以宁夏汝箕沟煤田为例》，《中国矿业大学学报》2005 年第 2 期。

［23］蒋卫国、武建军、顾磊等：《基于遥感技术的乌达煤田火区变化监测》，《煤炭学报》2010 年第 6 期。

［24］WANG Yun-jia, TIAN Feng, HUANG Yi, . et al. "Monitoring Coal Fires in Datong Coalfield Using Multi-Source Remote Sensing Data". *Transactions of Nonferrous Metals Society of China*, 2014, 24（6）.

［25］杨春：《地空一体化探测技术在煤田火区监测中的应用研究》，辽宁工程技术大学学位论文，2012。

［26］汪云甲、王坚、黄翌等：《矿区地表灾害多源监测分析若干关键技术及其应用》，《测绘通报》2014 年第 s2 期。

［27］盛耀彬、汪云甲、束立勇：《煤矸石山自燃深度测算方法研究与应用》，《中国矿业大学学报》2008 年第 4 期。

［28］Liming Jiang, Hui Lin, Jianwei Ma, et al. "Potential of Small-Baseline SAR Interferometry for Monitoring Land Subsidence Related to Underground Coal Fires: Wuda（Northern China）Case Study". *Remote Sensing of Environment*, 2011, 115.

［29］夏清、胡振琪：《多光谱遥感影像煤火监测新方法》，《光谱学与光谱分析》2016 年第 8 期。

［30］ Zhenqi Hu；Qing Xia，"An Integrated Methodology for Monitoring Spontaneous Combustion of Coal Waste Dumps Based on Surface Temperature Detection"；*Applied Thermal Engineering*；2017，122.

［31］ Feng Tian，Yunjia Wang，Rasmus Fensholt，et al. "Mapping and Evaluation of NDVI Trends from Synthetic Time Series Obtained by Blending Landsat and MODIS Data around a Coalfield on the Loess Plateau". *Remote Sensing*，2013，5.

［32］ H. ebnem Düzgün，*Nuray Demirel. Remote Sensing of the Mine Environment*. CRC Press，2011.

［33］ 杜培军、郑辉、张海荣：《欧共体 MINEO 项目对我国采矿环境影响综合监测的启示》，《煤炭学报》2008 年第 1 期。

［34］ 肖武、胡振琪、张建勇等：《无人机遥感在矿区监测与土地复垦中的应用前景》，《中国矿业》2017 年第 6 期。

［35］ 周妍、罗明、周旭等：《工矿废弃地复垦土地跟踪监测方案制定方法与实证研究》，《农业工程学报》2017 年第 12 期。

［36］ 任红艳：《宝山矿区农田土壤—水稻系统重金属污染的遥感监测》，南京农业大学学位论文，2008。

［37］ 马保东：《矿区典型地表环境要素变化的遥感监测方法研究》，东北大学学位论文，2013。

［38］ 李恒凯、吴立新、刘小生：《稀土矿区地表环境变化多时相遥感监测研究——以岭北稀土矿区为例》，《中国矿业大学学报》2014 年第 6 期。

［39］ 侯湖平、张绍良：《基于遥感的煤矿区生态环境扰动的监测与评价》，中国矿业大学出版社，2013。

［40］ 雷少刚：《荒漠矿区关键环境要素的监测与采动影响规律研究》，《煤炭学报》2010 年第 9 期。

［41］ Hu Zhenqi，Xu Xianlei，Zhao Yanling. "Dynamic Monitoring of Land Subsidence in Mining Area from Multi-Source Remote-Sensing Data-a Case Study at Yanzhou，China". *International Journal of Remote Sensing*；2012，33（17）.

［42］ Kun Tan，Yuanyuan Ye，Peijun Du. "Estimation of Heavy-Metals Concentration in Reclaimed Mining Soils Using Reflectance Spectroscopy". *Spectroscopy and Spectral Analysis*，2014，34（12）.

［43］ Y Huang，F Tian，Y Wang，M Wang，Z Hu，"Effect of Coal Mining on Vegetation Disturbance and Associated Carbon Loss". *Environmental Earth Sciences*，2015，73（5）.

［44］ L Li，K Wu，DW Zhou，"Extraction Algorithm of Mining Subsidence Information on Water Area based on Support Vector Machine". *Environmental Earth Sciences*，2014，72（10）.

［45］L Lin，Y Wang，J Teng，X Wang，"Hyperspectral Analysis of Soil Organic Matter in Coal Mining Regions Using Wavelets，Correlations，and Partial Least Squares Regression"．*Environmental Monitoring & Assessment*，2016，188（2）．

［46］刘善军、王植、毛亚纯等：《矿山安全与环境的多源遥感监测技术》，《测绘与空间地理信息》2015 年第 10 期。

［47］才永吉、宁黎平、程璐：《江仓露天矿区生态环境评价体系研究》，《煤炭工程》2015 年第 12 期。

［48］张禾裕、彭鹏、肖武等：《基于 AHP 和 GIS 的矿区生态环境现状评价》，《煤炭科学技术》2008 年第 9 期。

［49］李树志：《当前煤矿土地复垦工作中应重点研究的几个问题》，《中国土地科学》1999 年第 2 期。

［50］陈龙乾、邓喀中、徐黎华等：《矿区复垦土壤质量评价方法》，《中国矿业大学学报》1999 年第 5 期。

［51］卞正富、张国良：《矿山土地复垦费用构成与成本核算》，《有色金属》1996 年第 1 期。

［52］苏光全、何书金、郭焕成：《矿区废弃土地资源适宜性评价》，《地理科学进展》1998 年第 4 期。

［53］程琳琳、李继欣、徐颖慧等：《基于综合评价的矿业废弃地整治时序确定》，《农业工程学报》2014 年第 4 期。

［54］刘喜韬、鲍艳、胡振琪等：《闭矿后矿区土地复垦生态安全评价研究》，《农业工程学报》2007 年第 8 期。

［55］汪云甲、张大超、连达军等：《煤炭开采的资源环境累积效应》，《科技导报》2010 年第 10 期。

［56］王行风、汪云甲、李永峰：《基于 SD - CA - GIS 的环境累积效应时空分析模型及应用》，《环境科学学报》2013 年第 7 期。

［57］王行风、汪云甲：《煤炭资源开发的生态环境累积效应》，《中国矿业》2010 年第 11 期。

［58］王行风：《煤矿区生态环境累积效应研究》，中国矿业大学学位论文，2010。

［59］黄翌：《煤炭开采对植被——土壤物质量与碳汇的扰动与计量》，中国矿业大学学位论文，2014。

［60］黄翌、汪云甲、田丰等：《煤炭开采对植被——土壤系统扰动的碳效应研究》，《资源科学》2014 年第 4 期。

［61］刘宁：《基于探地雷达的复垦土壤压实与工程质量评价》，山东农业大学学位论文，2016。

［62］张耿杰：《矿区复垦土地质量监测与评价研究——以平朔露天煤矿区为例》，中国地质大学（北京）学位论文，2013。

［63］ 孙琦、白中科、曹银贵等：《特大型露天煤矿土地损毁生态风险评价》，《农业工程学报》2015 年第 17 期。

［64］ 万伦来、王祎茉、任雪萍：《安徽省废弃矿区土地复垦的生态系统服务功能多情景模拟》，《资源科学》2014 年第 11 期。

［65］ 李保杰、顾和和、纪亚洲等：《矿区土地复垦景观格局变化和生态效应》，《农业工程学报》2012 年第 3 期。

［66］ 岳辉、毕银丽：《基于主成分分析的矿区微生物复垦生态效应评价》，《干旱区资源与环境》2017 年第 4 期。

［67］ 张紫昭、管伟明、朱建华等：《新疆地区煤矿复垦为草地适宜性评价模型的建立及应用》，《中国矿业》2016 年第 2 期。

［68］ 何国金：《矿产资源开发区生态系统遥感动态监测与评估》，科学出版社，2017。

B.35
智慧矿山建设内容与发展前景展望

卢小平　王　懿　刘晓帮*

摘　要： "智慧矿山"是将新一代信息技术充分运用在矿山企业的管理和生产活动中，利用物联网、云计算、"互联网＋"等信息技术和资源，将各种监测监控设备、人员定位系统、通信联络系统、紧急避险系统等有效地集成和利用，实现在矿山勘察设计、发展规划、安全生产与管理、全过程监控、环境保护等领域产生的大数据与时空信息进行主动感知、智能处理与分析、最优决策支持等统筹开发和利用，形成系统性能稳定、信息资源充足的矿山信息基础设施，构成人与人、人与自然、矿山与矿山相联的矿山网络，管理者能实时动态地控制矿山安全生产与运营的全过程，保证矿山的生态稳定和经济可持续增长。智慧矿山建设既可以为打造本质安全型矿井提供信息保障，也可以实现生产管理的精细化、自动化和智能化，为实现高产高效矿井提供决策手段。

关键词： 智慧矿山　物联网　感知　时空信息

一　引言

空天地一体化对地观测、虚拟现实、传感网等技术的飞速发展，为社会

---

* 卢小平，博士，教授，河南理工大学矿山空间信息技术国家测绘地理信息局重点实验室副主任；王懿，河南理工大学硕士研究生，河南黄河水利职业技术学院教师；刘晓帮，河南理工大学硕士研究生。

各个领域实现信息化、可视化、网络化带来了前所未有的契机，并成为四化同步发展的重要手段。我国目前正在快速推进"智慧城市"建设，相应的"智慧矿山"建设就是以物联网、云计算、移动通信等技术为基础，实现对在矿山勘测设计、矿业城市科学规划、矿山安全生产与信息化管理、生态环境保护等领域产生的大数据与时空信息，进行主动感知、智能处理与分析、最优决策支持等统筹开发和利用，建成系统性能稳定、信息资源充足的矿山信息基础设施，构建矿山与矿山、人与人、人与自然相联的智能化网络，使矿山企业实时、动态地监控矿山生产运营、地质环境与生态环境演变的全过程，保障矿业城市生态稳定、经济可持续增长。智慧矿山的本质是安全生产、高效管理和环境清洁，数字化、信息化是建设智慧矿山的前提和基础。智慧矿山建设内涵十分丰富，包括矿山的生产、安全、环保系统、井上下物联网主动感知系统等。

智慧矿山生产系统对矿山生产的全过程实施监测监控，由智慧生产系统和智慧辅助生产系统组成，实现以智能采掘技术为代表的智慧采矿工作面和无人掘进工作面。智慧安全系统包含井下人员定位与监控、水害监控、矿井通防、机电设备监控、生产视频监控、应急指挥与救援决策及职业健康安全环境等智慧系统，目的是"减少事故，减少死亡"。智慧环保系统在矿山勘察设计、规划过程中，实现对环境影响的评估和预防；在生产过程中，实时监测排放的废弃物，开采造成的地表覆被变化、地质活动等，以及对环境修复和治理过程的监控等。智慧后勤保障系统分为技术保障系统、管理和后勤保障系统，包括采矿、机电、运输、通风、地质测绘、调度等的信息化与智慧化管理系统，以及矿山企业 OA、工作考勤、日常生活、物流等智慧化管理系统。

矿山物联网主动感知系统。智慧矿山涵盖感知、互联与智能，其中物联网是智慧矿山的核心部分，可为智慧矿山建设提供坚实的技术基础和支撑。物联网为智慧矿山提供了矿山的感知能力，通过环境感知、水文感知、矿山管网设备感知、人员体征感知等，实现从矿井勘测规划设计、生产运营、井下安全管理、生态环境保护等过程的一体化智能化管理。

二 矿山井上下物联网主动感知

物联网可通过环境感知、水文感知、矿山管网设备感知、人员体征感知等，使得矿山具有综合感知，从而实现矿山企业在设计规划、生产运营、安全管理等过程的智能化管理。国家《物联网"十二五"发展规划》及《"十三五"国家信息化规划》中明确把建设智慧城市与智慧矿山作为物联网重点示范领域之一，基于物联网的智慧矿山建设，可以智能感知井下人员定位、通信联络、环境监控及紧急避险等方面，实现无人化监管和自动化控制。同时，实施生态环境监测网络建设工程，利用物联网、云计算、遥感大数据融合等技术，建立全天候、多层次的污染物排放与监控智能多源感知体系，开展大气、水和土壤环境分析以及环境承载力评估，建立环境污染源管理和污染物减排决策支持系统。

矿山井上下物联网由矿山内部的温度、湿度、气体浓度、位置、压力等各种传感设备和传感网络的智能感知层组成，结合自动识别技术中的二维码、RFID 技术、视频、GPS、GIS，实现对矿区环境的最初识别、监测和感知。

煤矿重大灾害风险感知。灾害事故的发生具有突发性，无法用固定接触式传感器直接监测灾害源，需要采用符合矿山特点并具有分布式、自组网、可移动、高效率等的多类型无线网络，且具有灾后生存和重构能力。因此，需要从传感器的原理、检测方法、矿山灾害发生机理等多方面进行分析研究，建立具有智能分析功能的多传感器集成的新型传感网络，实现矿山复杂环境条件下的抗干扰、灾害源定位以及灾害准确预警。

井下人员位置及环境感知。随着装备技术的发展，井下物联网和矿工安全终端越来越人性化，使矿工利用所携带的终端可对周围安全环境发送与接收安全与避灾信息，不断增强感知能力，提早采取有效安全避险措施，实现主动式安全保障，减少人员伤亡事故。

矿山生产及辅助设备安全运转状况感知。与矿山安全生产密切相关的大型设备很多，如瓦斯监测仪、气体监测仪、风机、水泵、采掘机械等机电设备，其运转状况会直接影响正常生产及工作人员的生命安全，必须对此类设备的运转状况进行实时监测监控，尤其是煤矿井下设备，为保障任何时刻都不发生故障，矿山企业安装了多台同类轮转休替的备用设备。因此，要采用健康状况诊断方式来判断各类生产及安全监控设备的运行情况，对井上下所有设备进行实时监控、状态预测及定期维护，实现矿山的智慧化管理。

三　矿山大数据与时空信息管理

目前，我国大部分煤矿企业为提升企业的竞争力，在数字矿山建设过程中都引入了综合自动化系统，但由于企业管理层得到的数据与矿山建设过程中产生的数据存在差异，难以实现共享，导致信息孤岛的出现。因此，在数字化矿山建设过程中，矿山的勘探、设计、开采、生产、矿产加工等过程需要进行管理控制一体化集成，建立完善统一的矿山大数据与时空信息管理平台。平台数据库包括多时相、多尺度、多类型地理信息，具有只管表达、实时增量更新等功能，同时支撑物联网面向应用环境的智能感知，为用户提供矿山实时大数据、数据挖掘与智能分析、各类传感器定位及二次开发等服务，实现矿山安全生产与运行管理的智能化。时空信息管理平台作为智慧矿山建设的核心与基础，将整个矿山中的各类传感设备状态信息、地质环境信息、多类型多时相地理信息等与物联网相联，实现对大数据的实时采集、智能分析和动态更新，形成通用唯一的时空信息管理平台，为智慧矿山建设提供地理空间框架基础设施。

矿山大数据时空信息管理平台是智慧矿山建设的重要组成部分，基于该平台可对矿山井上下各类传感网实时产生的大数据进行智能分析，并具有矿区各种资源信息、多尺度数字地图、共享交换等功能，为智慧矿山建设提供现势性强的地理信息服务，满足矿山运行、管理与服务的自动化、智能化需求。因此，开放性、资源共享、应用集成、提供公共服务是平台的显著特点。用户利用该平台可提供地理信息数据服务发布、共享、二次开发行业

GIS 系统快速搭建、服务平台运维管理等三个层次的应用，为矿山应用系统开发、专题数据与地理空间数据共享、井上下一体化智能管理提供完整的解决方案，实现基于云结构的数据更新、交换和服务发布，为企业提供及时和准确的智能化服务。

矿山企业借助智慧矿山大数据时空信息管理系统，可根据历史积累的地质测绘、地质灾害与环境、监测监控数据和资料，反演资源开采引起的矿区地表沉陷与地质环境动态演变三维模型，实现生产过程控制、安全与环境风险评价、智能分析与科学决策的动态模拟，提升矿山企业管理的信息化和智能化水平，为企业生产全过程控制、科学规划、资源调查、安全生产提供技术支撑，为矿业城市环境治理、土地复垦与环境修复等提供辅助决策依据。

四　矿山地质灾害和环境空天地监测与综合感知

我国经济的飞速发展对矿产资源的需求越来越大，而矿产资源大规模开采在带来可观经济效益的同时，也引发了采空区塌陷、滑坡、地面沉陷等一系列地质灾害，同时带来了水土流失、土地植被退化、水资源污染等环境破坏问题。因此，有节制地利用先进的开采设备，避免过度或不当开采引发的地质灾害，同时在智慧矿山建设过程中，应充分利用基于矿山井上下物联网的矿山大数据与时空信息管理系统和平台，在保证矿山生产有序进行的过程中，减小矿山地质灾害发生的概率。

因此，对矿区地质灾害与环境实施空天地一体化监测，可以有效减轻矿区地质灾害和环境破坏造成的损失。采用卫星遥感和航空遥感技术在大、中空间尺度上，获取开采沉陷区及矿业城市扰动区的形变量、空间分布、地表覆被及时空演变状况信息，利用机动性强的无人机对突发事故进行实时监测及灾情评估，以地基 LiDAR 在精细尺度上获取重要监测目标的实时变化信息，形成空天地多尺度立体式监测体系。利用空天地一体化技术快速获取的数据，开展矿山资源调查、要素提取及空间统计分析，能够准确获取表征地理矿情要素情况、开采状况与地质环境变化等重要信息的时空分布、属性和特征，并通过智慧矿山大数据与时空信息平台进行挖掘、统计分析，形成地理矿情要素信息的时空分布及其关联的监测结果。

智慧矿山大数据与时空信息平台的综合感知系统，是通过空天地立体式监测对灾害点监测获取地质灾害与环境要素信息，然后对其进行多源数据融合处理、智能分析、反演等一系列智能研判过程，最后得出监测结果及评价意见。系统与矿区物联网、大数据与时空信息管理平台共同作用，长期对矿山及矿业城市进行实时动态监测，在线感知矿山环境的变化状况，通过构建的反演模型预测地质灾害隐患，为矿业城市科学规划、矿山环境治理和可持续发展提供准确的数据支持。

五 智慧矿山发展前景展望

我国矿业面临着绿色开发、深度开采、智慧采矿三大发展主题，而智慧矿山是随着智慧城市建设的大潮提出的，是信息化技术、井上下传感网技术以及与互联网、3S 技术、云计算等新一代信息技术紧密结合的产物，是基于数字矿山、传感网、矿山大数据与时空信息管理平台搭建的真实场景与数字世界的深度融合，并通过互联网对有关生产和环境全要素信息的实时采集和存储、网络化传输、三维展示，完成企业生产和管理的智能化操作与智能化服务，实现对矿山重要监测目标的实时感知和智能服务。因此，智慧矿山大数据与时空信息平台建设是以互联互通、综合感知、智能化服务为核心特征，描述集智能管控、安全生产、绿色环保、可持续发展为一体的信息化矿山形态，是矿山企业转变发展方式、实现科学发展的必经之路。

智慧矿山大数据与时空信息平台是以井上下各类传感器网络为感知矿山环境的窗口，将数字矿山、云计算、传感器、专家系统等技术手段与矿山生产紧密融合，实时描述、智能检测监控生产运营、安全管理、环境保护的全过程，使矿山系统内部各子系统与各类传感网获取的实时信息协同一致，实

现矿山生产运营、安全监管全过程及环境状况的可视化和智能化。智慧矿山建设是一个系统工程，需要根据矿山自身的特点，在做好顶层设计后统一规划，分步实施。智慧矿山的实现需要建设更加完善的信息基础设施和包括智慧矿山运营为主的技术支撑，才能保证智慧矿山的应用能够用得好、用得起，让矿山更加科学、高效、低碳和安全运行，保证矿山企业的可持续发展和矿区生态环境的稳定。

✤ 皮书起源 ✤

"皮书"起源于十七、十八世纪的英国，主要指官方或社会组织正式发表的重要文件或报告，多以"白皮书"命名。在中国，"皮书"这一概念被社会广泛接受，并被成功运作、发展成为一种全新的出版形态，则源于中国社会科学院社会科学文献出版社。

✤ 皮书定义 ✤

皮书是对中国与世界发展状况和热点问题进行年度监测，以专业的角度、专家的视野和实证研究方法，针对某一领域或区域现状与发展态势展开分析和预测，具备原创性、实证性、专业性、连续性、前沿性、时效性等特点的公开出版物，由一系列权威研究报告组成。

✤ 皮书作者 ✤

皮书系列的作者以中国社会科学院、著名高校、地方社会科学院的研究人员为主，多为国内一流研究机构的权威专家学者，他们的看法和观点代表了学界对中国与世界的现实和未来最高水平的解读与分析。

✤ 皮书荣誉 ✤

皮书系列已成为社会科学文献出版社的著名图书品牌和中国社会科学院的知名学术品牌。2016 年，皮书系列正式列入"十三五"国家重点出版规划项目；2012~2016 年，重点皮书列入中国社会科学院承担的国家哲学社会科学创新工程项目；2017 年，55 种院外皮书使用"中国社会科学院创新工程学术出版项目"标识。

权威报告・热点资讯・特色资源

皮书数据库
ANNUAL REPORT(YEARBOOK)
DATABASE

当代中国与世界发展高端智库平台

所获荣誉

- 2016年，入选"国家'十三五'电子出版物出版规划骨干工程"
- 2015年，荣获"搜索中国正能量 点赞2015""创新中国科技创新奖"
- 2013年，荣获"中国出版政府奖・网络出版物奖"提名奖
- 连续多年荣获中国数字出版博览会"数字出版・优秀品牌"奖

成为会员

通过网址www.pishu.com.cn或使用手机扫描二维码进入皮书数据库网站，进行手机号码验证或邮箱验证即可成为皮书数据库会员（建议通过手机号码快速验证注册）。

会员福利

- 使用手机号码首次注册会员可直接获得100元体验金，不需充值即可购买和查看数据库内容（仅限使用手机号码快速注册）。
- 已注册用户购书后可免费获赠100元皮书数据库充值卡。刮开充值卡涂层获取充值密码，登录并进入"会员中心"—"在线充值"—"充值卡充值"，充值成功后即可购买和查看数据库内容。

社会科学文献出版社 皮书系列
SOCIAL SCIENCES ACADEMIC PRESS (CHINA)

卡号：399681565199
密码：

数据库服务热线：400-008-6695
数据库服务QQ：2475522410
数据库服务邮箱：database@ssap.cn
图书销售热线：010-59367070/7028
图书服务QQ：1265056568
图书服务邮箱：duzhe@ssap.cn

S 子库介绍
ub-Database Introduction

中国经济发展数据库

涵盖宏观经济、农业经济、工业经济、产业经济、财政金融、交通旅游、商业贸易、劳动经济、企业经济、房地产经济、城市经济、区域经济等领域，为用户实时了解经济运行态势、 把握经济发展规律、 洞察经济形势、 做出经济决策提供参考和依据。

中国社会发展数据库

全面整合国内外有关中国社会发展的统计数据、 深度分析报告、 专家解读和热点资讯构建而成的专业学术数据库。涉及宗教、社会、人口、政治、外交、法律、文化、教育、体育、文学艺术、医药卫生、资源环境等多个领域。

中国行业发展数据库

以中国国民经济行业分类为依据，跟踪分析国民经济各行业市场运行状况和政策导向，提供行业发展最前沿的资讯，为用户投资、从业及各种经济决策提供理论基础和实践指导。内容涵盖农业，能源与矿产业，交通运输业，制造业，金融业，房地产业，租赁和商务服务业，科学研究，环境和公共设施管理，居民服务业，教育，卫生和社会保障，文化、体育和娱乐业等 100 余个行业。

中国区域发展数据库

对特定区域内的经济、社会、文化、法治、资源环境等领域的现状与发展情况进行分析和预测。涵盖中部、西部、东北、西北等地区，长三角、珠三角、黄三角、京津冀、环渤海、合肥经济圈、长株潭城市群、关中—天水经济区、海峡经济区等区域经济体和城市圈，北京、上海、浙江、河南、陕西等 34 个省份及中国台湾地区 。

中国文化传媒数据库

包括文化事业、文化产业、宗教、群众文化、图书馆事业、博物馆事业、档案事业、语言文字、文学、历史地理、新闻传播、广播电视、出版事业、艺术、电影、娱乐等多个子库。

世界经济与国际关系数据库

以皮书系列中涉及世界经济与国际关系的研究成果为基础，全面整合国内外有关世界经济与国际关系的统计数据、深度分析报告、专家解读和热点资讯构建而成的专业学术数据库。包括世界经济、国际政治、世界文化与科技、全球性问题、国际组织与国际法、区域研究等多个子库。

法 律 声 明

　　"皮书系列"（含蓝皮书、绿皮书、黄皮书）之品牌由社会科学文献出版社最早使用并持续至今，现已被中国图书市场所熟知。"皮书系列"的LOGO（▢）与"经济蓝皮书""社会蓝皮书"均已在中华人民共和国国家工商行政管理总局商标局登记注册。"皮书系列"图书的注册商标专用权及封面设计、版式设计的著作权均为社会科学文献出版社所有。未经社会科学文献出版社书面授权许可，任何使用与"皮书系列"图书注册商标、封面设计、版式设计相同或者近似的文字、图形或其组合的行为均系侵权行为。

　　经作者授权，本书的专有出版权及信息网络传播权为社会科学文献出版社享有。未经社会科学文献出版社书面授权许可，任何就本书内容的复制、发行或以数字形式进行网络传播的行为均系侵权行为。

　　社会科学文献出版社将通过法律途径追究上述侵权行为的法律责任，维护自身合法权益。

　　欢迎社会各界人士对侵犯社会科学文献出版社上述权利的侵权行为进行举报。电话：010-59367121，电子邮箱：fawubu@ssap.cn。

社会科学文献出版社